U0184643

国家出版基金资助项目

"十三五"国家重点出版物出版规划项目

先进制造理论研究与工程技术系列

机器人先进技术研究与应用系列

机器人关节用旋转变压器的现代设计方法

Modern Design Methods of Rotary Transformers for Robot Joints

尚 静 著

哈尔滨工业大学出版社
HARBIN INSTITUTE OF TECHNOLOGY PRESS

内 容 简 介

机器人关节系统用高精度旋转变压器几乎涉及全部种类旋转变压器。本书采用电磁场有限元法对现有各类旋转变压器进行设计、计算、优化,并对旋转变压器精度计算、参数计算等设计难点问题进行详细分析。本书在传统绕线式旋转变压器分析基础上,对耦合变压器、径向磁路磁阻式旋转变压器、轴向磁路磁阻式旋转变压器、粗精耦合双通道旋转变压器进行了设计分析。

本书适用于电机专业本科生、研究生,以及从事旋转变压器设计的工程技术人员选读。

图书在版编目(CIP)数据

机器人关节用旋转变压器的现代设计方法/尚静著.
—哈尔滨:哈尔滨工业大学出版社,2021.9
(机器人先进技术研究与应用系列)
ISBN 978 - 7 - 5603 - 8641 - 6

Ⅰ.①机… Ⅱ.①尚… Ⅲ.①多关节机器人-旋转变压器-设计 Ⅳ.①TP242

中国版本图书馆 CIP 数据核字(2020)第 017816 号

策划编辑　王桂芝　李　鹏
责任编辑　李长波　王会丽　苗金英　马　媛
出版发行　哈尔滨工业大学出版社
社　　址　哈尔滨市南岗区复华四道街 10 号　邮编 150006
传　　真　0451－86414749
网　　址　http://hitpress.hit.edu.cn
印　　刷　辽宁新华印务有限公司
开　　本　720 mm×1 000 mm　1/16　印张 21　字数 406 千字
版　　次　2021 年 9 月第 1 版　2021 年 9 月第 1 次印刷
书　　号　ISBN 978 - 7 - 5603 - 8641 - 6
定　　价　128.00 元

(如因印装质量问题影响阅读,我社负责调换)

国家出版基金资助项目

机器人先进技术研究与应用系列

编 审 委 员 会

名誉主任　蔡鹤皋

主　　任　刘　宏

副主任　赵　杰　付宜利

编　　委　（按姓氏拼音排序）

蔡则苏　陈卫东　丁希仑　董　为

杜志江　高海波　韩建达　吉爱红

姜生元　李瑞峰　刘　浩　刘荣强

刘云辉　尚　静　史超阳　宋爱国

田国会　王伟东　谢　晖　徐文福

徐　昕　张　毅　赵立军　赵明国

序

机器人技术是涉及机械电子、驱动、传感、控制、通信和计算机等学科的综合性高新技术，是机、电、软一体化研发制造的典型代表。随着科学技术的发展，机器人的智能水平越来越高，由此推动了机器人产业的快速发展。目前，机器人已经广泛应用于汽车及汽车零部件制造业、机械加工行业、电子电气行业、医疗卫生行业、橡胶及塑料行业、食品行业、物流和制造业等诸多领域，同时也越来越多地应用于航天、军事、公共服务、极端及特种环境下。机器人的研发、制造、应用是衡量一个国家科技创新和高端制造业水平的重要标志，是推进传统产业改造升级和结构调整的重要支撑。

《中国制造 2025》已把机器人列为十大重点领域之一，强调要积极研发新产品，促进机器人标准化、模块化发展，扩大市场应用；要突破机器人本体、减速器、伺服电机、控制器、传感器与驱动器等关键零部件及系统集成设计制造等技术瓶颈。2014 年 6 月 9 日，习近平总书记在两院院士大会上对机器人发展前景进行了预测和肯定，他指出：我国将成为全球最大的机器人市场，我们不仅要把我国机器人水平提高上去，而且要尽可能多地占领市场。习总书记的讲话极大地激励了广大工程技术人员研发机器人的热情，预示着我国将掀起机器人技术创新发展的新一轮浪潮。

随着我国人口红利的消失，以及用工成本的提高，企业对自动化升级的需求越来越迫切，"机器换人"的计划正在大面积推广，目前我国已经成为世界年采购机器人数量最多的国家，更是成为全球最大的机器人市场。哈尔滨工业大学出版社出版的"机器人先进技术研究与应用系列"图书，总结、分析了国内外机器人技术的最新研究成果和发展趋势,可以很好地满足机器人技术开发科研人员的需求。

"机器人先进技术研究与应用系列"图书主要基于哈尔滨工业大学等高校在机器人技术领域的研究成果撰写而成。系列图书的许多作者为国内机器人研究领域的知名专家和学者,本着"立足基础,注重实践应用;科学统筹,突出创新特色"的原则,不仅注重机器人相关基础理论的系统阐述,而且更加突出机器人前沿技术的研究和总结。本系列图书重点涉及空间机器人技术、工业机器人技术、智能服务机器人技术、医疗机器人技术、特种机器人技术、机器人自动化装备、智能机器人人机交互技术、微纳机器人技术等方向,既可作为机器人技术研发人员的技术参考书,也可作为机器人相关专业学生的教材和教学参考书。

相信本系列图书的出版,必将对我国机器人技术领域研发人才的培养和机器人技术的快速发展起到积极的推动作用。

蔡鹤皋

2020 年 9 月

前 言

　　作为机器人关节重要核心部件之一的高精度位置传感器——旋转变压器的研究和发展,某种程度上决定了机器人关节的控制效果。旋转变压器是伺服控制系统中重要的角度位置传感器,作为可靠性较高的位置传感器,与光栅、霍尔器件、码盘等用于系统速度的控制、位置检测。旋转变压器具有精度高、耐高温、耐高湿、抗干扰等优点,因此在高振动、高温、高冲击等场所有着广泛应用,尤其在航天、航空、电动汽车等领域,在大负荷重载机器人及空间机械臂关节中,也都具有广泛的应用前景。其中磁阻式旋转变压器是近年来快速发展的一种旋转变压器,其无刷、无耦合变压器式结构,与绕线式转子旋转变压器相比使用可靠,寿命长,广泛应用于高温、严寒、潮湿、高速、高震动等旋转编码器无法正常工作的场合,如机器人系统、机械工具、汽车、电力、冶金、纺织、印刷等领域。传统结构的绕线式旋转变压器具有精度高的特点,新兴发展的磁阻式旋转变压器具有结构简单、运行可靠的特点,在机器人不同的应用领域都发挥着重要作用。

　　本书从机器人关节中常用的旋转变压器的现代化设计入手,全面介绍旋转变压器的原理、设计、精度、制造、工艺、测试等,以有限元分析为手段,从磁场的角度对绕线式旋转变压器、径向磁路磁阻式旋转变压器以及自然基金提及的轴向磁路磁阻式旋转变压器进行分析与设计。在绕组设计、磁场分析、参数计算、结构优化、电势畸变、谐波分析等方面对旋转变压器进行研究,针对旋转变压器的各种电磁性能展开分析,使读者对该种微型电机具有较为全面的认识,其设计思路和分析方法同样适用于其他电机及电磁装置。本书对从事机器人、旋转变压器、电机设计、控制等领域研究工作的工程师具有借鉴意义,为旋转变压器设计及研发人员提供了设计与开发旋转变压器的新方法和新思路。

本书的理论研究是在两项国家自然科学基金"斜环状转子轴向变磁阻式旋转变压器的研究"和"轴向磁场双通道共磁路磁阻式旋转变压器解耦分析及误差抑制方法研究"的资助下完成的。目前磁阻式旋转变压器在航天与航空领域的应用正处于关键与重点研究阶段。对于轴向磁路磁阻式旋转变压器,其小惯量和小体积是其他旋转变压器无法超越的,但该种磁阻式旋转变压器的批量生产和加工以及新型号的发展还有很长的路要走。

本书由哈尔滨工业大学电气工程及自动化学院尚静撰写并统稿。山东科技大学王昊(哈工大博士毕业生)参与撰写了第7章和第8章;南京德塑实业有限公司徐谦(哈工大硕士毕业生)参与撰写了第6章;现就职于华域汽车电动系统有限公司的李婷婷(哈工大硕士毕业生)参与撰写了第5章;现就职于国网黑龙江省电力有限公司检修公司的丛宁(哈工大硕士毕业生)参与撰写了第4章。

感谢多年来哈工大微特电机研究所各位同事的关心与支持,感谢我的先生刘贯宇同志的支持。

限于作者水平,本书难免存在疏漏及不足之处,敬请各位读者批评指正。

作　者
2021 年 7 月

目 录

第1章

机器人关节用旋转变压器发展概述

1.1 机器人关节用旋转变压器分类

1.1.1 旋转变压器在机器人关节中的应用

随着人类发展进入全自动化、智能化阶段，机器人在工业、农业、信息、居民生活、服务领域的应用日益重要起来。随着工业4.0的推进，国产高性能机器人成为现今重要的工业制造目标之一。

机器人分为液压驱动和电驱动两大类。其中电驱动机器人具有灵活、高效、体积小等优点，也是我国重点研究的领域。电驱动机器人关节是机器人或机械臂完成多自由度协调动作的关键单元。关节构建又称为关节模组。关节模组主要构成包括：关节驱动电动机、关节高精度位置传感器、关节驱动控制器、电磁制动器、谐波减速器等。

其中高精度位置传感器是实现关节精确定位的数据采集元件，是关节能否精确定位的重要部件，是速度和位置闭环的重要构件。一般来讲，可以采用光电编码器、电磁编码器、旋转变压器、感应同步器等作为传感器。旋转变压器因其精度高、抗干扰能力强，常用于震动大、噪声大、工况恶劣的机器人或者机械臂中。尤其在空间环境下，存在着各种宇宙射线和强干扰场作用，所以不能够采用抗干扰能力差的光电传感器、磁敏传感器等。

1.1.2　机器人关节用旋转变压器的分类

机器人关节中采用的旋转变压器主要有两大类:第一类为结构简单的旋转变压器,称为磁阻式旋转变压器;另一类为高精度旋转变压器,称为绕线式旋转变压器。下面从旋转变压器的发展来看它们的结构和基本工作原理。

旋转变压器的发展主要经历了三个阶段,有电刷绕线式旋转变压器、带耦合变压器的无接触式旋转变压器和磁阻式旋转变压器。按照这三个阶段发展也可以将旋转变压器分为三类,即有刷绕线式旋转变压器、无刷绕线式旋转变压器和磁阻式旋转变压器。目前后两类应用较为广泛,常应用于各种伺服系统中,包括机器人关节中。

旋转变压器的分类方法有很多,可以按结构分、按用途分、按转子极对数分、按通道数目分等。也可以按照旋转变压器输出信号分,一般可以分为正余弦旋转变压器和线性旋转变压器两大类。 正余弦旋转变压器的输入电压为高频(400～1 000 Hz)正弦信号,输出电压为含有高频载波(与输入信号同频次)两相正交的转子位置角的正弦或余弦函数包络线。线性旋转变压器的输入电压为高频(400～1 000 Hz)正弦信号,输出为含有高频载波(与输入信号同频次)两相正交的与转子转角成正比的电压包络线。

按照结构的差异,旋转变压器可分为接触式旋转变压器和非接触式旋转变压器。接触式旋转变压器是最早被研制出来的绕线式旋转变压器,其定子和转子上都开有齿槽,定子上绕制励磁绕组和补偿绕组,转子上绕制两相信号绕组,反之也可,定、转子上的两套绕组形式和参数均相同,空间上正交安放。转子上绕组的感应电动势和电流经过电刷和滑环引出,称为有刷绕线式旋转变压器。

绕线式旋转变压器通过绕组抑制谐波,因此其精度可以做得很高,但是由于电刷和滑环的存在,可靠性较低,寿命较短。非接触式旋转变压器又可分为带耦合变压器的绕线式旋转变压器和磁阻式旋转变压器,其中带耦合变压器的旋转变压器是有刷式旋转变压器的进一步发展,在绕线式旋转变压器的定、转子上同轴安放一套耦合变压器,用耦合变压器替换电刷和滑环,将信号输出电动势从转子耦合到定子上,从而实现无接触,由于取消了电刷和滑环,可靠性得到提升,但是增加耦合变压器使得其体积较大,结构更加复杂;磁阻式旋转变压器以结构简单为目标,转子上不再开槽,励磁绕组和信号绕组均采用集中等匝绕组绕制在定子齿上,转子形状设计成随转子角度变化磁阻呈周期性变化的结构,当转子旋转时信号输出电压随之发生改变,该结构旋转变压器结构简单,但是气隙磁场中含有较大的谐波分量,精度比绕线式旋转变压器要低。

按照用途不同,旋转变压器又可分为数据传输用旋转变压器和计算用旋转变压器。数据传输用旋转变压器包括旋转变压器发送机和旋转变压器,二者组合用于控制伺服电动机。当二者的转子角度不同时旋转变压器的感应电动势不为零,驱动伺服电动机的转子带动旋转变压器的转子旋转直至输出电动势为零。计算用旋转变压器输出电压与转子转角位置呈一定的函数关系,主要应用在坐标变换、角度数字转换、三角运算等场合。

按照其他的分类方式,旋转变压器又存在 1 对极与多对极、单通道与双通道、有限转角与无限转角等众多类别。图 1.1 给出了关节用旋转变压器的简单分类。

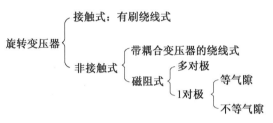

图 1.1　关节用旋转变压器的简单分类

在机器人关节中,为了节省空间和增加关节功率密度,常采用多极永磁无刷直流电动机等作为高精度伺服控制系统的驱动电动机。为了在位置检测中获得精确的转子位置,对用作位置传感器的正余弦式旋转变压器的结构精度要求逐渐增加。

1.2　机器人关节用旋转变压器国内外发展现状

1.2.1　有电刷绕线式旋转变压器的国内外发展现状

有电刷绕线式旋转变压器又称为接触式旋转变压器。20 世纪初,苏联和其他国家学者首先研制出了带有电刷和滑环的绕线式旋转变压器。这种旋转变压器的结构类似于绕线式步进电动机。图 1.2、图 1.3 给出了生产于 20 世纪 70 年代的有刷线性旋转变压器。接触式旋转变压器一般设计成隐极式,以获得较高的精度。定子铁芯和转子铁芯由硅钢片叠压制成,并且都冲有齿槽。定子槽内有两套垂直安放且匝数、结构完全相同的绕组,称为励磁绕组和补偿绕组。转子槽内也安放两套垂直且完全相同的绕组,称为正弦绕组和余弦绕组。信号绕组连接电刷和滑环,输出电动势由电刷和滑环引出。定子与转子之间气隙较小,精度高。

电刷由导电性良好、耐磨性好的材料 —— 铜构成。一对电刷将励磁电源加到转子励磁绕组上。

滑环由导电性能好、耐磨性能好的材料——铜构成。一对滑环将外接励磁电源引到转子励磁绕组上。

图 1.2　有刷线性旋转变压器 1

图 1.3　有刷线性旋转变压器 2

我国从 20 世纪 50 年代开始研究旋转变压器，60 年代末到 70 年代末，先后自主研制成功了 XZ、XB、XX 系列旋转变压器，其精度很高，可以达到角秒级，其结构示意图如图 1.4 所示。接触式旋转变压器因为存在电刷和滑环，其可靠性受到了限制，因此现在已经被无接触式旋转变压器替代。而目前机器人用绕线式旋转变压器多采用无刷结构。由于机器人关节通常做成一体化结构，无刷电动机、旋转变压器、电磁制动器、谐波减速器通常采用一套轴系，上述部件采用中空结构，由一根轴串联起来，因此旋转变压器没有自己的单独轴系。

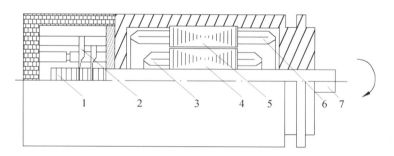

图 1.4　有电刷绕线式旋转变压器结构示意图

1— 滑环；2— 电刷；3— 励磁绕组；4— 转子铁芯；5— 定子铁芯；

6— 信号绕组；7— 电动机转轴

1.2.2　无刷绕线式旋转变压器发展现状以及在机器人关节中的应用

无接触式旋转变压器中最典型的是带耦合变压器的无接触式旋转变压器。这种旋转变压器是用耦合变压器替代了接触式旋转变压器中的电刷和滑环，实现了旋转变压器的无刷化。目前用于机器人关节中的高精度旋转变压器多为带耦合变压器的无接触式旋转变压器，一般由两部分组成，如图 1.5 所示。A 部分为环形耦合变压器,耦合变压器的定子固定,转子与旋转变压器转子同轴连接。B 部分为普通旋转变压器,与有刷旋转变压器不同的是,其励磁绕组通常安放在转子槽中,并且与耦合变压器转子绕组相连,信号绕组安放在定子槽中。其工作原理是在耦合变压器定子绕组中通入外界交流电,通过变压器原理,耦合变压器转子绕组中产生感应电动势,进而在旋转变压器定子中产生交流励磁电压。图中旋转变压器为自带轴系式旋转变压器,而机器人关节中旋转变压器多为中空结构旋转变压器,如图 1.6 所示。

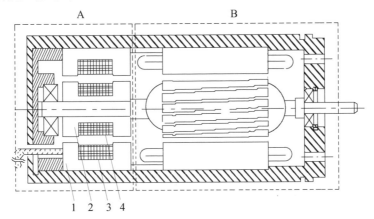

图 1.5　自带轴系带耦合变压器无刷旋转变压器结构示意图

1— 耦合变压器定子;2— 耦合变压器转子;3— 耦合变压器定子绕组;

4— 耦合变压器转子绕组

(a)多摩川精机1对极旋转变压器

(b)赢双电机1对极旋转变压器

(c)赢双电机双通道旋转变压器

图 1.6　国内外机器人关节用中空结构旋转变压器产品

耦合变压器通过磁场耦合的方式将定子的高频励磁信号传递给转子,由铁芯、绕组和气隙构成。耦合变压器的转子绕组与旋转变压器转子励磁绕组相接,给旋转变压器励磁。耦合变压器属于电感器件,降低了功率因数,并降低了系统效率。

无接触式旋转变压器没有电刷和滑环,所以相对于有刷接触式旋转变压器,其可靠性得到了大幅提高。但由于存在环形耦合变压器,其结构变得复杂,体积和成本也相应增加了。目前,带耦合变压器的无接触式旋转变压器在市场中还有很广泛的应用。国内研究和生产无接触式旋转变压器的单位主要有西安微电动机研究所、中国电子科技集团公司第二十一研究所、上海赢双电动机有限公司等,国外的公司主要有日本多摩川精机、德国 LITTON(LTN) 公司,他们研究的无接触式旋转变压器精度可以达到角秒级。

1.2.3 机器人关节用磁阻式旋转变压器的国内外发展现状

1.国内磁阻式旋转变压器的发展

国内最早的磁阻式旋转变压器是由上海同济大学的强曼君教授于 1978 年提出的。这种旋转变压器定子上开有大齿,大齿的齿端开有小齿,定子大齿上绕制励磁绕组与信号绕组,转子上也存在齿槽,但没有绕组,其结构如图 1.7 所示。由于转子齿的存在,输出电动势随着转子转过一个齿距时变化一个周期,因此转子齿数就是该结构旋转变压器的极对数。由于绕组均绕制在定子齿上,

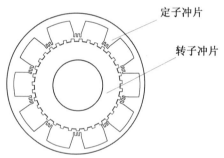

定子冲片

转子冲片

图 1.7　国内最早的磁阻式旋转变压器示意图

所以不需要电刷或耦合变压器,减小了体积。这种结构在转子冲片上可以开很多齿,极对数较多,并且绕组形式采用集中等匝绕组和正弦分布绕组相结合,以及串联补偿绕组的方法,可消除输出电动势中的高次谐波和恒定分量,因此输出信号精度很大。但是正弦绕组结构需要进行匝数取整而引入误差,绕组结构和定、转子大小齿槽结构等也使制造工艺更加复杂。

1999 年,哈尔滨工业大学的陆永平教授和孙立志教授研究了一种只有定子开槽的磁阻式旋转变压器,转子外圆设计成特定周期的凸极结构,提出了国内最早的转子凸极磁阻式旋转变压器结构模型。转子每转过一个凸极时,信号绕组的输出电动势按正弦变化一个周期,转子凸极数就是旋转变压器的极对数。该结构旋转变压器的励磁绕组和信号绕组均采用集中等匝绕组,不存在匝数取整

问题导致的误差,并且定子齿数 Z 取 $2mP$,结构的对称使得输出电动势中的偶次谐波畸变率较小,理论精度较高。其后,陆老师和孙老师在不改变转子函数和绕组形式的基础上增加定子齿数 $Z = 2kmP$(k 是正整数),通过增加齿数得到了更高的输出精度,其结构如图 1.8、图 1.9 所示。

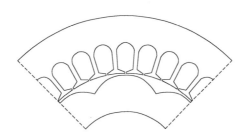

图 1.8　　转子凸极磁阻式旋转变压器示意图

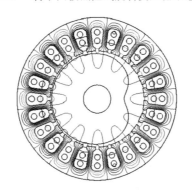

图 1.9　　1 对极磁阻式旋转变压器

随着转子凸极磁阻式旋转变压器结构的不断成熟,为检测用于混合动力汽车的双转子电动机的转子位置,出现了一种双转子结构磁阻式旋转变压器。该旋转变压器包含内外两个转子用于检测电动机的双转子,两个转子共用中间一套定子铁芯,定子铁芯中间有隔磁环,内外均开槽,分别与内外转子配合构成内外两个旋转变压器。其结构如图 1.10 所示。

近年来,一种等气隙的轴向磁路磁阻式旋转变压器得到了迅速发展,并由于其具有小转动惯量及中空式结构而应用于机器人关节中。该种结构旋转变压器的转子内外表面都是圆柱形,由导磁材料和非导磁材料两部分组成,其中导磁材料在转子中呈斜环状分布,呈一个周期的正弦函数,非导磁材料用于支撑,其结构如图 1.11 所示。定、转子间的耦合面积随转子的转动而不断改变,使气隙磁导呈正弦变化,该结构的旋转变压器因其等气隙结构,相对于转子凸极磁阻式旋转变压器来讲,输出阻抗不会受负载的影响,且增加转子极对数无须大幅度增加体积,结构紧凑,体积小,对安装偏心的影响有一定的抑制作用,具有较高的抗干扰能力。

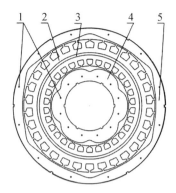

图 1.10 双转子磁阻式旋转变压器

1—转子铁芯固定孔；2—定子铁芯；3—气隙；

4—转子 1 铁芯；5—转子 2 铁芯

(a)整体结构   (b)转子结构图

图 1.11 斜环状转子轴向变磁阻式旋转变压器

2012 年，哈尔滨工业大学刘承军研究了一种非对称齿的磁阻式旋转变压器。该旋转变压器定子上的 5 个齿呈不对称分布，存在一个非对称的补偿齿，其中 4 个对称分布的齿上绕有励磁绕组和信号绕组，补偿齿上绕有正、余弦补偿绕组，用于抑制输出电动势中的恒定分量，转子为 4 对极结构，其结构如图 1.12 所示。该结构的旋转变压器定子齿数少、结构简单、体积小，在狭小空间转子位置检测方向有很好的应用前景。

2.国外磁阻式旋转变压器的发展

国外的磁阻式旋转变压器的发展与国内差别不大。最初的磁阻式旋转变压器结构与国内最早的磁阻式旋转变压器结构相类似，在 1989 年由 D. C. Hanselman、R. E. Thibodeau、D. J. Smith 等人对其工作原理和设计规律进行了研究。传统磁阻式旋转变压器模型结构如图 1.13 所示。

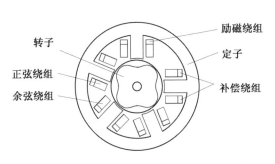

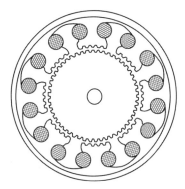

图 1.12　非对称结构磁阻式旋转变压器示意图　图 1.13　传统磁阻式旋转变压
器模型

2008 年,国外研制了一种定子为 10 齿、转子凸极结构的磁阻式旋转变压器,应用于电动车系统中。Liang Shao 等人为提高仿真计算的精度,在研究中没有使用经过简化的数学模型,而是利用轴角变换电路与其进行联合仿真,直接得出该旋转变压器的电气误差。其结构如图 1.14 所示。

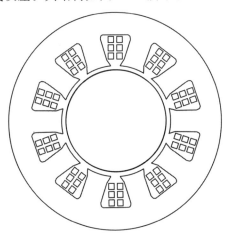

图 1.14　电动车的磁阻式旋转变压器模型

其后,转子凸极结构的磁阻式旋转变压器不断发展,多摩川电动机电子实验室研究了一种定子 14 齿、转子 4 对极的磁阻式旋转变压器;Ki-Chan Kim 等人研究了一种定子 20 齿、转子 8 对极的磁阻式旋转变压器,励磁绕组和信号绕组分别采用等匝和正弦结构分布,并提出了一种隔磁结构,用以减小电动机端部漏磁对输出信号的影响。

图 1.15 给出了几种盘式结构旋转变压器。图 1.15(a) 为最近伊朗学者研制出的一种轴向磁路磁阻式盘式旋转变压器,其结构原理如图 1.15(c) 所示。

定子铁芯
余弦绕组
正弦绕组
励磁绕组

(a) 磁阻式盘式旋转变压器

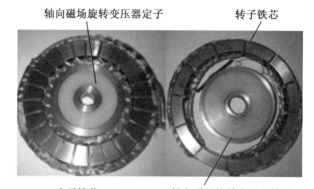

轴向磁场旋转变压器定子　　　　转子铁芯

定子铁芯　　　轴向磁场旋转变压器转子

(b) 绕线式盘式旋转变压器

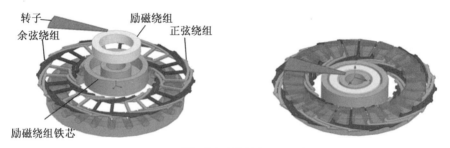

转子
余弦绕组
励磁绕组
正弦绕组
励磁绕组铁芯

(c) 磁阻式盘式旋转变压器结构

图 1.15　几种盘式结构旋转变压器

　　从国内外有关磁阻式旋转变压器的文献和产品来看,磁阻式旋转变压器的本体研究主要集中在中国、韩国、日本等亚洲国家,欧美国家更倾向于研究旋转变压器轴角变换电路。比较著名的生产旋转变压器的企业主要有上海赢双电动机和日本的多摩川电动机。

　　国内研究磁阻式旋转变压器的高校和企业主要有哈尔滨工业大学、上海赢双电动机、北京博朗瑞公司等。而真正应用于机器人关节中,还不多见,目前仍处于理论研究阶段。如何进一步提高磁阻式旋转变压器的精度是主要需解决的问题。国外生产和研究磁阻式旋转变压器的企业最著名的有日本多摩川精机、德国 LTN 公司等。图 1.16(a) 为上海赢双电动机生产的磁阻式 215 系列旋转变压器。图 1.16(b) 为多摩川精机生产的 TS 系列磁阻式旋转变压器。

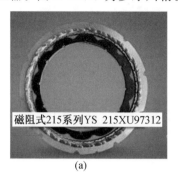
磁阻式215系列YS 215XU97312
(a)

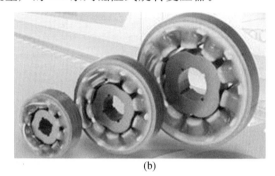
(b)

图 1.16　　系列化磁阻式旋转变压器

1.2.4　旋转变压器的基本工作原理

旋转变压器的工作原理及电磁关系和普通变压器类似。旋转变压器的励磁绕组相当于普通变压器一次侧绕组,信号绕组相当于普通变压器的二次侧绕组。区别在于普通变压器的一、二次侧绕组是固定的,旋转变压器的励磁绕组和信号绕组是相对运动的。简单来说,旋转变压器的工作原理就是励磁绕组和信号绕组相对位置随转子转角变化,从而引起了它们之间的耦合程度的改变,使信号绕组中的感应电动势幅值随转角按一定规律变化。

旋转变压器的工作原理如图 1.17 所示,绕组 $S_1 S_2$ 是放置在定子上的励磁绕组,$S_3 S_4$ 是补偿绕组,匝数为 N_1;绕组 $R_1 R_3$、$R_2 R_4$ 是放置在转子上的正弦绕组和余弦绕组,匝数为 N_2。当励磁绕组 $S_1 S_2$ 中通入正弦励磁电压 $u_1 = U_m \sin \omega t$ 并且信号绕组开路时,励磁绕组中建立交变励磁磁通 Φ_1,且产生感应电动势 e_1,根据电磁感应定律,其大小为

$$e_1 = -N_1 \frac{\mathrm{d}\Phi_1}{\mathrm{d}t} = U_m \sin \omega t \tag{1.1}$$

$$e_2 = -N_2 \frac{\mathrm{d}\Phi_1}{\mathrm{d}t} = U_{2m} \sin \omega t \tag{1.2}$$

由于励磁磁通 Φ_1 也匝链信号绕组 $R_1 R_3$ 和 $R_2 R_4$,因此在信号绕组中也会产生感应电动势。但信号绕组不能匝链全部的励磁磁通,被信号绕组匝链的磁通 Φ_2 会随转子转角 θ 变化。将励磁磁通 Φ_1 沿正、余弦绕组轴线方向分解,得到 Φ_{2s} 和 Φ_{2c},其中,Φ_{2s} 匝链正弦绕组 $R_1 R_3$,而 Φ_{2c} 匝链余弦绕组 $R_2 R_4$,则 Φ_{2s} 和 Φ_{2c} 可以表示为

$$\begin{cases} \Phi_{2s} = \Phi_1 \sin \theta \\ \Phi_{2c} = \Phi_1 \cos \theta \end{cases} \tag{1.3}$$

式中　　θ——励磁绕组 $S_1 S_2$ 和正弦绕组 $R_1 R_3$ 轴线的夹角,即转子转角。

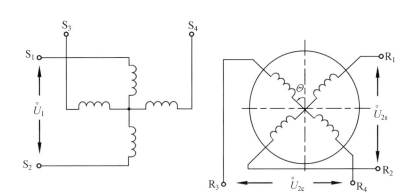

图 1.17   旋转变压器的基本工作原理图

此时,两相信号绕组的感应电动势可表示为

$$
\begin{cases}
e_{2s} = -N_2\, \dfrac{\mathrm{d}\Phi_{2s}}{\mathrm{d}t} = -N_2\, \dfrac{\mathrm{d}\Phi_1}{\mathrm{d}t}\sin\theta = \dfrac{N_2}{N_1}U_m\sin\omega t\sin\theta \\[2mm]
e_{2c} = -N_2\, \dfrac{\mathrm{d}\Phi_{2c}}{\mathrm{d}t} = -N_2\, \dfrac{\mathrm{d}\Phi_1}{\mathrm{d}t}\cos\theta = \dfrac{N_2}{N_1}U_m\sin\omega t\cos\theta
\end{cases}
\tag{1.4}
$$

定义旋转变压器的电压比为

$$
k_u = \frac{e_2}{e_1} = \frac{N_2}{N_1}
\tag{1.5}
$$

因此信号绕组的感应电动势可表示为

$$
\begin{cases}
u_{2s} = k_u U_m\sin\omega t\sin\theta \\
u_{2c} = k_u U_m\sin\omega t\cos\theta
\end{cases}
\tag{1.6}
$$

从式(1.6)中可以看出,保持励磁电压不变,则旋转变压器的输出电压是转子转角的正、余弦函数。

1.3   机器人关节用旋转变压器的主要技术指标

在机器人关节中应用的旋转变压器比其他应用场合往往要求具有更高的精度。从客户角度,当然精度越高越好,但精度越高的旋转变压器其价格越高。从性价比来讲,还是针对不同应用背景选取最优性价比的旋转变压器。机器人关节用旋转变压器的主要技术数据包括以下几方面。

1.3.1   基本电气参数

1. 额定励磁电压

旋转变压器的额定励磁电压是指励磁绕组中加的电压值。旋转变压器的额定励磁电压很低,常见的励磁电压有 7 V、12 V、16 V、26 V、36 V 等几种,随着解码电路(RDC)配合旋转变压器使用,旋转变压器的励磁电压进一步降低,常用的磁阻式旋转变压器励磁电压一般在 10 V 以下。

2. 额定励磁频率

旋转变压器的额定励磁频率是指额定励磁电压的频率,常见的有 400 Hz、1 kHz、2 kHz、4 kHz 和 10 kHz 等。在转速不变的情况下提高励磁频率,可以增加输出电压中载波信号的周期数,进而可以提高测角系统的精度。但过高的励磁频率会增加 RDC 电路及数字信号处理(DSP)的负担。另外,励磁频率大小也是影响旋转变压器输入输出阻抗的重要参数。因此,励磁频率的大小要综合考虑测角系统精度、DSP 计算能力、阻抗等参数选取。

3. 电压比

电压比也称变压比,指旋转变压器空载时信号绕组的最大输出电压与励磁电压的比值,常见的电压比有 0.15、0.5、0.56、0.78、1.0 等几种,选用原则主要考虑 RDC 电路输入电压的要求。

4. 阻抗

阻抗包括开路输入阻抗、短路输出阻抗、短路输入阻抗和开路输出阻抗,最主要的是开路输入阻抗和短路输出阻抗两个参数,简称输入阻抗和输出阻抗。输入阻抗高表明旋转变压器抗干扰能力强,输出阻抗低表明带负载的能力强。因此,旋转变压器要求尽量高的输入阻抗值和尽量低的输出阻抗值。

5. 额定励磁电流

旋转变压器的额定励磁电流是指励磁绕组中所加的最大电流值,通常由励磁芯片产生的最大功率决定。

如 10 ~ 16 位旋转变压器数字转换芯片 AD2S1210 RDC 励磁信号范围为 2 ~ 20 kHz,此时旋转变压器可以看成是非理想电感,典型电阻性分量为 50 ~ 200 Ω,电抗性分量为 0 ~ 200 Ω,例如,Tamagawa TS2620N21E11 旋转变压器阻抗在 10 kHz 时为 70＋j100 Ω。典型励磁电压可高达 $20V_{\text{p-p}}$($7.1V_{\text{rms}}$),因此必须考虑旋转变压器驱动器的最大电流和最大功耗。本电路选用 AD8397,因为该器件具有宽电源范围(24 V)和高输出电流(采用 ±12 V 电源时,输入 32 Ω 负载的峰值电流为 310 mA)。

1.3.2　主要技术指标

1. 函数误差

旋转变压器的函数误差是励磁绕组通入单相交流电压励磁,在不同转子转角位置时,两相信号绕组的感应电动势与标准正、余弦函数值之差与理论最大输出电动势的比值,如图 1.18 所示。

国标中规定,精度为 0、Ⅰ、Ⅱ、Ⅲ 四个等级的旋转变压器,对应的函数误差分别不超过 0.05%、0.1%、0.2%、0.3%。

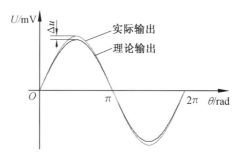

图 1.18　旋转变压器函数误差示意图

2. 零位误差

旋转变压器的零位误差分为一相零位误差和两相正交误差。当旋转变压器以鉴幅方式运行时,两相信号绕组中产生正、余弦变化的感应电动势。对于任意一相绕组,理论上每隔一个极距 τ 将出现一个零电动势,称为电气零位,理论电气零位为 $k\pi$。一相零位误差是指正弦相或余弦相输出电动势实际电气零位和理论零位之间的差值,如图 1.19 中 α 或 β 所示。两相正交误差是指正弦相或余弦相输出电动势零位与理论值($\pi/2$ 电角度)之间的差值,如图 1.19 中 $\alpha+\beta$。在本书中提到的零位误差指一相零位误差。

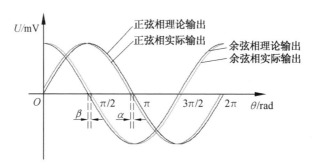

图 1.19　旋转变压器零位误差示意图

国标中规定,精度为 0、Ⅰ、Ⅱ、Ⅲ 四个等级的旋转变压器,对应的零位误差分别不超过 3′、8′、16′、22′。

1.4　旋转变压器的主要设计方法

1.4.1　传统的磁路设计方法

传统的磁路设计方法是采用电动机设计中磁路设计方法,将旋转变压器的磁路分为若干部分,在每一段磁路上保证磁感应强度相等,磁路的截面积相等,这样就可以采用近似的方法简化计算。将电流源作为磁势源加载磁路两端,用磁路的相关定理进行方程联立求解。在这个过程中,必须将槽、齿等复杂结构,漏磁路等复杂路径进行近似简化。这里同样需要进行电磁参数的计算,采用解析公式计算出相应的电磁参数。磁路法求解过程中,要采用很多近似系数,比如卡特系数、漏磁系数等。这些系数的选取要结合具体情况,采用经验公式或查取经验图表获得。

1.4.2　基于有限元法的旋转变压器设计

哈尔滨工业大学是国内第一家将有限元法应用于旋转变压器设计的高等学校。经过多年的研究,逐步形成了较为完整的旋转变压器有限元设计分析理论体系,可以采用静态、暂态、二维、三维有限元分析方法对多种结构旋转变压器进行设计、计算、分析、优化,同时对旋转变压器电磁参数也形成了一套较为准确的设计计算方法,电感参数的准确计算也可以采用有限元方法来完成。本书将侧重介绍采用有限元方法对绕线式旋转变压器、径向磁路磁阻式旋转变压器、轴向磁路磁阻式旋转变压器、带耦合变压器的旋转变压器进行分析与设计。其中以作者获得二十多项国家发明专利技术的轴向磁路磁阻式旋转变压器为主要分析对象,向读者展示有限元法的真实设计、计算能力。

1.4.3　高精度绕组设计方法

绕组的主要形式包括双层短距绕组、同心式不等匝绕组、正弦绕组等。绕组设计对于旋转变压器设计来讲是至关重要的,现在也将分数槽绕组引入旋转变压器设计。对于粗精耦合双通道旋转变压器而言,绕组的设计就更为关键了。对于轴向磁路磁阻式旋转变压器,其绕组呈现正交形式设计。高精度绕组设计的目的是要有效地减少谐波,但齿谐波以及工艺过程由于非对称结构造成的谐波是较难消除的。

 第 2 章

机器人关节用高精度旋转变压器绕组设计

当前的主流机器人采用"模块化"思想进行关节设计,每个关节的结构基本一致,包括电动机、驱动器、旋转变压器或编码器、谐波减速器、关节端位置传感器和力矩传感器。各模块单独设计、构成,相互独立又相互联系。模块化机器人关节构成图如图 2.1 所示。

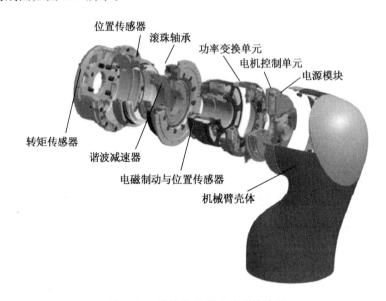

图 2.1　模块化机器人关节构成图

在图 2.1 中,该关节各个模块采用中空设计。一个关节有两个位置传感器,

一个是与电动机相连的位置传感器,一个是关节末端的位置传感器。相比较而言,电动机多数采用力矩电动机加一级减速器模式,力矩电动机多为多极电动机,相应作为位置传感器的旋转变压器也应采用多对极旋转变压器。

多对极旋转变压器绕组可以采用双层绕组、正弦绕组等高精度绕组。绕组设计在旋转变压器中具有重要地位,对旋转变压器的精度具有重要作用。

2.1　旋转变压器绕组概述

旋转变压器绕组是指高精度交流绕组,分为励磁绕组和信号绕组。绕线式旋转变压器包括定子绕组和转子绕组,定子绕组为信号绕组,输出两相正交正、余弦信号,转子绕组为励磁绕组,输入单相高频正弦信号,接触式旋转变压器的励磁电源由电刷直接输入励磁绕组。非接触式旋转变压器励磁电源由耦合变压器接入励磁绕组;磁阻式旋转变压器的励磁绕组和信号绕组都在定子上。

绕组结构对旋转变压器的精度起决定性的作用。旋转变压器中采用的高精度交流绕组包括:正弦绕组、同心不等匝绕组、双层短距绕组、集中绕组等。

正弦绕组是指每个槽内绕组的匝数与所在槽空间分布位置的正弦值成正比的放置方式。这种绕组消除谐波能力最强,可以消除磁势波形中除齿谐波之外的所有次数的谐波。

本书对采用双层短距绕组、同心式正弦绕组和斜槽处理等不同结构的绕线式旋转变压器进行了电磁设计,并利用有限元软件进行仿真,对各种结构下的输出电动势进行了谐波分析,给出了既能保证精度又能提高绕组利用率的1对极旋转变压器的设计方法。

旋转变压器的结构决定了其内部的漏磁情况,对于长径比较小的旋转变压器,漏磁比例通常更大。本书采用场路相结合的方法,对所设计旋转变压器进行了电感参数的分析与计算,并利用有限元建立三维模型,着重分析了它的槽漏磁和端部漏磁情况。此外,完成了1对极绕线式旋转变压器的齿槽配合研究与结构优化,比较了不同旋转变压器结构如定子槽型,气隙长度,定、转子相对轴向长度等因素对旋转变压器信号绕组输出电动势幅值和精度的影响。以上因素均对旋转变压器信号绕组的精度有很大影响。

耦合变压器为无接触绕线式旋转变压器系统提供了励磁信号。本书以控制励磁电流与保证输出电压为目的,对以感应同步器作为负载的耦合变压器进行了电路分析与结构设计仿真。分析了低电阻做负载的耦合变压器的输出特性,针对频率、涡流损耗、气隙对输出电动势的影响进行了讨论,通过仿真分析了耦合变压器的阻抗匹配问题。对于此种旋转变压器,励磁绕组匝数不宜选取过多。同时,对其中一种方案进行了试验分析验证,效果较为理想。

1对极旋转变压器虽然能提供绝对位置,但是精度远不如多对极旋转变压器。本书分析了多对极绕线式旋转变压器的齿槽结构,对近槽配合时相同极对数下采用不同绕组重复周期设计的旋转变压器精度进行了讨论,给出了旋转变压器精度随极对数变化的大致关系。提出共励磁系统的绕组设计方法,对不同极对数下采用相同绕组结构的共励磁双通道绕线式旋转变压器和分别励磁双通道绕线式旋转变压器输出电动势波形进行对比,发现在极对数达到一定个数时,共励磁结构输出信号电动势的畸变率可以降低至与分别励磁结构的输出电动势畸变率相同。

2.2 旋转变压器绕组分类

传统绕线式旋转变压器定子信号绕组由两相对称交流绕组构成,转子励磁绕组采用单相交流绕组,因此认为定、转子均采用交流绕组。定、转子双向开槽,进行嵌线,如图2.2所示。

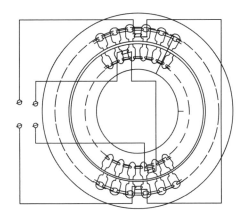

图 2.2　绕线式旋转变压器定、转子冲片结构简图

2.2.1　机器人旋转变压器用交流绕组概述

机器人多极旋转变压器常采用高精度正弦绕组,也是交流绕组中的一种。对于交流绕组的要求是精度要高,即输出电动势波形中谐波分量要尽可能减小。从电动机设计角度而言,与以力能指标要求相对较高的伺服电动机相比,其功率输出不是主要目的,而是磁势的正弦分布更为重要。磁势波形要求谐波畸变率小。交流绕组设计的一般原则是:

（1）尽可能地消除或减少空间磁势的谐波分量，从而提高微特电动机传递信号的精度。

（2）在削弱空间磁势谐波分量的同时，力求基波绕组系数较大，以保证电动机具有较高的性能指标。可以尽可能小地制造旋转变压器，尤其在对体积或转动惯量有特殊要求的场合，如航天、航空等领域。

（3）要满足各类电动机对绕组参数的要求，如对于输入阻抗的要求等。

（4）制造工艺性好，便于绕线和嵌线。

本书从削弱磁势的空间谐波和提高微特电动机信号精度的观点出发，对交流微特电动机中，尤其是旋转变压器中常采用的双层短距分布绕组、正弦绕组、同心式不等匝绕组削弱谐波的能力做进一步分析，并提出这三类绕组的一般适用范围。

从电动机的磁场分析可知，气隙磁场中空间谐波的来源归结于下列因素。

（1）在电枢表面上由绕组中电流所产生的磁势在空间为矩形波分布，其中包含着一系列空间高次谐波，因此这些空间高次谐波是来源于绕组本身。

（2）绕组边沿电枢圆周是按槽距逐级分布的，因此该绕组所产生的磁势中必然包含齿谐波。

（3）此外，能引起气隙磁导变化的开槽和磁路的饱和也将产生空间谐波。

综上所述，在旋转变压器的设计中，由于其工作点在磁化曲线不饱和处，所以绕组的设计最为关键，其形式的选择必须以削弱谐波的影响为准则，以保证旋转变压器的精度要求。最常应用于绕线式旋转变压器的绕组，包括双层短距绕组、正弦绕组和同心不等匝绕组。而对于磁阻式旋转变压器还包括其他类型绕组，将在相关章节讲述。图 2.3 给出了适于旋转变压器的高精度交流绕组。

高精度交流绕组（适用于旋转变压器或其他精度交流微电动机）
- 分布绕组
  - 双层短距绕组（结构简单，消除指定次数谐波）
  - 正弦分布式绕组（精度高，嵌线困难，消除齿谐波外所有谐波）
  - 同心不等匝式绕组（精度高，消除多种指定次数的谐波）
- 集中绕组（多适用于磁阻式旋转变压器）
  - 等匝数集中绕组
  - 不等匝数正弦集中绕组

图 2.3　旋转变压器的高精度交流绕组

2.2.2　双层短距绕组

双层短距绕组是指每槽内双层绕组，有上下两层元件边，绕组跨距小于极距，每极每相槽数大于 1 的绕组。

在现有批量生产的旋转变压器中，双层短距绕组因其结构简单、工艺性好，而被广泛应用。同样双层短距绕组也是功率交流电动机主要绕组形式。

双层绕组的每个槽内有上、下两层元件边，绕组的两个有效边在电枢圆周上所跨的槽数称为绕组的节距(y_1)。双层绕组的每个绕组具有同样的匝数和节距,若适当地选择绕组的节距,并同时采用分布的办法,可以消除或削弱某些较强的空间谐波。根据每极每相槽数 q 是整数还是分数,又将绕组分为整数槽双层短距分布绕组和分数槽双层短距分布绕组。

它们削弱谐波的能力可从算得的各次谐波的绕组系数值看出,相当于采用短距分布绕组后电动势幅值打了一个折扣。

每极每相槽数的计算公式为

$$q = \frac{Z}{2Pm} \tag{2.1}$$

式中　　q——每极每相槽数:q 为整数时,为双层整数槽绕组;q 为分数时,为双层分数槽绕组;

　　　　Z——电枢表面总槽数;

　　　　P——极对数;

　　　　m——相数。

1. 绕组系数

下面给出了 ν 次谐波绕组系数的求法,主要在设计高精度绕组时需要涉及。

(1) 节距系数。

对于基波:

$$k_{P1} = \sin \frac{y_1}{\tau} 90° \tag{2.2}$$

对于 ν 次谐波:

$$k_{P\nu} = \sin \nu \frac{y_1}{\tau} 90° \tag{2.3}$$

式中　　τ——极距。

设计绕组时,为了消除某次谐波分量,最有效的方法是选择适当的绕组节距 y_1,并使该次谐波的节距系数为零。

令

$$k_{P\nu} = 0$$

即

$$\nu \frac{y_1}{\tau} 90° = k \times 180°$$

或

$$y_1 = \frac{2k}{\nu} \tau \quad (k = 1, 2, 3, \cdots)$$

为消除 ν 次谐波并保持基波的短距系数较大,应取 $2k = \nu - 1$,则

$$y_1 = \left(1 - \frac{1}{\nu}\right)\tau \tag{2.4}$$

式(2.4)表明,要消除 ν 次谐波,只需选择比全距短 $\dfrac{\tau}{\nu}$ 的绕组节距即可。

在实际设计绕组时通常不是完全消除某一次谐波,而是将次数相近的主要谐波分量在较大程度上进行削弱,因此此时取的绕组节距就不是刚好短 $\dfrac{\tau}{\nu}$ 了。

(2) 分布系数。

a. 当每极每相槽数 q 为整数时,

对于基波:

$$k_{d1} = \frac{\sin \dfrac{q\alpha}{2}}{q\sin \dfrac{\alpha}{2}} \tag{2.5}$$

对于 ν 次谐波:

$$k_{d\nu} = \frac{\sin \nu \dfrac{q\alpha}{2}}{q\sin \nu \dfrac{\alpha}{2}} \tag{2.6}$$

式中　α —— 一个槽距所占有的电角度,

$$\alpha = \frac{P \times 360°}{Z}$$

b. 当每极每相槽数 q 为分数时,可表示成

$$q = b + \frac{c}{d} = \frac{bd + c}{d} \tag{2.7}$$

式中　b —— 整数;

$\dfrac{c}{d}$ —— 不可约分数。

若槽数和极对数 P 之间有一个最大公约数 t,则整个绕组就可以分成 t 个完全相同的部分,又称单元。每个单元有 $\dfrac{P}{t}$ 对极,$\dfrac{Z}{t}$ 个槽。分数槽绕组的对称条件是:在每个单元内,每相的槽数相等,并为一整数,即

$$\frac{Z}{tm} = 整数 \tag{2.8}$$

其分布系数,对于基波:

$$k_{d1} = \frac{\sin \dfrac{q_d \alpha_d}{2}}{q_d \sin \dfrac{\alpha_d}{2}} \tag{2.9}$$

对于 ν 次谐波：

$$k_{d\nu} = \frac{\sin \nu \frac{q_d \alpha_d}{2}}{q_d \sin \nu \frac{\alpha_d}{2}} \qquad (2.10)$$

式中　q_d——分数槽绕组每极每相等效槽数, $q_d = \frac{Z}{tm}$；

　　　α_d——星形图中属于同一相的相邻矢量间夹角: 对于三相 $60°$ 相带, $\alpha_d = \frac{60°}{bd + c}$；对于二相 $90°$ 相带, $\alpha_d = \frac{90°}{bd + c}$。

（3）绕组系数。

对于基波：

$$k_{dP1} = k_{d1} \cdot k_{P1} \qquad (2.11)$$

对于 ν 次谐波：

$$k_{dP\nu} = k_{d\nu} \cdot k_{P\nu} \qquad (2.12)$$

2. 相带划分与星形图

（1）整数槽绕组相带划分。

以三相双层短距绕组 $60°$ 相带为例来绘制导体电动势星形图, 最终完成相带划分的目的。作为单相励磁绕组和两相信号绕组的旋转变压器的相带划分, 要以此星形图为依据。

交流绕组内的感应电动势通常为正弦交流电动势, 故可用相量来表示和运算。对于多极电动机, 当转子旋转一周时, 定子绕组感应电动势变化 $P \times 360°$, 因此, 定子相邻槽导体感应电动势的相位差为

$$\alpha = P \frac{360°}{Z} \qquad (2.13)$$

α 通常也称为定子相邻槽的电角度或槽距角。

每一根导体中感应的交变电动势均可用一个相量表示, 即用相量的长度表示导体感应电动势的最大值, 用相量在旋转时间轴上的投影表示感应电动势的瞬时值。将所有导体的电动势均用相量表示, 可以得到导体电动势星形图。

例 2.1　以总槽数 $Z = 36$, 相数 $m = 3$, 极数 $2P = 4$ 的三相双层绕组为例。此时相邻槽导体感应电动势相位差为

$$\alpha = P \frac{360°}{Z} = 2 \times \frac{360°}{36} = 20°$$

画出各导体感应电动势相量, 即得到图 2.4 所示的电动势星形图。

根据最大电动势原则, 以 A 相为例, A 相带所占 1、2、3、19、20、21 号槽, 1 号槽内有 A 相绕组 1 号件的上层边, 如选整距绕组, 1 号件的下层边应放在属于 X

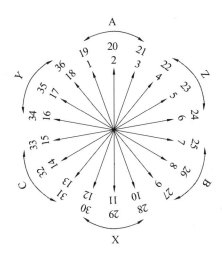

图 2.4　　整数槽导体电动势星形图

相带的 10 号槽内,如选短距绕组,1 号元件的下层边应放在 9 号槽内,进入 B 相带,出现异相槽情况。

(2) 分数槽绕组相带划分。

对整数槽绕组及其电动势分析表明,当采用短距分布绕组时能改善电动势波形。在大容量低速电动机(如水轮发电动机)中,或其他多极永磁同步电动机中,极数很多,由于槽数的限制,每极每相槽数 q 不可能太多。这时,若采用较小的整数 q 值,一方面不能利用分布效应来削弱由于磁极磁场的非正弦分布所感应的谐波电动势,另一方面也使齿谐波电动势的次数较低而幅值较大。在这种情况下,若采用每极每相槽数 q 等于分数的绕组,即分数槽绕组,便能得到较好的电动势波形。在分数槽绕组中,

$$q = \frac{Z}{2Pm} = b + \frac{c}{d} \qquad (2.14)$$

式中　　b—— 整数;

$\dfrac{c}{d}$—— 不可约的分数;

m—— 相数。

事实上,每相在每极下所占有的槽数只能是整数,不能是分数。因此,分数槽绕组实际上是每相在每极下所占的槽数不相等,有的极下多一个槽,有的极下少一个槽,而 q 是一个平均值。例如一台三相电动机,$Z = 30, 2P = 4$,每极每相槽数

$$q = \frac{Z}{2Pm} = \frac{30}{2 \times 2 \times 3} = 2\frac{1}{2} = \frac{5}{2}$$

是指在两个磁极下面每相占 5 个槽,即实际的分布情况是在一对磁极下面,N 极下占 3 个槽,S 极下占 2 个槽,平均起来每相在每个磁极下占 2.5 个槽。

如同整数槽绕组一样,分数槽绕组也分为双层绕组和单层绕组、叠绕组和波绕组。

单元电动机是指在整数槽绕组中,当电动机有 P 对极时,则有 P 个重叠的槽电动势星形,每个星形中对应的槽在磁极下分别处于相同的相对位置。每一个星形称为基本星形,相当于一个"单元电动机"。在分数槽绕组中,相邻磁极和定子槽的相对位置是不同的,但就整个电动机来说,某些磁极与定子槽的相对位置可与另一些磁极与定子槽的相对位置有所重复。总结来说,当 Z 和 P 的最大公约数为 t 时,便有 t 个重叠的基本星形,相当于 t 个单元电动机。

例 2.2 已知 $Z=36$,相数 $m=3$,极数 $P=10$ 的三相分数槽双层绕组展开图。

单元电动机数 $Z=36$ 与 $P=10$ 的最大公约数为 2,则单元电动机数为 2。

相邻槽的电角度为

$$\alpha_i = P\frac{360°}{Z} = 10 \times \frac{360°}{36} = 100°$$

每个基本星形有

$$Z_t = \frac{Z}{t} = \frac{36}{2} = 18$$

先将一个单元电动机的星形图画出,再画出 18 个槽的电动势星形图。相邻槽的机械角度为 $20°$,而相邻槽的电角度为 $100°$,1 号槽与实际的相邻槽 2 号槽的电角度为 $100°$,跨 5 个机械槽位置,如图 2.5 所示。

按照图 2.5 星形图以及相带划分得到的绕组展开图,如图 2.6 所示。

例 2.3 现以一台绕线式旋转变压器为例,定子 24 槽,转子 20 槽,画出绕组展开图。

定子采用短距绕组,对于 1 对极旋转变压器,极距 $\tau=12$,因此选用第一节距 $y_1=10$。转子也同样采用短距绕组,极距 $\tau=10$,选用第一节距 $y_1=8$。具体的绕组展开图如图 2.7、图 2.8 所示。

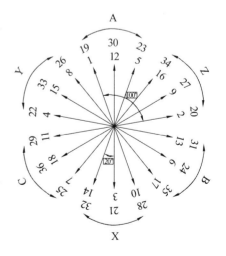

图 2.5 分数槽导体电动势星形图

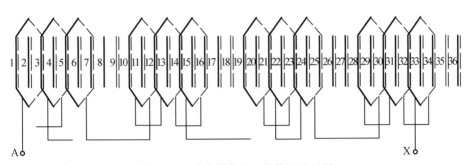

图 2.6　分数槽绕组—相绕组展开图

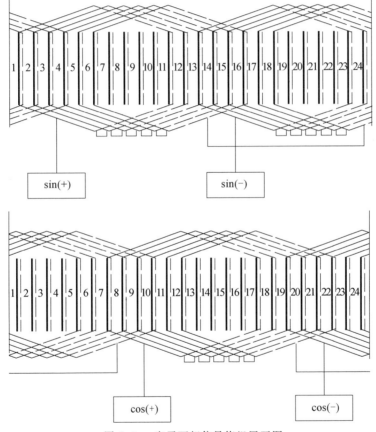

图 2.7　定子两相信号绕组展开图

2.2.3　正弦绕组分类

正弦绕组的各元件匝数是按绕组边所在的各槽空间角度的正弦规律分配的,是一种不等匝绕组。正弦绕组是目前精度最高的交流绕组,其削弱谐波的能

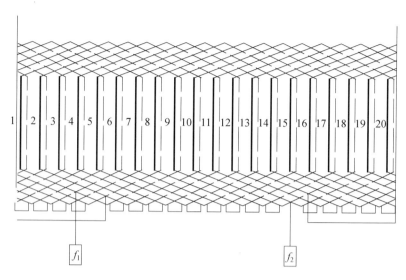

图 2.8　转子励磁绕组展开图

力最强。

　　正弦绕组又可以分为正弦分布绕组和正弦集中绕组两类,如图2.9所示。正弦分布绕组主要应用于绕线式旋转变压器的定、转子绕组,而正弦集中绕组主要用于磁阻式旋转变压器。

$$正弦绕组\atop(适用于微电动机)\left\{\begin{array}{l}正弦分布绕组\left\{\begin{array}{l}第一类正弦绕组\\第二类正弦绕组\end{array}\right.\\正弦集中绕组(多适用于磁阻式旋转变压器)\end{array}\right.$$

图 2.9　正弦绕组分类

　　图2.10(a)～(c)分别为16槽第一类正弦分布绕组、16槽第二类正弦分布绕组及正弦集中绕组展开图。

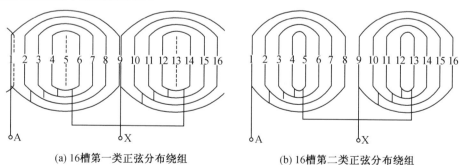

(a) 16槽第一类正弦分布绕组　　　　　　(b) 16槽第二类正弦分布绕组

图 2.10　正弦绕组展开图

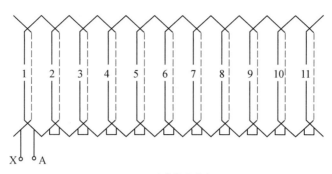

(c) 正弦集中绕组

续图 2.10

2.3　旋转变压器高精度正弦绕组谐波消除方法

2.3.1　旋转变压器电动势谐波对电动机控制的不利影响

旋转变压器等传感器输出电动势信号的非正弦性以及高次谐波将给电动机伺服驱动器带来很多不利影响,可以导致关节末端抖动及定位不精等问题,直接影响机器人关节的运动控制,严重时会使机器人关节控制失效。当然对于某些次数谐波可以通过软件以及硬件的方式在后续控制电路中进行消除,但从旋转变压器设计而言,在设计初期的绕组设计中若能尽可能地消除磁势中的谐波含有量是最佳的设计方法。

正弦绕组是所有交流绕组中精度最高的绕组,理论上可以消除除齿谐波外的所有次数谐波,这是正弦绕组基本准则。但正弦绕组绕制困难,增加了单台样机的制作成本,多数时候采用同心不等匝绕组替代它而尽可能实现更多次数的谐波消除。

2.3.2　正弦分布绕组设计原则

正弦分布绕组是指至少有一个元件节距大于一个槽距的正弦绕组,即第一节距大于1的正弦绕组。从绕线方式上看又可以分为第一类正弦分布绕组和第二类正弦分布绕组。从图2.11中的示意图可见:第一类绕组有空槽,同时也有槽内同时绕有两个绕组的情况;第二类绕组没有空槽,每个槽内绕组均匀分布。

例 2.4　如图2.11所示,槽数 $Z=12$,每极元件数 $S=3$ 的正弦绕组。每相有 $2S$ 个对称分布的绕组,槽数 $Z=4S$。它又有两种形式:图2.11(a) 为第一类正弦分布绕组,即绕组的轴线对准槽中心线;图2.11(b) 为第二类正弦分布绕组,即绕

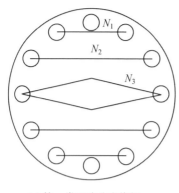
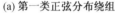
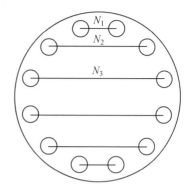

(a) 第一类正弦分布绕组　　　　　　(b) 第二类正弦分布绕组

图 2.11　正弦分布绕组

组的轴线对准齿中心线。

这两类正弦绕组在电气原理上是完全相同的。但从工艺角度看,第二类绕组具有较多优点,它的槽利用率好,绕组端部短,嵌线方便,所以第二类绕组得到广泛应用。

设正弦绕组沿直轴对称,各元件的匝数可以表示为

$$N_i = N_m \sin \alpha_i \tag{2.15}$$

式中　N_i——第 i 个元件的匝数;

　　　α_i——第 i 个元件边所在的槽与绕组轴线的夹角;对第一类绕组,$\alpha_i = i\frac{2\pi}{Z}$;对第二类绕组,$\alpha_i = (2i-1)\frac{\pi}{Z}$;

　　　N_m——比例系数。

由于第一类绕组的最后一个绕组所在的槽里有两个绕组边,故其绕组的匝数为

$$N_s = \frac{1}{2}N_m \sin \alpha_s \tag{2.16}$$

式中　α_s——最后一个绕组所在槽与绕组轴线之间的夹角。

励磁绕组所形成的磁动势为单相脉振磁动势,由于两个极下的磁动势波形完全对称,傅里叶分解表达式只含有奇次谐波,所以其励磁磁动势随转子位置变化的表达式为

$$F(\alpha) = \sum_{k=1}^{\infty}\left[\frac{4}{\pi}I_0 \cdot \sum_{i=1}^{\frac{z_R}{4}} N_i \sin(2k-1)\alpha_i\right]\frac{\cos(2k-1)\alpha}{2k-1} \tag{2.17}$$

式中　i——转子元件序号;

　　　Z_R——转子齿数;

α—— 从绕组轴线算起的圆周角度；

α_i—— 第 i 个元件所在槽与绕组轴线的夹角；

$\sum\limits_{i=1}^{\frac{Z_R}{4}} N_i \sin(2k-1)\alpha_i$——$2k-1$ 次谐波磁势的有效匝数。

由于励磁电流 $I_0 = \sqrt{2}\,I_{\varphi}\cos \omega t$ 随时间呈正弦变化，所以其磁动势的表达式可以简化为

$$F(\alpha) = \sum_{k=1}^{\infty} F_{ik} \cdot \cos(2k-1)\alpha \cdot \cos \omega t \qquad (2.18)$$

式中　　F_{ik}——$2k-1$ 次磁动势幅值，$F_{ik} = \dfrac{1}{2k-1} \cdot \dfrac{4\sqrt{2}}{\pi} \cdot \sum\limits_{i=1}^{\frac{Z_R}{4}} N_i \sin(2k-1)\alpha_i \cdot I_{\varphi}$。

由于穿过每一个定子齿下的转子气隙磁动势为随转子电角度变化的余弦函数，选取合适的转子初始位置，则第 λ 个定子齿下磁动势的变化情况为

$$F_{\lambda}(\alpha) = \sum_{k=1}^{\infty} F_{ik} \cdot \cos\left\{(2k-1)\left[\alpha + (\lambda-1)\frac{2\pi}{Z_S}\right]\right\} \cdot \cos \omega t \qquad (2.19)$$

当忽略转子开槽对气隙磁导的影响时，每个定子齿下的气隙磁导可以看作为彼此相等的恒定值。每个定子齿下的励磁磁通为

$$\varphi_{\lambda}(\alpha) = \sum_{k=1}^{\infty} \varphi_{ik} \cdot \cos\left\{(2k-1)\left[\alpha + (\lambda-1)\frac{2\pi}{Z_S}\right]\right\} \cdot \cos \omega t \qquad (2.20)$$

在忽略高次谐波时，励磁磁通可以表示为

$$\varphi_{\lambda}(\alpha) = \varphi_{i1} \cdot \cos\left[\alpha + (\lambda-1)\frac{2\pi}{Z_S}\right] \cdot \cos \omega t \qquad (2.21)$$

将组成一相信号绕组的每匝绕组所匝链的定子齿下的磁链相累加，得到两相绕组所匝链的总磁链为

$$\begin{cases} \psi_{\cos} = N\Phi = \sum\limits_{j=1}^{\frac{Z_S}{4}} \left\{ N_j \left[\sum\limits_{\lambda=1}^{j} (\varphi_{\lambda} + \varphi_{Z_S-\lambda+2}) - \varphi_{Z_S+1} \right] - N_j \left[\sum\limits_{\lambda=1}^{j} (\varphi_{\lambda+\frac{Z_S}{2}} + \varphi_{\frac{Z_S}{2}-\lambda+2}) - \varphi_{\frac{Z_S}{2}+1} \right] \right\} \\[4mm] \psi_{\sin} = N\Phi = \sum\limits_{j=1}^{\frac{Z_S}{4}} \left\{ N_j \left[\sum\limits_{\lambda=1}^{j} (\varphi_{\lambda+\frac{Z_S}{4}} + \varphi_{\frac{Z_S}{4}-\lambda+2}) - \varphi_{\frac{Z_S}{4}+1} \right] - N_j \left[\sum\limits_{\lambda=1}^{j} (\varphi_{\lambda+\frac{3Z_S}{4}} + \varphi_{\frac{3Z_S}{4}-\lambda+2}) - \varphi_{\frac{3Z_S}{4}+1} \right] \right\} \end{cases}$$

$$(2.22)$$

利用三角函数性质与公式将上式化简可以得到

$$
\begin{cases}
\psi_{\sin} = 2N_n \varphi_{i1} \cdot \cos \omega t \cdot \sin \alpha \cdot \sum_{j=1}^{\frac{Z_S}{4}} \left[-\sin \alpha_j \left(1 + 2 \sum_{\lambda=1}^{j} \cos (\lambda - 1) \frac{2\pi}{Z_S} \right) \right] \\
\psi_{\cos} = 2N_n \varphi_{i1} \cdot \cos \omega t \cdot \cos \alpha \cdot \sum_{j=1}^{\frac{Z_S}{4}} \left[\sin \alpha_j \left(1 + 2 \sum_{\lambda=1}^{j} \cos (\lambda - 1) \frac{2\pi}{Z_S} \right) \right]
\end{cases}
$$

$$(2.23)$$

则采用同心式正弦绕组的旋转变压器输出电动势为

$$
\begin{cases}
E_{\sin} = -\dfrac{\psi_{\sin}}{\mathrm{d}t} = -2\omega N_n \varphi_{i1} \cdot \sin \omega t \cdot \sin \alpha \cdot \sum_{j=1}^{\frac{Z_S}{4}} \left[-\sin \alpha_j \left(1 + 2 \sum_{\lambda=1}^{j} \cos (\lambda - 1) \frac{2\pi}{Z_S} \right) \right] \\
E_{\cos} = -\dfrac{\psi_{\cos}}{\mathrm{d}t} = -2\omega N_n \varphi_{i1} \cdot \sin \omega t \cdot \cos \alpha \cdot \sum_{j=1}^{\frac{Z_S}{4}} \left[\sin \alpha_j \left(1 + 2 \sum_{\lambda=1}^{j} \cos (\lambda - 1) \frac{2\pi}{Z_S} \right) \right]
\end{cases}
$$

$$(2.24)$$

2.3.3　正弦分布绕组削弱谐波原理

利用式(2.12),将 $2k-1$ 次谐波换成 $2k+1$ 次谐波,进行如下推导:

$$
F(\alpha) = \sum_{k=1}^{\infty} \left[\frac{4}{\pi} I_0 \cdot \sum_{i=1}^{\frac{Z_R}{4}} N_i \sin (2k+1) \alpha_i \right] \frac{\cos (2k+1) \alpha}{2k+1}
$$

设 $2k+1$ 次谐波绕组的有效匝数为

$$
W_{2k+1} = \sum_{i=1}^{S} N_i \sin (2k+1) \alpha_i
$$

对于第一类绕组:

$$
\begin{aligned}
W_{2k+1} &= \sum_{i=1}^{S} N_i \sin (2k+1) \alpha_i \\
&= N_m \sum_{i=1}^{S-1} \sin \alpha_i \sin (2k+1) \alpha_i + \frac{N_m}{2} (-1)^k \\
&= \frac{N_m}{2} \left[\sum_{i=1}^{S-1} \cos ki \frac{\pi}{S} - \sum_{i=1}^{S-1} \cos (k+1) i \frac{\pi}{S} + (-1)^k \right]
\end{aligned}
$$

$$(2.25)$$

利用公式:

$$
\sum_{r=1}^{P} \cos r\beta = \frac{1}{2} \left[\frac{\sin \left(P + \frac{1}{2} \right) \beta}{\sin \frac{\beta}{2}} - 1 \right] \quad (\beta \neq 2n\pi)
$$

(1) 当 $\dfrac{k\pi}{S} \neq 2n\pi$，即 $2k+1 \neq 4Sn+1$ 或 $2k+1 \neq Zn+1$（n 为整数）时，有

$$
\begin{aligned}
\sum_{i=1}^{S-1} \cos\left(ki\,\frac{\pi}{S}\right) &= \frac{1}{2}\left[\frac{\sin\left(S-1+\dfrac{1}{2}\right)\dfrac{k\pi}{S}}{\sin\dfrac{k\pi}{2S}} - 1\right] \\
&= \frac{1}{2}\left[\frac{\sin\left(k\pi - \dfrac{k\pi}{2S}\right)}{\sin\dfrac{k\pi}{2S}} - 1\right] \\
&= \frac{1}{2}\left[\frac{(-1)^{k-1}\sin\dfrac{k\pi}{2S}}{\sin\dfrac{k\pi}{2S}} - 1\right] \\
&= \frac{1}{2}\left[(-1)^{k-1} - 1\right]
\end{aligned}
\tag{2.26}
$$

(2) 当 $\dfrac{(k+1)\pi}{S} \neq 2n\pi$，即 $2k+1 \neq 4Sn-1$ 或 $2k+1 \neq Zn-1$（n 为整数）时，有

$$
\begin{aligned}
\sum_{i=1}^{S-1} \cos(k+1)i\,\frac{\pi}{S} &= \frac{1}{2}\left[\frac{\sin\left(S-1+\dfrac{1}{2}\right)\dfrac{(k+1)\pi}{S}}{\sin\dfrac{(k+1)\pi}{2S}} - 1\right] \\
&= \frac{1}{2}\left[\frac{(-1)^{k}\sin\dfrac{(k+1)\pi}{2S}}{\sin\dfrac{(k+1)\pi}{2S}} - 1\right] \\
&= \frac{1}{2}\left[(-1)^{k} - 1\right]
\end{aligned}
\tag{2.27}
$$

将式（2.26）、式（2.27）代入式（2.24），得出

$$
W_{2k+1} = 0
$$

结果表明：第一类正弦绕组能消除谐波次数 $\nu = Zn \pm 1$ 以外的所有谐波，而 $\nu = Zn \pm 1$ 次谐波刚好是齿谐波。

将 $2k_1+1 = Zn+1 = 4Sn+1$ 和 $2k_2+1 = Zn-1 = 4Sn-1$ 分别代入式（2.25），得到齿谐波的有效匝数为

$$
\begin{aligned}
W_{2k_1+1} &= \frac{N_{\mathrm{m}}}{2}\left[\sum_{i=1}^{S-1}\cos 2Sni\,\frac{\pi}{S} - \sum_{i=1}^{S-1}\cos(2nS+1)i\,\frac{\pi}{S} + (-1)^{2Sn}\right] \\
&= \frac{N_{\mathrm{m}}}{2}\left[\sum_{i=1}^{S-1}\cos 2ni\pi - \sum_{i=1}^{S-1}\cos\left(2ni\pi + i\,\frac{\pi}{S}\right) + (-1)^{2Sn}\right]
\end{aligned}
$$

$$= \frac{N_m}{2} S \tag{2.28}$$

$$W_{2k_2+1} = \frac{N_m}{2} \left[\sum_{i=1}^{S-1} \cos{(2Sn-1)i\frac{\pi}{S}} - \sum_{i=1}^{S-1} \cos{2nSi\frac{\pi}{S}} + (-1)^{2Sn-1} \right]$$

$$= \frac{N_m}{2} \left[\sum_{i=1}^{S-1} \cos{(2ni\pi - i\frac{\pi}{S})} - \sum_{i=1}^{S-1} \cos{(2ni\pi + i\frac{\pi}{S})} + (-1)^{2Sn} \right]$$

$$= -\frac{N_m}{2} S \tag{2.29}$$

对于第二类绕组：

$$W_{2k+1} = \sum_{i=1}^{S} N_i \sin{(2k+1)\alpha_i}$$

$$= N_m \sum_{i=1}^{S} \sin{\alpha_i} \sin{(2k+1)\alpha_i}$$

$$= \frac{N_m}{2} \Big[\sum_{i=1}^{S} \cos{k(2i-1)\frac{\pi}{2S}} - $$

$$\sum_{i=1}^{S} \cos{(k+1)(2i-1)\frac{\pi}{2S}} \Big] \tag{2.30}$$

利用公式：

$$\sum_{r=1}^{P} \cos{(2r-1)\beta} = \frac{\sin{2P\beta}}{2\sin{\beta}} \quad (\beta \neq 2S\pi)$$

$$W_{2k+1} = \frac{N_m}{4} \left[\frac{\sin{k\pi}}{\sin{\frac{k\pi}{2S}}} - \frac{\sin{(k+1)\pi}}{\sin{\frac{(k+1)\pi}{2S}}} \right] \tag{2.31}$$

对 $k = 2Sn$ 和 $k = 2Sn - 1$ 以外的任意 k 值（k 为整数），$\sin{k\pi} = \sin{(k+1)\pi} = 0$，得出

$$W_{2k+1} = 0$$

同样结果表明：第二类正弦绕组能消除谐波次数 $\nu = Zn \pm 1$ 以外的所有谐波，而 $\nu = Zn \pm 1$ 次谐波刚好是齿谐波。

将 $2k_1 + 1 = Zn + 1 = 4Sn + 1$ 和 $2k_2 + 1 = Zn - 1 = 4Sn - 1$ 分别代入式(2.31)，得到齿谐波的有效匝数为

$$W_{2k_1+1} = \frac{N_m}{2} \left[\sum_{i=1}^{S} \cos{(2i-1)n\pi} - (-1)^n \sum_{i=1}^{S} \cos{(2i-1)\frac{\pi}{2S}} \right]$$

$$= (-1)^n \frac{N_m}{2} S \tag{2.32}$$

$$W_{2k_2+1} = \frac{N_m}{2} \left[\sum_{i=1}^{S} \cos{(2Sn-1)(2i-1)\frac{\pi}{2S}} - \sum_{i=1}^{S} \cos{2nS(2i-1)\frac{\pi}{2S}} \right]$$

$$= -(-1)^n \frac{N_m}{2} S \qquad (2.33)$$

这两类正弦绕组未能消除的谐波次数为 $Zn \pm 1$，对 12 槽为 11、13、23、25、… 次谐波，对 16 槽为 15、17、31、33、… 次谐波，对 20 槽为 19、21、39、41、… 次谐波。未能消除的齿谐波的有效匝数也相同，由于槽数少，未能消除的齿谐波次数较低，所以正弦绕组不宜采用过少的槽数，否则会影响精度。在具体设计绕组时，通常是根据要求确定出每对极每相绕组的有效匝数 $W_{e\Phi}$，则

$$W_{e\Phi} = 2W_{e1} \qquad (2.34)$$

因为基波的有效匝数为

$$W_{e1} = \frac{N_m}{2} S \qquad (2.35)$$

所以

$$W_{e\Phi} = 2W_{e1} = N_m S \qquad (2.36)$$

$$N_m = \frac{W_{e\Phi}}{S} \qquad (2.37)$$

正弦绕组各元件的匝数为

$$N_i = \frac{W_{e\Phi}}{S} \sin \alpha_i \qquad (2.38)$$

按式（2.38）算出的匝数可能为小数，应取相应的整数。经验说明，这种计算带来的误差较小。

正弦绕组的绕组系数的计算公式，

对基波：

$$K_{aP1} = \frac{\sum\limits_{i=1}^{S} N_i \sin \alpha_i}{\sum\limits_{i=1}^{S} N_i} \qquad (2.39)$$

对 ν 次谐波：

$$K_{aP\nu} = \frac{\sum\limits_{i=1}^{S} N_i \sin \nu\alpha_i}{\sum\limits_{i=1}^{S} N_i} \qquad (2.40)$$

以上分析表明：

（1）正弦绕组的各元件匝数与 $\sin \alpha_i$ 成正比，它能消除 $Zn \pm 1$ 齿谐波以外的所有空间谐波。

（2）正弦绕组对制造工艺误差所引起的磁势空间谐波不敏感。

（3）正弦绕组的基波绕组系数稍低。

（4）正弦绕组的工艺性不及双层短距绕组。

对于奇数槽正弦绕组，结论与偶数槽时完全相同。

表2.1给出了正弦绕组每槽导体数分配图表，设计旋转变压器或者单相感应电动机可以参考。

表 2.1 正弦绕组每槽导体数分配

每极槽数	每槽导体百分比/%											
	$j=1$	$j=2$	$j=3$	$j=4$	$j=5$	$j=6$	$j=7$	$j=8$	$j=9$	$j=10$	$j=11$	$j=12$
4		60.8		39.2								
		58.6		41.4								
6	13.5		36.5		50.0							
		26.8		46.4		26.8						
			42.3		57.7							
				63.4		36.6						
8		15.3		28.0		36.8		19.9				
			23.5		35.1		41.4					
				33.1		43.4		23.5				
					45.9		54.1					
						64.8		35.2				
9		12.1		22.7		30.6		34.6				
			18.5		28.3		34.7		18.5			
				25.7		34.8		39.5				
					34.7		42.6		22.7			
						47.8		52.2				
							65.3		34.7			
12	3.4		10.0		15.9		20.8		24.1		25.8	
		6.8		13.2		18.6		22.8		25.4		13.2
			10.3		16.5		21.4		25.0		26.8	
				14.1		20.0		24.5		27.3		14.1
					18.3		24.0		27.8		29.9	
						23.3		28.5		31.8		16.4
							29.3		34.1		36.6	
								37.2		41.4		21.4
									48.2		51.8	
										65.9		34.1

注：j 为跨槽数。

2.4　同心式不等匝绕组

正弦绕组虽是一种抑制谐波能力很强的高精度绕组,但在某些情况下不宜采用。下面具体采用例子说明。

例 2.5　如图 2.12 中自整角机的正弦绕组,槽数 $Z=15$,相数 $m=3$。

采用正弦绕组,则每相元件数应为:$\dfrac{Z-1}{2}=\dfrac{15-1}{2}=7$,三相共有 $3\times7=21$ 个元件数,即 42 个元件边。而 15 个槽每槽放两个元件边,只能放 30 个元件边,要将 42 个元件边全部放入槽内,势必有 12 槽出现三层绕组边。每槽三层绕组边在工艺上相当复杂,实际上是不采用的。为了保证每槽只有两层绕组边,只能取每相元件数等于 $\dfrac{Z}{m}=\dfrac{15}{3}=5$,可按图 2.12 安放。如果此时仍按正弦绕组的规律分配各绕组匝数,就不能很好地消除磁势中的空间谐波。

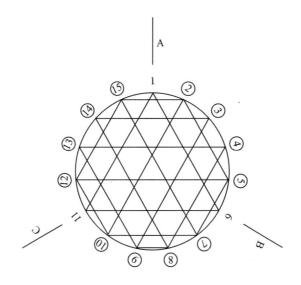

图 2.12　$Z=15$ 自整角机的正弦绕组

在此情况下,就不能采用正弦绕组了,而是采用同心式不等匝绕组。图 2.13 表示槽数 $Z=15$、每相元件数 $S=5$ 的同心式不等匝绕组。

设绕组轴线与直轴重合,对 ν 次谐波绕组的有效匝数可写成

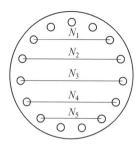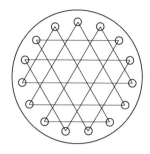

图 2.13　$Z=15$ 自整角机的同心不等匝绕组

$$W_{e\nu} = \sum_{i=1}^{S} N_i \sin \nu\alpha_i$$

$$= N_1 \sin \nu h \frac{180°}{Z} + N_2 \sin \nu(h+2) \frac{180°}{Z} + \cdots +$$

$$N_S \sin \nu \left[h + 2(S-1) \right] \frac{180°}{Z} \tag{2.41}$$

式中　h——第一个元件两条边所跨槽距数；

　　　S——每相元件匝数。

如果要消除 ν 次谐波,即可令 $W_{e\nu}=0$,根据要消除的某几种谐波,可建立相应的齐次线性联立方程组。解此联立方程组所得到的一组解,就是同心式不等匝绕组各元件的匝数比。由线性方程组理论可知,齐次线性方程组具有不为零的解的条件是,方程式中未知数的个数比方程式的数目多 1,因此能消除的谐波数比绕组数少 1。图 2.13 中的同心式等匝数绕组 $S=5$,则消除谐波数目为

$$S-1=5-1=4$$

如要消除 5、7、11、13 次谐波,可令

$$W_{e5} = W_{e7} = W_{e11} = W_{e13} = 0$$

按式(2.41)简化方程式

为消除 5 次谐波：

$$W_{e5} = N_1 \sin 3 \times 5 \times \frac{180°}{15} + N_2 \sin 5 \times 5 \times \frac{180°}{15} + N_3 \sin 7 \times 5 \times \frac{180°}{15} +$$

$$N_4 \sin 9 \times 5 \times \frac{180°}{15} + N_5 \sin 11 \times 5 \times \frac{180°}{15} = 0 \tag{2.42}$$

$$N_2^* - N_3^* + N_5^* = 0 \tag{2.43}$$

式中,N_2^*、N_3^*、N_5^* 表示匝数 N_2、N_3、N_5 的相对值,即

$$N_2^* = \frac{N_2}{N_1}, \quad N_3^* = \frac{N_3}{N_1}, \quad N_5^* = \frac{N_5}{N_1} \tag{2.44}$$

为消除 7 次谐波：

$$W_{e7} = N_1 \sin 3 \times 7 \times \frac{180°}{15} + N_2 \sin 5 \times 7 \times \frac{180°}{15} + N_3 \sin 7 \times 7 \times \frac{180°}{15} +$$

$$N_4 \sin 9 \times 7 \times \frac{180°}{15} + N_5 \sin 11 \times 7 \times \frac{180°}{15} = 0 \qquad (2.45)$$

即

$$0.866N_2^* - 0.742N_3^* + 0.588N_4^* - 0.406N_5^* = 0.95 \qquad (2.46)$$

为消除 11 次谐波：

$$W_{e11} = N_1 \sin 3 \times 11 \times \frac{180°}{15} + N_2 \sin 5 \times 11 \times \frac{180°}{15} + N_3 \sin 7 \times 11 \times \frac{180°}{15} +$$

$$N_4 \sin 9 \times 11 \times \frac{180°}{15} + N_5 \sin 11 \times 11 \times \frac{180°}{15} = 0 \qquad (2.47)$$

即

$$0.866N_2^* + 0.39N_3^* - 0.94N_4^* - 0.174N_5^* = 0.588 \qquad (2.48)$$

为消除 13 次谐波：

$$W_{e13} = N_1 \sin 3 \times 13 \times \frac{180°}{15} + N_2 \sin 5 \times 13 \times \frac{180°}{15} + N_3 \sin 7 \times 13 \times \frac{180°}{15} +$$

$$N_4 \sin 9 \times 13 \times \frac{180°}{15} + N_5 \sin 11 \times 13 \times \frac{180°}{15} = 0 \qquad (2.49)$$

即

$$0.866N_2^* - 0.174N_3^* - 0.642N_4^* - N_5^* = -0.95 \qquad (2.49)$$

建立联立方程组

$$\begin{cases} N_2^* - N_3^* + N_5^* = 0 \\ 0.866N_2^* - 0.742N_3^* + 0.588N_4^* - 0.406N_5^* = 0.95 \\ 0.866N_2^* + 0.39N_3^* - 0.94N_4^* - 0.174N_5^* = 0.588 \\ 0.866N_2^* - 0.174N_3^* - 0.642N_4^* - N_5^* = -0.95 \end{cases} \qquad (2.50)$$

可用消去法解联立方程组，最后解得

$$N_5^* = 1.84, \quad N_4^* = 4.49, \quad N_3^* = 5.35, \quad N_2^* = 3.51, \quad N_1^* = 1$$

故同心不等匝绕组元件的匝数比为

$$N_1 : N_2 : N_3 : N_4 : N_5 = 1 : 3.51 : 5.35 : 4.49 : 1.84$$

将 $\nu = nZ \pm K$（n 为不等于零的任意整数，K 为正整数且 $1 \leqslant K \leqslant Z$）代入式 (2.41) 得

$$W_{e\nu} = N_1 \sin h180° \frac{nZ \pm K}{Z} + N_2 \sin (h+2)180° \frac{nZ \pm K}{Z} + \cdots +$$

$$N_S \sin \left[h + 2(S-1) \, 180° \frac{nZ \pm K}{Z} \right]$$

$$= N_1 \sin h \left(n180° \pm \frac{K}{Z}180° \right) + N_2 \sin (h+2) \left(n180° \pm \frac{K}{Z}180° \right) + \cdots +$$

$$N_S \sin\left[h + 2(S-1)\right]\left(n180° \pm \frac{K}{Z}180°\right)$$

$$= \pm N_1 \sin h\frac{K}{Z}180° \pm N_2 \sin(h+2)\frac{K}{Z}180° \pm \cdots \pm$$

$$N_S \sin\left[h + 2(S-1)\right]\frac{K}{Z}180° \tag{2.51}$$

由式（2.51）可知

$$W_{eK} = W_{e(nZ+K)} = -W_{e(nZ-K)} \tag{2.52}$$

当 $W_{eK} = 0$ 时，则

$$W_{e(nZ+K)} = 0$$

以上分析表明：

（1）同心式不等匝绕组可以消除指定次数的一定数目的谐波，如能消除 K 次谐波，则 $nZ \pm K$ 次谐波自然地被消除。

（2）同心式不等匝绕组亦不能消除齿谐波。

（3）如增加同心式不等匝绕组的绕组数使它等于 $\frac{Z-1}{2}$，这时的同心式不等匝绕组实际上已转换成正弦绕组了。它可消除齿谐波以外的所有次谐波。因此正弦绕组可看作是同心式不等匝绕组的一个特例。

2.5　集中绕组

从定义上说，集中绕组是第一节距为 1 的绕组。

集中绕组在普通电动机绕组中的应用更为广泛。最初的应用包括变压器一次二次侧绕组，均为集中绕组。直流电动机的定子励磁绕组也是集中绕组，是集中绕在一个铁芯上的绕组。近期主要应用于多极永磁电动机及分数槽中，解决了分布绕组端部过长的问题，减少了永磁电动机的定位力矩，同时简化了绕组自动化制造工艺。另外，在一种极简的电动机中也采用集中绕组结构，即开关磁阻电动机的定子多相绕组。

相比于上述分布绕组，集中绕组是另一种较为广泛应用的绕组，尤其适用于磁阻式旋转变压器。对于机器人关节用旋转变压器而言，为配合关节电动机极对数多的特点，要求绕组体积小、结构紧凑、极对数尽量多，同时角度测量精度要求高。集中绕组为较好选择。集中绕组又可以分为集中等匝绕组和集中不等匝绕组两大类。其中集中等匝绕组结构简单，工艺性好，但精度稍低，适用于极对数较多的情况。集中不等匝绕组结构稍复杂，工艺性稍差，但精度高，更加适用于单极或精度要求高的场合。

2.5.1　集中等匝绕组

图 2.14 为一台多极径向磁路磁阻式旋转变压器定子集中式等匝励磁绕组示意图,图 2.15 为该绕组分布柱形图。如果信号绕组也采用集中等匝绕组,则适用于精度较低,或极对数较多场合。

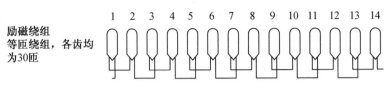

图 2.14　集中等匝绕组示意图

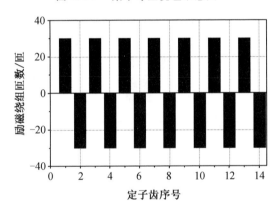

图 2.15　集中等匝绕组柱形图

2.5.2　正弦集中绕组

正弦集中绕组是指第一节距为 1 的绕组,绕组匝数按照绕组所在位置呈正弦规律变化。其主要应用于旋转变压器中,通常应用于径向磁路、轴向磁路磁阻式旋转变压器中。这种绕组可以削弱磁势波形中谐波畸变率。

例 2.6　以定子齿数 $Z_s = 14$、转子极对数 $P = 2$ 为例,对正弦集中绕组的绕组结构进行介绍。

励磁绕组为等匝绕组,每齿均为 $N_m = 30$ 匝,在 14 个定子齿上逐槽反向绕制,其匝数柱形图如图 2.16(a) 所示,其中正值表示正向绕制,负值表示反向绕制。

两相输出信号绕组则为沿正、余弦分布的不等匝绕组,其匝数在 14 个定子齿上成两个周期分布,由于此结构绕组单元槽数 Z_0 为奇数,因此需采用 Ⅲ 型绕组,第 i 个齿上绕组匝数为

$$N_{si} = N_s \sin \left[\frac{2\pi}{7}(i-1) + \frac{\pi}{4} \right] \qquad (2.53)$$

相应地,余弦绕组应与正弦绕组正交,在第 i 个齿上绕组匝数满足函数关系

$$N_{ci} = N_c \cos \left[\frac{2\pi}{7}(i-1) + \frac{\pi}{4} \right] \qquad (2.54)$$

令正、余弦信号输出绕组的匝数基数 $N_s = N_c = 51$,将正弦绕组(A 相)和余弦绕组(B 相)在各齿上绕组匝数绘制成柱形图,如图 2.16 中(a)、(b)所示,其中正值表示与同一定子齿上的励磁绕组绕向相同,负值表示与同一定子齿上的励磁绕组绕向相反。

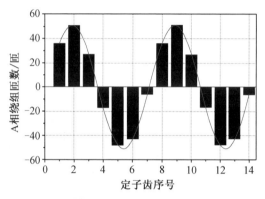

(a) 正弦信号绕组匝数示意图

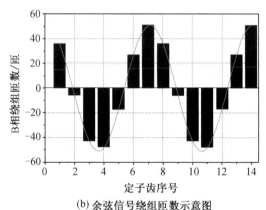

(b) 余弦信号绕组匝数示意图

图 2.16 励磁绕组与信号绕组匝数柱形图

通过式(2.53)、式(2.54)求取各定子齿上的正、余弦绕组匝数,取整后绘制定子齿上各绕组匝数及绕向图如图 2.17 所示。

该旋转变压器绕组单元槽数 Z_0 为 7,分为两个重复单元。在每个单元中,对于正弦输出绕组,前 3 个定子齿上的绕向与励磁绕组绕向相同,后 4 个定子齿上的绕向相反,二者输出反电动势幅值相减即可得到一个单元的总输出反电动

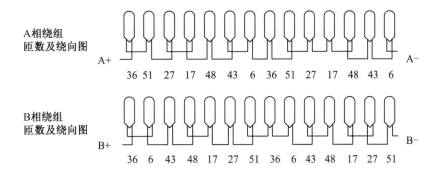

图 2.17　各定子齿上的励磁绕组与信号绕组匝数及绕向

势。按顺序求得各定子齿上正弦绕组输出反电动势的表达式如下：

$$U_{s1} = -j\omega N_s \sin \frac{\pi}{4} N_m I_m (G_0 + G_1 \cos 2\theta) \tag{2.55}$$

$$U_{s2} = -j\omega N_s \sin \left(\frac{2\pi}{7} + \frac{\pi}{4}\right) N_m I_m \left[G_0 + G_1 \cos \left(2\theta + \frac{2\pi}{7}\right)\right] \tag{2.56}$$

依此类推，将 14 个定子齿上正弦绕组输出反电动势累加，经计算后得出

$$U_s = 7j\omega N_s NIG_1 \sin \left(2\theta - \frac{\pi}{4}\right) = K_s \sin \left(2\theta - \frac{\pi}{4}\right) \tag{2.57}$$

式中　　K_s——常系数。

用相同的方法可计算得出余弦绕组输出反电动势为

$$U_c = 7j\omega N_s NIG_1 \cos \left(2\theta - \frac{\pi}{4}\right) = K_s \cos \left(2\theta - \frac{\pi}{4}\right) \tag{2.58}$$

由式(2.57)、式(2.58)可见，输出反电动势在与转角 2θ 呈正、余弦关系的基础上存在一个角度偏移，这是由于绕组匝数设计时引入 45° 电角度导致的，说明一号齿对应转子凸极轴线处时旋转变压器正弦输出信号并非过零点，因此应调整转子的初始位置，在转子旋转方向上逆向偏转 45° 电角度即可，这是所有采用 Ⅲ 型绕组的旋转变压器的固有现象。

2.6　关节用旋转变压器绕组形式的选择方法

机器人关节用旋转变压器可以根据不同关节的具体技术要求而采用所需的绕组形式，要考虑位置精度、转速、成本、工艺周期等多种因素，与所选用的电动机、控制器、谐波减速器、制动器等进行模块化设计是最佳方案。

双层短距分布绕组能消除主要的低次谐波，抑制谐波的能力不如正弦绕组和同心式不等匝绕组。绕组谐波磁势对工艺因素比较敏感，但它的基波绕组系

数较大,绕组制造工艺性好。因此对尺寸较大、精度要求一般的电动机,因其槽数较多,工艺上容易保证加工精度(椭圆、偏心和槽分度等),建议采用双层短距分布绕组。

正弦绕组和同心不等匝绕组都是高精度绕组,它们抑制谐波能力强。一般来说,抑制谐波能力强的绕组,其基波绕组系数稍低。高精度绕组的磁势空间谐波对工艺因素不敏感,故对尺寸小、精度要求高的电动机宜于采用。如在旋转变压器中多采用正弦绕组,单相自整角机的励磁绕组也可采用正弦绕组,自整角机的整步绕组宜采用同心式不等匝绕组。

无论哪一种形式的绕组都不能削弱齿谐波,消除齿谐波最有效的办法是采用转子或定子斜槽。

设计旋转变压器绕组时,要布置 m 相、P 对极的对称绕组,要消除 ν 次谐波,如采用双层短距分布绕组,则槽数必须是 $2Pm\nu$ 的倍数。通常旋转变压器 $m=2$,极对数 $P=1$,故槽数应是 4ν 的倍数。一般使原方消除 5 次或 7 次谐波磁势,副方消除 3 次谐波,所以原方槽数应是 20 或 28 的倍数,副方槽数应是 12 的倍数,采用正弦绕组时,可以突破槽数为 4ν 的倍数的限制,若布置两相对称绕组只需槽数为 4 的倍数即可。

为了避免出现原、副方齿谐波的耦合,要求定、转子槽配合满足下列条件:

$$Z_S \neq Z_R; \quad Z_S \neq 2Z_R + 2; \quad Z_S \neq 2Z_R$$

式中　Z_S、Z_R —— 定、转子槽数。

设计自整角机整步绕组时,由于整步绕组一般为三相,所以槽数应为 3 的倍数,$Z=2mPq$,在自整角机中每极每相槽数 q 一般在 $1.5 \sim 4$ 的范围,相应的槽数为 9、12、15、18、21、24。其中,9、15 和 21 槽都是分数槽,对应的 q 为 $\frac{3}{2}$、$\frac{5}{2}$、$\frac{7}{2}$。

分数槽绕组磁势的空间分布比较复杂,除了包括一系列高次谐波外,还包括低于基波次数的所谓次谐波,既包含奇次谐波又包含偶次谐波。整步绕组的谐波次数 ν 为

$$\nu = \frac{2mK}{d} \pm 1 \quad (K = 1, 2, 3, \cdots) \tag{2.59}$$

自整角机一般为 2 极的,所以 $d=2$。

由上式可知,此时整步绕组磁势中不含有次谐波。采用分数槽绕组可以改善信号侧绕组的电动势波形,同时使齿谐波电动势大大削弱,故作为接收机更为有利。

第 3 章

耦合变压器与旋转变压器的磁路法设计

现代电动机设计已经把有限元巧妙地贯穿于磁路法设计中去,我们称之为场路结合的电动机设计方法,又称为现代电动机设计方法。

旋转变压器的基本原理和设计方法与感应电动机有很多相似之处。传统采用的是磁路法设计方法。本章内容以关节用高精度绕线式旋转变压器为例,讲述采用传统磁路法设计旋转变压器主要部件耦合变压器与绕线式旋转变压器本体的基本思想和步骤。

3.1　机器人关节用绕线式旋转变压器概述

绕线式旋转变压器因其精度很高,且具有结构可靠、使用寿命长、生产成本低等优点,在航空、航天和军事等领域具有广泛应用,同时也是高精度机器人伺服系统中最为广泛应用的一种旋转变压器。

国内研究非接触旋转变压器始于 20 世纪 70 年代。1974 年,国内制作了两台应用于电视录像机中的高频旋转变压器试样。当时研究这种非接触式的旋转变压器主要是为了消除滑动噪声中的脉冲噪声,提高电视播放质量。这种旋转变压器只是一个环形变压器,而并非现在广泛应用于测角系统的绕线式旋转变压器,但它却是非接触式旋转变压器的一部分 —— 耦合变压器的前身。磁头的电磁信号经过高频旋转变压器的转子耦合到定子,再输出到静止的放演线路以提高电视图像质量。与此同时,在两绕组间加上一个紫铜的短路环来减小串扰,使输出信号与输入信号之比较接触式旋转变压器改善了 3 ~ 5 dB。

国内真正关于无接触绕线式旋转变压器的理论与设计广泛出现在 20 世纪 80 年代之后。1980 年,胡仲华第一次在《微特电动机》的国外新产品专栏上发布了西德公司最新设计的无刷旋转变压器,将这个概念带入了国内研究学者的视野。由于无接触绕线式旋转变压器分为"无接触"变压器与"绕线式"变压器两个部分,在此后的研究过程中,大多侧重于绕线式旋转变压器的分析。其结构装配图如图 3.1 所示。

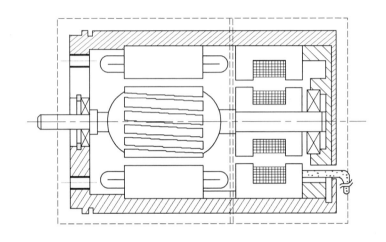

图 3.1　无接触绕线式旋转变压器结构装配图

1981 年,一四二一研究所研制了一种单绕组线性旋转变压器。它属于一种有限转角绕线式旋转变压器,是一种在一定转角范围内输出与转子转角呈线性关系的信号的交流解算元件。这种旋转变压器能克服改接型线性旋转变压器在使用时会出现的缺点。该所通过在加工工艺和设计上采取加大气隙,使用高导磁材料以及在定、转子上分别缠绕节距为一个极距的集中绕组来对结构进行优化,从而提高了单绕组线性旋转变压器的精度,扩大了转角范围,将原来 ±60° 的线性精度范围扩大至 ±85°。

1998 年,七〇七所在研制用于惯导平台的旋转变压器时设计了一种环形 — 同心混合正弦分布绕组,把跨距大、匝数多的绕组元件绕成环形绕线方式,以此减少无用的端部连接线。在缩短了电动机的轴向尺寸、减小了绕组的用铜量和绕组电阻的同时,依然可以保证测角精度。不过这种绕组的缺点是铁芯加工过程中要有突起,相比完整的圆柱面加工工艺复杂。其绕组结构如图 3.2 所示。

2008 年,上海交通大学的许兴斗在硕士论文中,从理论上推导了双通道旋转变压器中粗机和精机各自的齿槽配合关系并进行了绕组谐波分析。同年,中电第二十一研究所的张艳丽提出了一种特种函数旋转变压器的谐波补偿办法。利

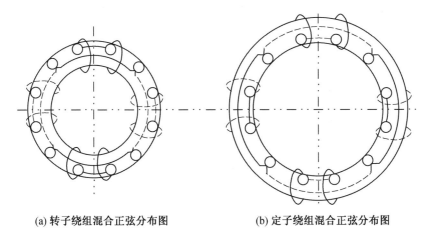

(a) 转子绕组混合正弦分布图　　　　　(b) 定子绕组混合正弦分布图

图 3.2　环形－同心混合正弦分布绕组旋转变压器结构示意图

用谐波系数增量值与函数误差增量值之间的关系,通过选取适当的谐波系数增量值来降低函数误差。而在 2012 年,她又对之前提出的这个理论进行了有限元分析,仿真结果表明,三次谐波补偿后最大误差点的误差值较补偿之前降低将近一半,且误差分布更均匀。

2010 年,电子工业部第二十一所研究了一种双余度的无接触旋转变压器。环形变压器和绕线变压器均采用冗余设计。环形变压器部分采用单体双备份,绕线变压器部分采用绕组备份。这款旋转变压器变压比低、尺寸大、厚度薄,分布电容对电气精度的影响增大。但此款产品的特点是为了保证极高的可靠性,所以对于电气误差要求不高。

同年,南京航空航天大学的刘学军对双通道多极旋转变压器提出了一种误差补偿的办法。他利用最小二乘法拟合由于零位误差和函数误差所产生的呈椭圆状的幅值曲线,通过二次曲线拟合的方法来实现对误差的校正补偿。

2011 年,二十一所的周奇慧对双通道旋转变压器的粗精机零位偏差进行了分析,并给出了最小零位偏差绕组分布设计。分析指出,当原方粗精机绕组磁轴的电气角度差为 0°、90°、180° 或 270° 时,副方的粗机绕组轴线总能对准精机绕组轴线,使粗精机理论零位偏差为零。但当原方粗精机绕组磁轴的电气角度差不是以上特殊值时,一定会存在理论零位偏差,只能尽量寻找偏差最小的绕组分布方法。并以极对数为粗机 1 对极、精机 16 对极的双通道旋转变压器为例,分析了当粗机定子绕组轴线对准不同定子槽位置时,粗、精机理论零位误差以及受绕组下线方向影响的粗、精机实际零位误差,证明了理论分析的正确性。

2013 年,广州工业大学的沈训欢对无接触式旋转变压器的两个组成部分进行了相互独立的仿真,展示了空载磁力线分布、磁场分布、输出电压波形等比较基础的图形。并利用 Matlab 软件,对两相输出电动势波形的包络线进行提取与 FFT 分析,得到了输出电动势的基波幅值与各次谐波,利用谐波畸变率验证了输出信号的正弦性。

2014 年,文献[20]分析了双通道旋转变压器的安装同轴度对使用精度的影响,其研究发现旋转变压器安装的偏心量与精度误差呈线性关系。

3.2 机器人关节用耦合变压器的磁路分析与设计

机器人关节用绕线式旋转变压器多为多极中空结构,采用耦合变压器替代了滑环和电刷。

耦合变压器也可称为环形变压器,因其绕组采用环形绕组得名。耦合变压器利用定子励磁,它能够将励磁信号从定子耦合到转子,省略了电刷与滑环的电接触和机械接触。

耦合变压器的设计方法和步骤与普通变压器相似,它的输出电压幅值及相位直接决定了绕线式旋转变压器的工作情况,因此对于绕线式旋转变压器前端的耦合变压器的研究有着重要意义。

其结构原理简图如图 3.3 所示。一般情况下耦合变压器由两部分组成,一部分是定子,一部分是转子,在定、转子中间是气隙。定子由绕组和定子铁芯构成,定子铁芯一般由硅钢片叠成,由于磁场交变频率较高,铁芯冲片可以选用导磁性能高而铁芯损耗小的材料,也可以选用坡莫合金、软磁铁氧体等材料加工成型。

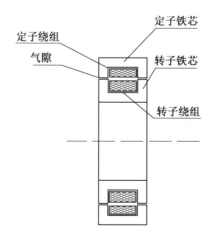

图 3.3 耦合变压器的结构简图

耦合变压器由定子铁芯、定子绕组、转子铁芯、转子绕组构成。定子铁芯和转子铁芯之间是气隙,定子绕组和转子绕组均采用环形集中绕组。其定子绕组与外加励磁相连,其转子绕组与旋转变压器转子绕组相连。磁场通过定子侧励磁、气隙以及定、转子铁芯而耦合至转子绕组。在电信号的传递过程中,会产生有功和无功的损耗,使信号的传递出现衰减。尤其是负载阻抗值较小时,带载后导致输出电压调整率明显增加,输出信号减弱。因此在耦合变压器设计中要综合考虑这些参数的影响。

图 3.4 为采用耦合变压器的旋转变压器电气原理图。

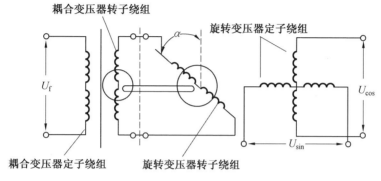

图 3.4   无刷旋转变压器的电气原理图

3.2.1   机器人关节用耦合变压器的磁路与等效电路分析

为了分析耦合变压器与旋转变压器之间的磁路参数关系,可画出旋转变压器空载状态下耦合变压器与旋转变压器级联后的等效电路图,如图 3.5 所示。

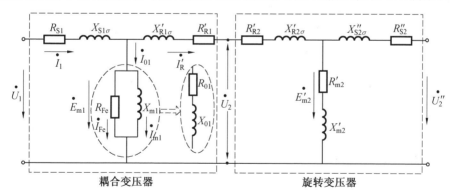

图 3.5   旋转变压器空载状态的等效电路图

图中 R_{S1}、$X_{S1\sigma}$ 为耦合变压器定子绕组的电阻和漏电抗,R'_{R1}、$X'_{R1\sigma}$ 为折算到定子侧的耦合变压器转子电阻和漏电抗,R'_{R2}、$X'_{R1\sigma}$、R''_{S2}、$X''_{S2\sigma}$ 为旋转变压器的转子和定子归算到耦合变压器输入端的电阻和漏电抗。

$$
\begin{cases}
R'_{R1} = k_1^2 R_{R1}, R'_{R2} = k_1^2 R_{R2}, R''_{S2} = k_1^2 k_2^2 R_{S2} \\
X'_{R1\sigma} = k_1^2 X_{R1\sigma}, X'_{R1\sigma} = k_1^2 X_{R1\sigma}, X''_{S2\sigma} = k_1^2 k_2^2 X_{S2\sigma} \\
X' = X'_{R1\sigma} + X'_{R2\sigma} + X'_{m2}, R'_R = R'_{R1} + R'_{R2}
\end{cases}
\tag{3.1}
$$

R_{Fe} 为耦合变压器铁损电阻,铁损电阻较大不能忽略。X_μ 为耦合变压器励磁电抗,k_1、k_2 为耦合变压器和旋转变压器分别的定、转子(转子定子)绕组匝数比。虚线内为电路分析时使用的串联等效电路。R_{01}、X_{01} 为耦合变压器的励磁电阻和励磁电抗。

空载输入阻抗的表达式为

$$
Z_{io} = R_{S1} + jX_{S1} + \frac{(R_{01} + jX_{01})(R'_R + jX')}{(R_{01} + jX_{01}) + (R'_R + jX')} \cdot
$$

$$
\frac{R_{S1}[(R_{01} + R'_R)^2 + (X_{01} + X')^2] + R_{01}R'_R(R_{01} + R'_R) + R_{01}X'^2 + R'_R X_{01}^2}{(R_{01} + R'_R)^2 + (X_{01} + X')^2} +
$$

$$
j\frac{X_{S1}[(R_{01} + R'_R)^2 + (X_{01} + X')^2] + X_{01}^2 X' + X_{01}X'^2 + R_{01}^2 X' + R'^2_R X_{01}}{(R_{01} + R'_R)^2 + (X_{01} + X')^2}
$$

$$
\tag{3.2}
$$

化简上式得

$$
\mid Z_{io} \mid \approx \frac{X_{m1}}{\sin \psi (1 + \lambda)}
\tag{3.3}
$$

式中 $\lambda = \dfrac{X_{m1}}{X'_{m2}} = \dfrac{X_{m1}}{k_1^2 X_{m2}}$;

$$
\psi \approx \arctan\left[\frac{R_{S1}(X_{m1} + X')^2 + R_{01}X'^2 + R'X_{m1}^2}{X_{m1}X'(X_{m1} + X')}\right].
$$

由此可知,空载输入阻抗主要与耦合变压器的励磁电抗、匝比、旋转变压器的励磁电抗及相角有关。

根据系统的电路关系可画出整体的电压相量图,如图 3.6 所示。

3.2.2　机器人关节用耦合变压器的技术指标

旋转变压器与耦合变压器间存在着对另一方的制约,旋转变压器的参数在设计上应考虑耦合变压器的各项阻值和耦合变压器已取得的电气参数。下面以带感应同步器作为耦合变压器负载的电磁装置为例进行设计分析。本设计采用场路结合的方法进行设计,其中空载输出感应电动势的计算采用电磁场有限元方法。

例 3.1　由于所设计的旋转变压器较小,试验难度大,以感应同步器做负载来代替旋转变压器进行耦合变压器的性能研究。感应同步器是利用两绕组的感应耦合原理制成的一种精密测量元件,其间没有铁芯结构,全部采用漏磁通进行耦合。利用试验测得感应同步器的输入阻抗为 9.5 Ω。

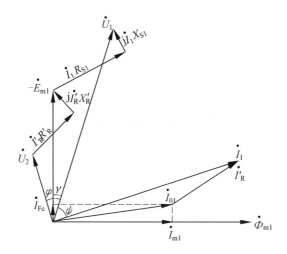

图 3.6　耦合变压器空载电压相量图

ψ— 原端输入电流与励磁电压之间的相位角;γ— 耦合变压器输出电动势与励磁电压的相位角;φ— 空载输出电压与励磁电压间的相位角

　　耦合变压器以提供符合要求的励磁电压为目的,不似功率变压器般注重功率传输问题。同时考虑到前端高精度测角系统的工作要求,它的输入电流不可过高。具体的设计指标如表 3.1 所示。

表 3.1　耦合变压器设计指标

参数	设计指标
额定励磁电压 U_f	5 V
励磁频率 f	10 kHz
负载输出电压	$\geqslant 0.5$ V
空载输入电流	$\leqslant 0.15$ A
负载输入电流	$\leqslant 0.15$ A

　　选取变比为 1,匝数配合为 50∶50,对耦合变压器进行设计。其尺寸设计为转子外径 79 mm,转子槽窗口长 18.5 mm、高 14 mm,定子内径 80 mm、外径 96 mm,定子槽窗口长 8 mm、高 12 mm。由于信号绕组侧绕组内阻对负载输出电动势影响通常较大,所以转子槽窗口在设计时选取的一般较大,以降低绕组内阻。原端绕组电阻为 6.5 Ω,副端绕组电阻为 0.76 Ω。

3.2.3　机器人绕线式旋转变压器耦合变压器的有限元分析

1.耦合变压器的有限元建模与反电动势计算

　　在有限元 ANSYS 电磁分析软件中,二维 RZ 坐标系建模适用于耦合变压器的分析计算,尤其适合进行空载磁场的分析及空载电动势的计算。计算简单方便,结果也较为准确。

图 3.7 给出了三维电磁场有限元建模示意图。

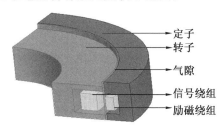

图 3.7 耦合变压器三维有限元模型示意图

耦合变压器在完成整个电磁作用的过程中,因为采取了相应的隔磁措施,与旋转变压器或者感应同步器几部分之间没有磁场的耦合和电磁干扰,因此对环形耦合变压器和旋转变压器部分进行独立的仿真分析。其输出电动势波形如图 3.8 所示。

由图 3.8 中可以看出,空载时一次侧与二次侧的感应电动势幅值之比接近 1.8,负载时它们的电压比却可达到 8.6,电压调整率高达 78%。显然电压调整率过大,不符合一般的变压器设计规律,需要对其进行进一步的分析与优化。由于感应同步器作为负载的特殊性,相当于短路运行,所以按照常规选取匝数过小,导致主电抗过小,漏抗占比过大。修改时可以采取增加绕组匝数的方法。

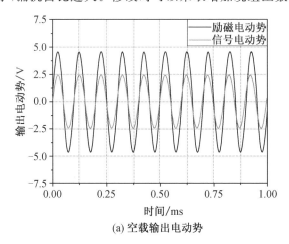

(a) 空载输出电动势

图 3.8 耦合变压器输出电动势波形

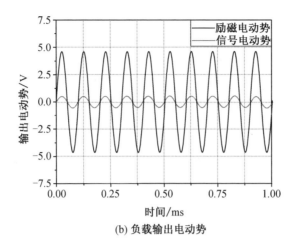

(b) 负载输出电动势

续图 3.8

耦合变压器空载时,匝比、励磁绕组内阻、励磁电抗、漏电抗、铁损共同制约着耦合变压器的感应电动势。负载时由于二次侧将形成闭合回路,除上述因素外,二次侧漏抗、负载阻抗也是影响感应电动势和输出电动势的原因。同时,影响耦合变压器输出特性的还有频率、损耗及结构参数。下面就这几个方面的特性进行有限元仿真计算。

2. 基于有限元分析励磁频率对输出电动势的影响

分别对励磁频率为 1 kHz、4 kHz、7 kHz、10 kHz、13 kHz 和 16 kHz 的耦合变压器进行仿真,比较耦合变压器在空载和负载时的信号绕组输出电动势。图 3.9 给出了两种情况下半个周期信号电动势的变化情况。

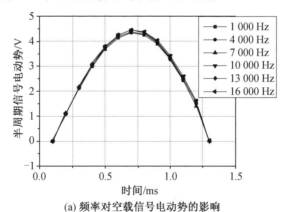

(a) 频率对空载信号电动势的影响

图 3.9　频率对电动势及电流的影响

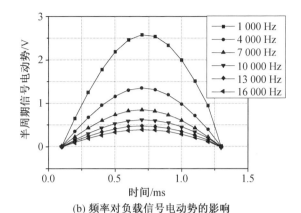

(b) 频率对负载信号电动势的影响

(c) 频率对原、副边电流的影响

续图 3.9

可以看出,空载情况下的输出电动势幅值并无明显变化,虽然励磁电抗和原端漏抗均随频率增大,但因其属于等比例增大,因此频率的变化只会影响空载输入阻抗的值,进而使空载励磁电流的幅值减小。而负载情况下,副边漏电抗的增大,将导致输出电压的幅值与信号绕组电流同步减小。

3. 基于有限元分析铁芯损耗对输出电动势的影响

铁芯损耗 P_{Fe} 是变压器的一个重要参数,它在耦合变压器的设计中以铁耗电阻的方式体现,它的大小决定了变压器励磁电流中有功电流的含量。对不同频率空载和负载情况下铁损对输出感应电动势的影响进行比较,其结果如图 3.10 所示。

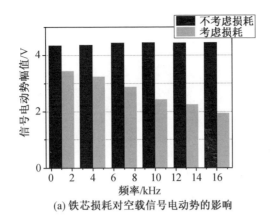

(a) 铁芯损耗对空载信号电动势的影响

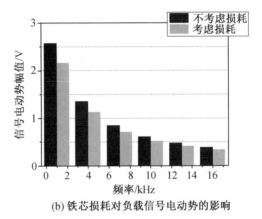

(b) 铁芯损耗对负载信号电动势的影响

图 3.10　　铁芯损耗对信号电动势影响

考虑实际试验情况,耦合变压器设计时选用的材料为普通的实心钢。通过对输出电动势信号幅值的观察可知,是否考虑铁损对空载输出电动势的影响很大,且随着频率的增加感应电动势减小得更剧烈,而负载时随着频率的升高这种趋势并不明显。显然,其铁损较选用硅钢片作为铁芯材料时大很多。虽然频率的增加会导致主磁通的下降,继而导致铁芯内磁感应强度的下降,但从总体上看,铁芯损耗仍然是增加的,励磁电阻也随之增加。

4. 气隙变化对输出电动势的影响

耦合变压器气隙过小会给安装造成困难,气隙过大会导致漏磁较多,直接影响耦合到定子侧的磁通量。图 3.11 分析了气隙宽度从 0.4 mm 增大至 1.8 mm 的情况下,半周期输出信号感应电动势。

从图中可以看出,无论是空载状态还是负载状态,气隙宽度每增加 0.2 mm,幅值较前一状态大致减小 1.5% ~ 3%。可见,虽然增大气隙会导致输出幅值的减小,但其减小程度相比其他影响因素,并不会成为影响电压调整率的主要原因。

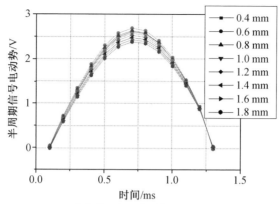

(a) 空载输出电动势随气隙的变化

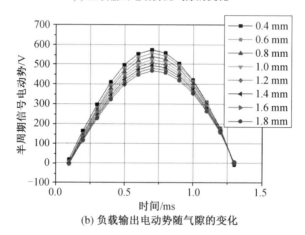

(b) 负载输出电动势随气隙的变化

图 3.11　　输出电动势随气隙的变化特性

5.阻抗匹配的优化设计

　　保持励磁绕组与信号绕组匝数不变,调整负载电阻值,观察不同负载下的输出电动势与原、副端电流,其变化趋势如图 3.12、图 3.13 所示。可见在负载足够大时,输出电动势值近似等于空载情况下信号绕组的感应电动势,且副端电流的变化对原端电流影响不大。

　　仍然保持变比设计为 1∶1,改变励磁绕组和信号绕组的匝数,使其内阻随匝数的变化等幅增加。比较在相同变比情况下,输入阻抗对输出电动势的影响。其空载情况下的输出电动势和励磁电流的变化情况如图 3.12、图 3.13 所示。

　　可见空载情况下,虽然变比相同,但输出电动势信号并不相同。这是由于励磁匝数过少,将导致励磁电抗在空载输入阻抗中的比例下降,使漏电抗和励磁绕组内阻以及励磁电阻对电路产生较大影响。而随着励磁电抗的增大,铁芯中的

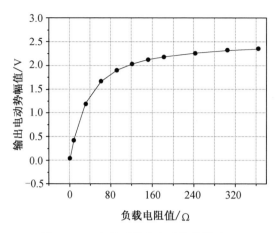

图 3.12　负载对输出电动势的影响

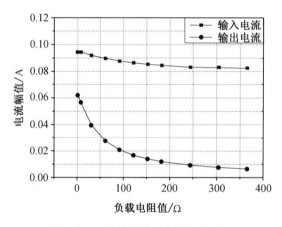

图 3.13　励磁匝数对电流的影响

平均磁感应强度减小,铁芯损耗减小,励磁电抗逐渐在输入阻抗中占据主导位置,空载输出电动势变化变缓,如图 3.14 所示。从图 3.15 中可以看出,在相同变比情况下,随着匝数的减少,励磁电流增大。且匝数较少时,励磁阻抗小,抗干扰能力差,负载阻值对一次侧电流的影响更加明显。

　　图 3.16 给出了负载情况下输出电动势随负载电阻的变化情况。图 3.17 给出了励磁电流与输出电压随匝数的变化情况。结合两图可以看出,虽然提高励磁阻抗在负载电阻值较大时可以明显提高输出电压,但对于书中所针对的阻值为 9.5 Ω 的耦合变压器,这个关系并不适用。由于匝数增加导致副边漏电抗升高,同时负载电阻很小,选用较大的励磁匝数虽然能有效控制输入电流,但相比电流的减小幅度,电压的损失过大。

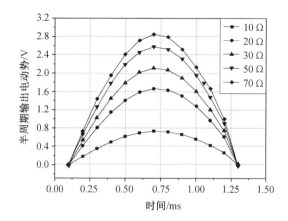

图 3.14　空载输出电动势随输入阻抗的变化

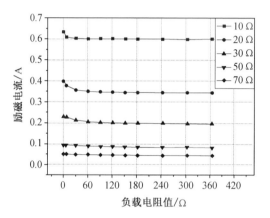

图 3.15　负载励磁电流随输入阻抗的变化

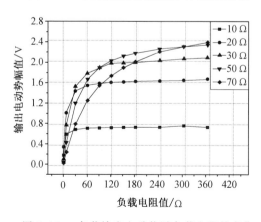

图 3.16　负载输出电动势随负载电阻的变化

图 3.18 给出了励磁绕组选用几种不同匝数时,改变变比值时输出电压幅值

的变化情况。

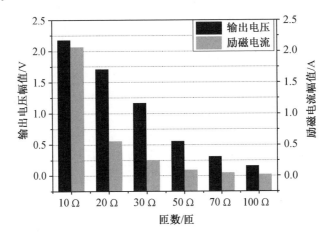

图 3.17　励磁电流与输出电压随匝数的变化

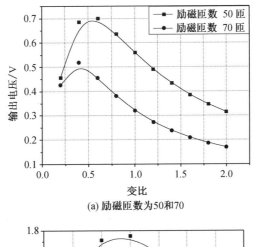

(a) 励磁匝数为50和70

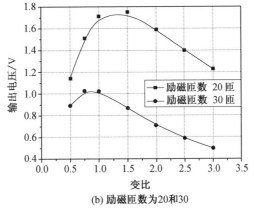

(b) 励磁匝数为20和30

图 3.18　不同变比下的输出电压幅值

可以看出,在励磁匝数选取为 20 匝时,输出电压在变比为 1.5 时达到最大值。励磁匝数选取为 70 匝时,电压在变比为 0.4 时达到最大值。随着励磁匝数的增大,电压输出的最大值向着变比减小的方向移动。增大信号绕组的匝数对输出电压的抑制作用大于变比增大对输出电压的促进作用,这是普通变压器中不会出现的情况,也正是这种所带负载阻值较低的耦合变压器的特点。

3.2.4 试验对比

为了验证分析结果的正确性,本书为匝数比为 20∶50 的耦合变压器制作了实物,并进行了试验测试,试验样机和测试过程展示如图 3.19 所示。试验过程中耦合变压器嵌于感应同步器里侧肉眼无法观测,只有引线露于外端。表 3.2 对试验结果和仿真结果进行了对比,表 3.3 给出了耦合变压器的主要参数测试结果。

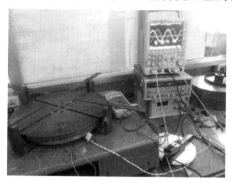

图 3.19　测试平台

表 3.2　主要参数结果对比

	空载励磁电流 /A	空载输出电动势 /V	负载励磁电流 /A	负载输出电压 /V
仿真结果	0.498	5.95	0.52	1.27
试验数据	0.44	4.26	0.45	0.88

由于耦合变压器励磁电抗选取很小,不同于一般的变压器开路试验,这里认为漏阻抗不可忽略。利用变压器开路及短路状态下的电路关系,根据已知测试值可以大致算得,励磁电阻为 1.17 Ω,励磁电抗为 3.92 Ω,整个电路的漏电抗为 3.65 Ω。可见励磁电阻和漏电抗在输入阻抗中所占比例很高,与前面的特性分析一致。

表 3.3　主要参数测试结果

测量参数	测试值	测量参数	测试值
空载输入电压	5 V	负载输入电压	5 V

续表

测量参数	测试值	测量参数	测试值
空载输入电流	0.44 A	负载输入电流	0.45 A
空载输出电压	4.26 V	负载输出电压	0.88 V
空载功率因数角	80°	短路输入电压	2.5 V
输入绕组内阻	0.8 Ω	短路输入电流	0.55 A
输出绕组内阻	1.9 Ω		

3.3　基于磁路法的高精度绕线式旋转变压器设计

磁路设计方法又称磁路法,采用的是一种"场化路"的思想,将旋转变压器实际空载运行时空间上分布不均匀的磁场等效成多段均匀的磁路,并根据磁回路上定子轭、定子齿、气隙、转子轭和转子齿等部分磁通量相等的原理,利用旋转变压器设计经验公式对其部分参数和性能进行计算与分析。

场路耦合设计方法又称为场路结合方法,是采用磁路法初步计算设计电动机或其他电磁机构电磁模型和电磁参数,然后采用有限元法精确计算局部或全部电磁模型或参数的方法,是目前较为普遍采用的一种分析设计方法。

根据旋转变压器的原理和设计指标,首先采用磁路法对一种机器人关节用 2 对极绕线式旋转变压器的本体部分进行分析设计。

3.3.1　机器人关节用绕线式旋转变压器主要设计要求

例 3.2　机器人关节用 2 对极绕线式高精度旋转变压器的性能和结构参数如表 3.4 所示,精度为 $\pm 5'$。

表 3.4　关节用旋转变压器性能和结构参数

参数	数值
额定电压	7 V
励磁频率	10 kHz
额定空载阻抗(输入阻抗)	150 Ω
额定电压比	0.5
机壳外径	37.5 mm
极对数	2

3.3.2 基本设计方案的确定

1. 机壳厚度及气隙的选择

（1）机壳厚度的选择。

旋转变压器的机壳厚度 Δ_K 由旋转变压器的尺寸、材料、精度等决定，旋转变压器的机壳厚度参照表 3.5 选取。

表 3.5　机壳厚度

机壳外径/mm	12.5	20	28	36	45	55
机壳厚度/mm	0.3	0.5	0.75	1.0	1.5	2.0

本次设计中，根据机壳外径设计要求，选取机壳厚度 $\Delta_K = 1.0$ mm。

（2）气隙的选择。

气隙增大能够削弱定、转子的铁芯偏心，磁导不对称，椭圆等对旋转变压器精度的影响，所以气隙越大，精度越高。但气隙不能过大，气隙如果过大，会导致旋转变压器的损耗增大、相位移增加、利用率降低，所以气隙大小的选取要综合考虑各方面的要求。旋转变压器气隙的选取可以参考图 3.20。

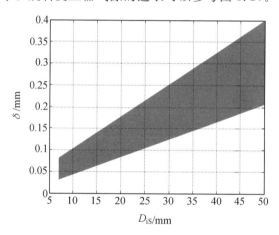

图 3.20　气隙 δ 与 D_{iS} 的关系曲线

2. 齿槽配合及斜槽

（1）齿槽配合。

在加工工艺允许的前提下，旋转变压器的槽数越多越好。为布置 m 相、P 对极的对称绕组，且可以消除 ν 次谐波磁势，其槽数一定为 $2Pm\nu$ 的倍数。所以，对 $m=2$，$P=2$ 的旋转变压器来说，其槽数一般为 8ν 的倍数。

设计时，经常需要让原方绕组消除 5 次和 7 次谐波磁势，副方绕组消除 3 次谐波磁势，以确保旋转变压器的精度。所以，原方槽数多为 40 或 56 的倍数；副方槽数是 24 的倍数。

绕组设计采用正弦绕组时,即使不满足上述要求,虽不能将绕组的 ν 次谐波磁势彻底消除,但是也可以把其控制在足够小的范围内。因此,采用正弦绕组,可以打破槽数为 8ν 的倍数的限制。 为了布置两相对称绕组,槽数必为 8 的倍数。

绕组不管采用何种形式,齿谐波磁势都不可以削弱。为免原、副方的次谐波耦合,定、转子的槽数选取要满足下列条件:

$$Z_S \neq Z_R \tag{3.4}$$

$$Z_S \neq Z_R + 2 \tag{3.5}$$

$$Z_S \neq 2Z_R \tag{3.6}$$

式中　　Z_S——定子槽数;

　　　　Z_R——转子槽数。

设计中,定、转子槽数分别设为 $Z_S = 24, Z_R = 16$。

(2) 斜槽。

斜槽系数为

$$K_{cv} = \frac{Z_R}{\nu C \pi} \sin \nu \frac{C \pi}{Z_R} \tag{3.7}$$

式中　　C——以转子槽距为单位表示的定、转子总槽数;

　　　　C_S——以转子槽距为单位表示的定子斜槽数;

　　　　C_R——以转子槽距为单位表示的转子斜槽数。

ν 次谐波斜槽系数等于或接近于零的条件是

$$C = \frac{nZ_R}{\nu} \quad 或 \quad C \approx \frac{nZ_R}{\nu} \tag{3.8}$$

式中　　n——任意正整数。

因此,调整斜槽数 C 可以削弱乃至消除某次谐波。齿槽的存在产生齿谐波磁势和磁导,而齿谐波与基波的绕组系数相同,所以常采用斜槽来削弱乃至消除齿谐波。本次设计中,在转子上采用斜槽以削弱谐波。

3. 导磁材料的选择

旋转变压器常用的导磁材料有铁镍软磁合金和硅钢薄板。 所设计的旋转变压器的励磁频率为 10 kHz,选材时要确保铁芯材料在高频状态的损耗尽可能低。铁镍软磁合金 1J79 磁化曲线的直线部分线性度好,磁导率高,比损耗小,比较适合设计,所以被选为旋转变压器的导磁材料。

4. 绕组设计

旋转变压器常用的绕组形式是双层短距绕组与同心式正弦绕组。双层短距绕组具有较高的绕组精度和良好的工艺性,其缺点是绕组存在一定的谐波磁势,再加上工艺因素(例如偏心、椭圆、片间短路)引起的误差,致使提高电动机精度受到很大限制。同心式正弦绕组是高精度绕组,它将各次谐波(齿谐波除外)削弱和消除到相当小的程度,可以使电动机的精度大大提高。本书采用同心式正弦绕组。绕组各元件导体数沿转子外圆或定子内圆按正弦分布的同心式绕组称为正弦绕组。正弦绕组有两种分布形式:当绕组的轴线对准槽的中心线时,称为第一类绕组;当绕组的轴线对准齿的中心线时,称为第二类绕组。本书采用第二类正弦绕组。本书中的转子同心式正弦绕组如图 3.21 所示。

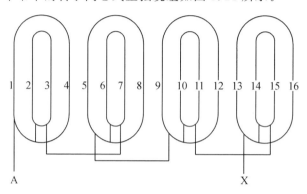

图 3.21　转子同心式正弦绕组展开图

3.3.3　基于磁路法的关节用绕线式旋转变压器设计过程

磁路法是一种利用经验公式计算电动机参数和性能的方法,设计过程有助于加深对旋转变压器的原理和旋转变压器各参数的理解,也为后续有限元分析奠定基础。图 3.22 所示为基于磁路法的旋转变压器设计流程图。设计过程主要分为主要技术指标确定、主要尺寸确定、冲片设计及斜槽计算、转子绕组计算、磁路计算、转子绕组参数计算、校验计算、定子绕组计算、定子绕组参数及输出阻抗计算等几部分。

1. 主要技术指标

(1) 额定电压 $U_H = 7$ V。

(2) 励磁频率 $f = 10\ 000$ Hz。

(3) 额定空载阻抗 $Z_{0H} = 150\ \Omega$。

(4) 额定电压比 $K_{uH} = 0.5$。

(5) 机壳外径 $D_K = 37.5$ mm。

(6) 极对数 $P = 2$。

(7) 定子相数 $m_S = 2$。

(8) 转子相数 $m_R = 2$。

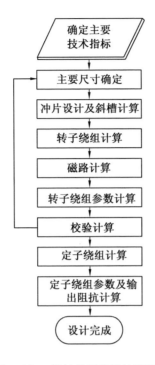

图 3.22　旋转变压器设计流程图

（9）正余弦旋转变压器。

（10）输入方：转子。

（11）导磁材料：铁镍软磁合金 1J79。

2. 主要尺寸确定

（1）机壳厚度 $\Delta_K = 1.0$ mm。

（2）定子铁芯外径 $D_S = D_K - 2\Delta_K = 35.5$ mm。

（3）定子铁芯内径 $D_{iS} = 0.67 D_S = 23.79$ mm。

（4）气隙 $\delta = 0.10$ mm。

（5）气隙平均直径 $D_\delta = D_{iS} - \delta = 23.69$ mm。

（6）转子铁芯外径 $D_R = D_{iS} - 2\delta = 23.59$ mm。

（7）定子铁芯长度 $l_S = 3.00$ mm。

（8）转子铁芯长度 $l_R = l_S + 0.5 = 3.50$ mm。

（9）气隙轴向计算长度 $l_\delta = \dfrac{1}{2}(l_S + l_R) = 3.25$ mm。

（10）转子铁芯内径 $D_{iR} \approx \dfrac{D_{iS}}{5} = 4.76$ mm。

(11) 定子极距 $\tau_S = \dfrac{\pi D_{iS}}{2P} = 18.68$ mm。

(12) 转子极距 $\tau_R = \dfrac{\pi D_R}{2P} = 18.52$ mm。

3. 冲片设计及斜槽计算

(1) 定子槽数 $Z_S = 24$。

(2) 转子槽数 $Z_R = 16$。

(3) 定子槽距 $t_S = \dfrac{\pi D_{iS}}{Z_S} = 3.11$ mm。

(4) 转子槽距 $t_R = \dfrac{\pi D_R}{Z_R} = 4.63$ mm。

(5) 定子气隙平均槽距 $t_{\delta S} = \dfrac{\pi D_\delta}{Z_S} = 3.10$ mm。

(6) 转子气隙平均槽距 $t_{\delta R} = \dfrac{\pi D_\delta}{Z_R} = 4.65$ mm。

(7) 定、转子槽口宽 $b_{oS} = b_{oR} = 0.8$ mm。

(8) 卡氏系数 $K_\delta = \dfrac{t_S + 10\delta}{t_S + 10\delta - b_{oS}} \times \dfrac{t_R + 10\delta}{t_R + 10\delta - b_{oR}} = 1.447$。

(9) 初选电动势降落系数 $K'_e = 0.83$。

(10) 初选磁路饱和系数 $K'_u = 1.04$。

(11) 最小空载阻抗 $Z_{min} = 40$ Ω。

(12) 气隙最大磁感应强度 $B_{\delta max} = \dfrac{P\Phi 10^{-2}}{D_\delta l_\delta} = 505 U_H \sqrt{\dfrac{PK'_e 10-3}{D_\delta l_\delta K'_\mu K_\delta \delta f Z_{min}}} = 0.066\ 9$ T。

(13) 铁芯最大磁感应强度 $B_{max} = 0.335$ T。

(14) 磁感应强度比例系数 $K_y = \dfrac{B_{max}}{B_{\delta max}} = 5$。

(15) 铁芯叠压系数 $K_{Fe} = 0.95$。

(16) 定子轭高 $h_{aS} = \dfrac{D_\delta l_\delta}{2K_y l_S K_{Fe}} = 2.70$ mm。

(17) 转子轭高 $h_{aR} = \dfrac{l_S}{l_R} h_{aS} = 2.31$ mm。

(18) 定子齿宽 $b_{ZS} = \dfrac{2\pi}{Z_S} h_{aS} = 0.71$ mm。

(19) 转子齿宽 $b_{ZR} = \dfrac{2\pi}{Z_R} h_{aR} = 0.91$ mm。

定子槽形设计:采用梨形槽。

(20) 定子槽口深 $h_{oS}=0.10\ \mathrm{mm}$。

(21) 定子槽顶圆直径 $d_1=\dfrac{(D_{iS}+2h_{oS})\sin\dfrac{\pi}{Z_S}-b_{ZS}}{1-\sin\dfrac{\pi}{Z_S}}=2.79\ \mathrm{mm}$。

(22) 定子槽顶圆心位置 $D_1=D_{iS}+2h_{oS}+d_1=26.77\ \mathrm{mm}$。

(23) 定子槽底圆直径 $d_2=\dfrac{(D_S-2h_{oS})\sin\dfrac{\pi}{Z_S}-b_{ZS}}{1+\sin\dfrac{\pi}{Z_S}}=2.85\ \mathrm{mm}$。

(24) 定子槽底圆心位置 $D_2=D_S-2h_{aS}-d_2=27.25\ \mathrm{mm}$。

(25) 定子槽深 $h_{ZS}=\dfrac{D_2+d_2-D_{iS}}{2}=3.16\ \mathrm{mm}$。

定、转子冲片示意图如图 3.23 所示。

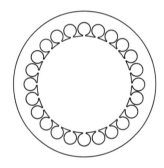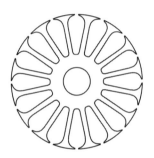

图 3.23　旋转变压器定、转子冲片示意图

(26) 定子槽面积 $S_{oS}=\dfrac{\pi}{8}(d_1^2+d_2^2)+\dfrac{1}{4}(d_1+d_2)(D_2-D_1)=6.91\ \mathrm{mm}^2$。

转子槽形设计:采用梨形槽。

(27) 转子槽口深 $h_{oR}=0.10\ \mathrm{mm}$。

(28) 转子槽底圆直径 $d_1'=\dfrac{(D_{iR}+2h_{aR})\sin\dfrac{\pi}{Z_R}-b_{ZR}}{1-\sin\dfrac{\pi}{Z_R}}=1.15\ \mathrm{mm}$。

(29) 转子槽底圆心位置 $D_1'=D_{iR}+2h_{aR}+d_1'=10.53\ \mathrm{mm}$。

(30) 转子槽顶圆直径 $d_2'=\dfrac{(D_R-2h_{oR})\sin\dfrac{\pi}{Z_R}-b_{ZR}}{1+\sin\dfrac{\pi}{Z_R}}=3.06\ \mathrm{mm}$。

(31) 转子槽顶圆心位置 $D_2'=D_R-2h_{oR}-d_2'=20.33\ \mathrm{mm}$。

(32) 转子槽深 $h_{ZR}=\dfrac{D_R-D_1'+d_1'}{2}=7.10\ \mathrm{mm}$。

(33) 转子槽面积 $S_{oR} = \frac{\pi}{8}(d'^2_2 + d'^2_1) + \frac{1}{4}(d'_2 + d'_1)(D'_2 - D'_1) = 14.48 \text{ mm}^2$。

(34) 定子铁芯直槽 $C_S = 0$。

(35) 转子铁芯斜槽 $C_R = 1$。

(36) 斜距 $t_{cR} = C_R \frac{\pi D_R}{Z_R} = 4.63 \text{ mm}$。

(37) 电枢斜槽角 $\gamma_{cR} = \arctan \frac{t_{cR}}{l_R} = 52°55'$。

(38) 定、转子总斜槽数 $C = C_R + C_S = 1$。

4. 转子绕组(正弦绕组)计算

(1) 初算绕组有效匝数 $W'_{eR} = \sqrt{\frac{1.99PK'_eK'_\mu K_\delta \delta Z_{0H} 10^8}{fD_\delta l_\delta}} = 98$,后续计算发现误差较大,第二次修正为140。

(2) 每极每相槽数 $q_R = \frac{Z_R}{8} = 2$。

(3) 每元件理想匝数 $N'_{Ri} = 4 \frac{W'_{eR}}{Z_R} \cos (2i - 1) \frac{P\pi}{Z_R}$。

计算得: $N'_{R1} = 32.34, N'_{R2} = 13.39$。

(4) 各元件匝数(取整) $N_{R1} = 32, N_{R2} = 13$。

(5) 槽中两相最大匝数 $N_{mR} = N_{R1} + N_{R2} = 45$。

(6) 每相的匝数 $W_R = 2P \sum_{i=1}^{q_R} N_{Ri} = 180$。

(7) 每相有效匝数 $W_{eR} = 2P \sum_{i=1}^{q_R} N_{Ri} \cos (2i - 1) \frac{2\pi}{Z_R} = 138.16$。

(8) 导线牌号:QQ。

(9) 转子绕组绝缘铜线直径 $d'_{CuR} = 0.28 \text{ mm}$。

(10) 裸铜线直径 $d_{CuR} = 0.23 \text{ mm}$。

(11) 转子绕组绝缘铜线截面积 $S'_{CuR} = 0.0616 \text{ mm}^2$。

(12) 裸铜线截面积 $S_{CuR} = 0.0415 \text{ mm}^2$。

(13) 槽满率 $K_{sfR} = \frac{N_{mR} S'_{CuR}}{S_{oR}} = 0.1914 < 0.32$。

(14) 导线每米长的质量 $g_{CuR} = 0.3860 \text{ g/m}$。

(15) 经验系数 L_2 取5。

(16) 经验系数 K_2 取1。

（17）各元件绕线模直径 $D_{WRi} = \dfrac{2}{\pi}\left[l_R + L_2 + K_2 y_{Ri} \dfrac{\pi(D_R - h_{ZR})}{Z_R} \right]$，

式中 $y_{Ri} = \dfrac{Z_R}{2P} + 1 - 2i, i = 1, 2, \cdots, q_R$。

计算得出：$D_{WR1} = 11.6$ mm，$D_{WR2} = 7.5$ mm。

（18）每相绕组总长 $L_{CuR} = 2P\pi \sum\limits_{i=1}^{q_R} N_{Ri} D_{WRi} = 5\ 890$ mm。

（19）转子绕组质量 $G_{CuR} = m_R L_{CuR} g_{CuR} 10^{-3} = 4.547$ g。

5. 磁路计算

（1）定子轭磁路计算长度 $l_{aS} = \dfrac{\pi(D_S - h_{aS})}{2P} = 25.76$ mm。

（2）转子轭磁路计算长度 $l_{aR} = \dfrac{\pi(D_{iR} + h_{aR})}{2P} = 5.55$ mm。

（3）定子齿磁路计算长度 $l_{ZS} = 2[h_{ZS} - 0.1(d_1 + d_2)] = 5.185$ mm。

（4）转子齿磁路计算长度 $l_{ZR} = 2[h_{ZR} - 0.1(d_1' + d_2')] = 13.358$ mm。

（5）每极磁通量 $\varPhi = \dfrac{K_e' U_H}{4.44 f W_{eR}} = 9.5 \times 10^{-7}$ Wb。

（6）气隙磁感应强度 $B_\delta = \dfrac{P\varPhi 10^6}{D_\delta l_\delta} = 0.024\ 6$ T。

（7）定子轭磁感应强度 $B_{aS} = \dfrac{P\varPhi 10^6}{2h_{aS} l_S K_{Fe}} = 0.123\ 2$ T。

（8）定子齿磁感应强度 $B_{ZS} = \dfrac{t_{\delta S} l_\delta B_\delta}{b_{ZS} l_S K_{Fe}} = 0.123\ 2$ T。

（9）转子轭磁感应强度 $B_{aR} = \dfrac{P\varPhi 10^6}{2h_{aR} l_R K_{Fe}} = 0.123\ 2$ T。

（10）转子齿磁感应强度 $B_{ZR} = \dfrac{t_{\delta R} l_\delta B_\delta}{b_{ZR} l_R K_{Fe}} = 0.123\ 2$ T。

（11）查 1J79 磁化曲线得定子轭磁场强度 $H_{aS} = 0.060\ 2$ A/cm。

（12）查 1J79 磁化曲线得定子齿磁场强度 $H_{ZS} = 0.060\ 2$ A/cm。

（13）查 1J79 磁化曲线得转子轭磁场强度 $H_{aR} = 0.060\ 2$ A/cm。

（14）查 1J79 磁化曲线得转子齿磁场强度 $H_{ZR} = 0.060\ 2$ A/cm。

（15）气隙磁势 $F_\delta = 1.6 K_\delta B_\delta \delta \times 10^3 = 5.703$ A。

（16）定子轭磁场修正系数 ξ_{aS} 取 0.64。

（17）定子轭磁势 $F_{aS} = \xi_{aS} l_{aS} H_{aS} \times 10^{-1} = 0.099$ A。

（18）定子齿磁势 $F_{ZS} = l_{ZS} H_{ZS} \times 10^{-1} = 0.031\ 2$ A。

（19）转子轭磁场修正系数 ξ_{aR} 取 0.64。

（20）转子轭磁势 $F_{aR} = \xi_{aR} l_{aR} H_{aR} \times 10^{-1} = 0.021\ 4$ A。

(21) 转子齿磁势 $F_{ZR} = l_{ZR} H_{ZR} \times 10^{-1} = 0.080\ 4$ A。

(22) 总磁势 $\sum F = F_\delta + F_{aS} + F_{ZS} + F_{aR} + F_{ZR} = 5.935\ 3$ A。

(23) 饱和系数 $K_\mu = \dfrac{\sum F}{F_\delta} = 1.04$。

(24) 空载电流无功分量 $I_P = \dfrac{P\sum F}{1.8 W_{eR}} = 0.047\ 7$ A。

6. 转子绕组参数计算

(1) 温度为 20 ℃ 时铜导线的电阻率 $\rho_{20} = \dfrac{1}{57\ 000}\ \dfrac{\Omega \cdot mm^2}{m}$。

(2) 每相电阻 $r_R = \rho_{20} \dfrac{L_{CuR}}{S_{CuR}} = 2.49\ \Omega$。

(3) 槽漏磁导 $\lambda_{oR} = \dfrac{D_2' - D_1'}{3(d_1' + d_2')} + 0.62 + \dfrac{h_{oR}}{b_{oR}} = 1.522$。

(4) 端部漏磁导 $\lambda_{eR} = 0.396\left[\dfrac{\pi(D_R - h_{ZR})}{2l_R Z_R \sin^2 \dfrac{\pi}{Z_R}} + \dfrac{L_2}{l_R}\right] = 5.382$。

(5) 差异漏磁导 $\lambda_{dR} = \dfrac{\pi D_\delta}{12 K_\mu K_\delta \delta Z_R} = 2.573$。

(6) 转子漏抗 $\chi_{\sigma R} = 15.8 f l_R \dfrac{W_{eR}^2}{P q_R \times 10^9}(\lambda_{oR} + \lambda_{eR} + \lambda_{dR}) = 24.99\ \Omega$。

(7) 转子漏阻抗 $Z_{\sigma R} = r_R + j\chi_{\sigma R} = 2.49 + j24.99\ \Omega$。

7. 校验计算

(1) 电流系数 K_i 取 1.003。

(2) 空载电流 $I_0 = K_i I_P = 0.047\ 9$ A。

(3) 空载电流有功分量 $I_a = \sqrt{I_0^2 - I_P^2} = 0.003\ 7$ A。

(4) 计算铁耗 $P_{Fe} = K_e' U_H I_a = 0.021\ 5$ W。

(5) 互感阻抗 $Z_m = \dfrac{K_e' U_H}{I_0} = 121.35\ \Omega$。

(6) 串联铁耗电阻 $r_m = \dfrac{P_{Fe}}{I_0^2} = 9.38\ \Omega$。

(7) 定、转子绕组之间的互感电抗 $\chi_m = \sqrt{Z_m^2 - r_m^2} = 120.99\ \Omega$。

(8) 空载全电阻 $r_0 = r_R + r_m = 11.87\ \Omega$。

(9) 空载全电抗 $\chi_0 = \chi_{\sigma R} + \chi_m = 145.97\ \Omega$。

(10) 空载阻抗 $Z_0 = \sqrt{r_0^2 + \chi_0^2} = 146.46\ \Omega$。

(11) 阻抗误差 $\Delta Z = \dfrac{|Z_0 - Z_{0H}|}{Z_{0H}} \times 100\% = 2.36\%$。

（12）电动势降落系数 $K_e = \dfrac{Z_m}{Z_0} = 0.829$。

（13）电动势降落系数误差 $\Delta K_e = \dfrac{|K_e - K'_e|}{K'_e} \times 100\% = 0.17\% < 0.5\%$。

（14）损耗角 $\varphi_m = \arctan \dfrac{r_m}{\chi_m} = 4°26'$。

（15）功率因数 $\cos\varphi = \dfrac{r_0}{Z_0} = 0.081$。

（16）功率因数角 $\varphi = 85°21'$。

（17）空载相位移 $\varphi_c = 90° - \varphi - \varphi_m = 13' < 10°$。

（18）电流密度 $j_R = \dfrac{I_0}{S_{CuR}} = 1.15 \ A/mm^2 < 10 \ A/mm^2$。

8. 定子绕组（正弦绕组）计算

（1）基波斜槽系数 $K_{c1} = \dfrac{Z_R}{C\pi} \sin \dfrac{C\pi}{Z_R} = 0.994$。

（2）初算有效匝数 $W'_{eS} = \dfrac{K_{uH} W_{eR}}{K_e K_{c1}} = 84$。

（3）每极每相匝数 $q_S = \dfrac{Z_S}{2Pm_S} = 3$。

（4）每元件理想匝数 $N'_{Si} = 4 \dfrac{W'_{eS}}{Z_S} \cos(2i-1)\dfrac{P\pi}{Z_S}$。

计算得：$N'_{S1} = 13.5, N'_{S2} = 9.9, N'_{S3} = 3.6$。

（5）各元件匝数（取整）$N_{S1} = 14, N_{S2} = 10, N_{S3} = 4$。

（6）槽中两相最大匝数 $N_{mS} = 2 \times N_{S2} = 2 \times 10 = 20$。

（7）每相的匝数 $W_S = 2P \sum\limits_{i=1}^{q_S} N_{Si} = 112$。

（8）每相有效匝数 $W_{eS} = 2P \sum\limits_{i=1}^{q_S} N_{Si} \cos(2i-1)\dfrac{P\pi}{Z_S} = 86.5$。

（9）电压比 $K_u = \dfrac{K_e K_{c1} W_{eS}}{W_{eR}} = 0.516$。

（10）电压比误差 $\Delta K_u = \dfrac{|K_u - K_{uH}|}{K_{uH}} \times 100\% = 3.11\%$。

（11）导线牌号：QQ。

（12）定子绕组绝缘铜线直径 $d'_{CuS} = 0.30 \ mm$。

（13）裸铜线直径 $d_{CuS} = 0.25 \ mm$。

（14）定子绕组绝缘铜线截面积 $S'_{CuS} = 0.070 \ 7 \ mm^2$。

（15）裸铜线截面积 $S_{CuS} = 0.049 \ 1 \ mm^2$。

(16) 槽满率 $K_{sfS} = \dfrac{N_{mS} S'_{CuS}}{S_{oS}} = 0.204\ 6 < 0.32$。

(17) 导线每米长的质量 $g_{CuS} = 0.454\ \text{g/m}$。

(18) 经验系数 L_1 取 5。

(19) 经验系数 K_1 取 1.08。

(20) 各元件绕线模直径 $D_{WSi} = \dfrac{2}{\pi}\left[l_S + L_1 + K_1 y_{Si} \dfrac{\pi(D_{iS} + h_{ZS})}{Z_S}\right]$,

式中　　$y_{Si} = \dfrac{Z_S}{2P} + 1 - 2i, i = 1,2,\cdots,q_S$。

计算得 $D_{WS1} = 17.2\ \text{mm}, D_{WS2} = 12.4\ \text{mm}, D_{WS3} = 7.5\ \text{mm}$。

(21) 每相绕组总长 $L_{CuS} = 2P\pi \sum\limits_{i=1}^{q_S} N_{Si} D_{WSi} = 4\ 961\ \text{mm}$。

(22) 定子绕组质量 $G_{CuS} = m_S L_{CuS} g_{CuS} \times 10^{-3} = 4.50\ \text{g}$。

9. 定子绕组(正弦绕组)参数及输出阻抗计算

(1) 每相电阻 $r_S = \rho_{20°} \dfrac{L_{CuS}}{S_{CuS}} = 1.77\ \Omega$。

(2) 槽漏磁导 $\lambda_{oS} = \dfrac{D_2 - D_1}{3(d_1 + d_2)} + 0.62 + \dfrac{h_{oS}}{b_{oS}} = 0.773$。

(3) 端部漏磁导 $\lambda_{eS} = 0.396\left[\dfrac{\pi(D_{iS} + h_{ZS})}{2l_S Z_S \sin^2 \dfrac{\pi}{Z_S}} + \dfrac{L_1}{l_S}\right] = 14.34$。

(4) 差异漏磁导 $\lambda_{dS} = \dfrac{\pi D_\delta}{12 K_\mu K_\delta \delta Z_S} = 3.46$。

(5) 定子漏抗 $\chi_{\sigma S} = 15.8 f l_S \dfrac{W_{eS}^2}{P q_S 10^9}(\lambda_{oS} + \lambda_{eS} + \lambda_{dS}) = 10.97\ \Omega$。

(6) 定子漏阻抗 $Z_{\sigma S} = r_S + j\chi_{\sigma S} = 1.77 + j10.97\ \Omega$。

(7) 定、转子绕组有效匝数比 $K_{ef} = \dfrac{W_{eS} K_{c1}}{W_{eR}} = 0.622$。

(8) 转子方短路时的定子阻抗 $Z_{SR} = Z_{\sigma S} + K_{ef}^2 \dfrac{z_{\sigma R} z_m}{z_{\sigma R} + z_m} = 4.52 + 19.90j\ \Omega$。

10. 设计方案对比与分析

为进一步比较不同旋转变压器本体设计参数对其尺寸及性能的影响,本书计算三种方案,计算结果如表 3.6 所示。

表 3.6　三种方案结果

项　　目	方案一	方案二	方案三
频率 f/Hz	10 000	10 000	10 000
机壳外径 D_K/mm	37.5	37.5	37.5
定子铁芯外径 D_S/mm	35.5	35.5	35.5
气隙 δ/mm	0.10	0.10	0.15
转子铁芯外径 D_R/mm	23.59	23.59	23.49
转子铁芯长度 l_R/mm	3.50	24.29	3.50
定、转子槽数 Z_S、Z_R	24,16	24,16	24,16
定子轭高 h_{aS}/mm	2.70	2.52	2.70
定子槽面积 S_{oS}/mm²	6.91	7.56	6.93
转子轭高 h_{aR}/mm	2.31	2.47	2.31
转子槽面积 S_{oR}/mm²	14.48	13.97	14.32
斜槽角 γ_{cR}	52°55′	10°48′	52°50′
转子绕组每相有效匝数 W_{eR}	138.16	55.70	164.92
转子绕组裸铜线截面积 S_{CuR}/mm²	0.041 5	0.041 5	0.041 5
转子绕组槽满率 K_{sfR}	0.191	0.079	0.232 1
转子绕组每相绕组总长 L_{CuR}/mm	5 890	5 368	7 047
每极磁通量 Φ/Wb	9.47×10^{-7}	2.58×10^{-6}	7.55×10^{-7}
气隙磁感应强度 B_{δ}/T	0.024 6	0.009 1	0.019 7
定子轭磁感应强度 B_{aS}/T	0.123 2	0.045 3	0.098 4
定子齿磁感应强度 B_{ZS}/T	0.123 2	0.045 3	0.098 4
转子轭磁感应强度 B_{aR}/T	0.123 2	0.045 3	0.098 4
转子齿磁感应强度 B_{ZR}/T	0.123 2	0.045 3	0.098 4
总磁势 $\sum F$/A	5.935 3	2.248 9	6.789 9
转子绕组每相电阻 r_R/Ω	2.49	2.27	2.98
转子漏抗 $\chi_{\sigma R}$/Ω	24.99	14.25	32.60
空载电流 I_0/A	0.047 9	0.045 0	0.045 9
互感电抗 χ_m/Ω	120.989	141.13	120.16
空载阻抗 Z_0/Ω	146.46	155.94	153.26

续表

项　　目	方案一	方案二	方案三
电动势降落系数 K_e	0.829	0.908	0.786
损耗角 φ_m	4°26′	4°26′	4°26′
功率因数 $\cos\varphi$	0.081	0.085	0.080
空载相位移 φ_c	13′	25′	10′
电流密度 $j_R/(\text{A}\cdot\text{mm}^{-2})$	1.15	1.08	1.10
定子每相有效匝数 W_{eS}	86.52	31.67	104.80
电压比 K_u	0.516	0.513	0.497
定子绕组裸铜线截面积 S_{CuS}/mm^2	0.049 1	0.049 1	0.049 1
定子绕组槽满率 K_{sfS}	0.204 6	0.074 8	0.244 8
定子绕组每相绕组总长 L_{CuS}/mm	4 961	3 465	6 016
定子绕组每相电阻 r_S/Ω	1.77	1.24	2.15
定子漏抗 $\chi_{\sigma S}/\Omega$	10.97	3.82	15.26

　　第二套方案是在第一套的基础上增大转子铁芯长度,相当于增大了长细比。定、转子槽形尺寸略微变化,斜槽角减小。空载阻抗大小近似互感阻抗大小,近似气隙轴向长度,与转子绕组有效匝数的平方成正比,与气隙长度成反比。所以,转子铁芯长度增大,要使空载阻抗依然为150 Ω,转子绕组有效匝数减少。从而,在取同样线径的铜导线的情况下,转子绕组槽满率、每相绕组总长和每相电阻减小,每极磁通量增大。而气隙轴向长度增加得多,所以气隙磁感应强度减小,磁路其他部分磁感应强度相应减小。转子漏抗与转子铁芯长度、转子绕组有效匝数的平方成正比,方案二中转子漏抗计算值要小。方案二中,空载阻抗略微增大,接近150 Ω,空载电流略微减小,接近0.046 7 A。空载阻抗主要在电抗,方案二转子漏抗部分减小,所以互感电抗部分增大。方案二中,互感阻抗部分占得比较多,所以电动势降落系数要大。损耗角不变,功率因数角略减,空载相位移略增,电流密度略微减小,定子绕组有效匝数减少。从而,在取同样线径的铜导线的情况下,定子绕组槽满率、每相绕组总长和每相电阻减小,实际电压比接近0.5。方案二中,定子漏抗小于方案一。

　　第三套方案是在第一套的基础上增大气隙长度,定、转子槽形尺寸略微变化,斜槽角略微减小。气隙长度增大,要使空载阻抗依然为150 Ω,转子绕组有效匝数增大。从而,在取同样线径的铜导线的情况下,转子绕组槽满率、每相绕组总长和每相电阻增大,每极磁通量减小。所以气隙磁感应强度减小,磁路其他部分磁感应强度相应减小,转子漏抗增大。方案三中,空载阻抗略微增大,接近

150 Ω,空载电流略微减小,接近 0.046 7 A。空载阻抗主要在电抗,方案三转子漏抗部分增大,所以互感电抗部分减少。方案三中,互感阻抗部分占得略小,所以电动势降落系数要略小。损耗角不变,功率因数角略增,空载相位移略减,电流密度略微减小,定子绕组有效匝数增大。从而,在取同样线径的铜导线的情况下,定子绕组槽满率、每相绕组总长和每相电阻增大。实际电压比接近 0.5,定子漏抗增大。

 第4章

基于有限元法的高精度绕线式旋转变压器的设计

4.1　有限元法简介

有限元法(finite element method)又称有限单元法,是一种采用离散的剖分单元逼近实际连续求解区域的数值计算方法。

科学计算领域常常需要求解各类微分方程,而许多微分方程的解析解一般很难得到。使用有限元法将微分方程离散化后,可以编制程序,采用计算机辅助求解。随着计算机计算速度的加快,有限元计算方法已经得到广泛应用。

电磁场有限元分析方法是求解给定边界条件下麦克斯韦方程的计算方法。普通电动机电磁场分析问题属于低频似稳场的求解问题,求解旋转变压器电磁场问题与求解普通电动机电磁场问题相似。由于磁场饱和程度低,因此计算精确度较普通电动机更为准确,这对于对精度要求较高的旋转变压器各种误差分析等问题的研究具有更大的优势。同时,旋转变压器的励磁频率高于普通电动机的通电频率,因此在问题的求解过程中也具有一定的特殊性。

旋转变压器有限元分析具有以下特点。

(1)其空载感应电动势总体波形特点是高频载波且具有低频包络线特性。

(2)励磁频率较高,时间步长小,剖分精度要求较高。

(3)有限元的精确计算与准确形象的谐波分析为旋转变压器的设计提供了更为有效的手段。

（4）对电感、主电抗、漏抗、输入输出阻抗等采用磁路法棘手的参数计算问题提供了更为便捷的计算手段。

4.2　基于有限元法机器人关节用高精度绕线式旋转变压器设计

4.2.1　机器人关节用 1 对极双层短距绕组旋转变压器的参数要求

机器人关节通常包括两个高精度位置传感器，末端必须为绝对式位置传感器。1 对极旋转变压器为绝对式位置传感器，其精度一般较多极旋转变压器低。在机器人关节这种高精度位置伺服机构中，1 对极旋转变压器一般采用绕线式转子结构。1 对极绕线式旋转变压器精度提高的关键在于绕组的设计，采用双层短距绕组是最为简单有效的高精度绕组，便于机械化绕制绕组与嵌线。下面就以一台 1 对极双层短距绕组旋转变压器为例，对其性能进行分析并进行结构优化设计。

旋转变压器的额定数据，如励磁电压、频率、空载阻抗、变比是设计主要尺寸及绕组匝数的重要依据。但旋转变压器在使用中的主要要求为输出函数的精度，因此在设计计算时要着重保证精度，而额定数据与要求的指标有出入时，可以采用适当的补救措施。现以一台 1 对极绕线式旋转变压器为例进行分析，相关设计指标如表 4.1 所示。

表 4.1　绕线式旋转变压器设计指标

参数	设计指标
额定励磁电压 U_f	7 V
励磁频率 f	10 kHz
空载输入阻抗 Z_{in}	140 Ω
变比 K	0.5
输入方	转子

输入方励磁绕组和输出方信号绕组安放在旋转变压器的定子上还是转子上，一般来说是任意的。习惯上在作为解算元件使用时，一般输入方安置在定子上，这样有利于提高产品的精度。但对于无刷绕线式旋转变压器，由于要采用耦合变压器取代电刷滑环提供励磁信号，旋转变压器信号的输入方只能是转子。

据此采用磁路法设计出转子 16 槽、内径为 6 mm、外径为 12 mm，定子 12 槽、外径为 19.5 mm、气隙为 0.13 mm，励磁绕组与信号绕组的有效匝数比为

100：55 的绕线式旋转变压器,转子绕组按照双层短距绕组设计。

4.2.2　机器人关节用 1 对极双层短距绕组旋转变压器的 有限元模型建立

建立转子绕线式旋转变压器的二维有限元模型,定、转子冲片以及定、转子绕组模型如图 4.1 所示。由于剖分的非对称性,建模时要注意保证绕组径向位置的对称性,否则会在电动势幅值中产生恒定分量,影响正负半周幅值误差。这个误差与零位误差奇偶跳动的幅值成正比。

在有限元转子励磁绕组中通入正弦高频励磁电流,可以得到如图 4.2 所示的正、余弦两相信号绕组的输出电动势波形图。灰色波形为余弦输出电动势,黑色波形为正弦输出电动势,可以看出两相输出电动势包络线随转子转角呈正、余弦规律变化,且转子转过一个电周期,输出电动势包络线也变化一个周期,符合旋转变压器的电动势变化规律。从两相信号的对称性可见基本对称,具体精度分析需要进行进一步的误差分析。

旋转变压器空载情况下的磁感应强度云图和磁力线分布图如图 4.3、图 4.4

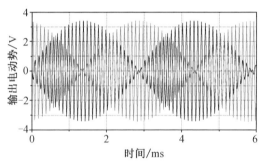

图 4.1　仿真模型图　　　图 4.2　两相信号绕组的输出电动势波形

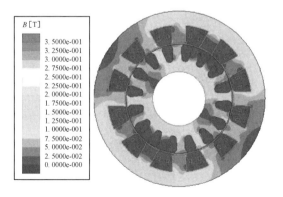

图 4.3　磁感应强度云图

所示,图中显示的为某一电流最大的时刻。从图中可以看出,所设计旋转变压器的磁负荷较低,最大磁感应强度仅 0.2 T,这是作为信号传递器件的旋转变压器所需要的,必须设计在磁化曲线的线性段。同时,设计时选取较高的输入阻抗能有效提高旋转变压器的抗干扰能力。而输入阻抗越高,每极下磁通越小,磁负荷也越小。

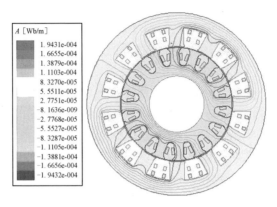

图 4.4　磁力线分布图

利用 Matlab 软件提取两相输出电动势包络线,并对其进行傅里叶分解,得到的包络线波形及各次谐波幅值如图4.5所示,各次电压谐波畸变率和电压谐波总畸变率如表4.2所示。

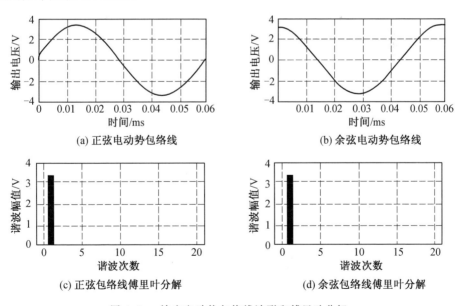

(a) 正弦电动势包络线　　　　　　　　(b) 余弦电动势包络线

(c) 正弦包络线傅里叶分解　　　　　　(d) 余弦包络线傅里叶分解

图 4.5　输出电动势包络线波形和傅里叶分解

表 4.2 两相信号电动势各次谐波畸变率和总畸变率

项目	基波	2 次	3 次	4 次	5 次	6 次	7 次	总畸变率
正弦相	3.4	0.001	0.95	0.000 9	0.17	0.000 6	0.17	1.34%
余弦相	3.43	0.001	0.9	0.000 8	0.14	0.000 6	0.15	1.16%

考虑到有限元软件由剖分精度所引起的计算误差,可以认为两相信号电动势包络线的总谐波畸变率和各次谐波畸变率基本一致。从表 4.2 中可以看出,谐波中无偶次谐波,奇次谐波中的主要成分是 3 次谐波。谐波的存在会使电压波形畸变产生函数误差与零位误差,从而影响旋转变压器的测角精度。以上仿真结果说明定、转子均采用双层短距绕组绕线方式的旋转变压器精度较低,下面通过改变定、转子绕线方式对旋转变压器进行进一步的分析。

旋转变压器的零位误差是指旋转变压器信号绕组输出电动势零位点与实际 0°、180°、360° 等零点之间的角度偏差。对于多极旋转变压器机械角度转过 180°,可以产生 P 个零位(P 为极对数);对于 1 对极旋转变压器则输出电动势零位与实际机械角度一致。

4.2.3 正弦绕组绕线式旋转变压器的绕组设计

旋转变压器中常用双层短距绕组或正弦分布绕组作为励磁绕组提供单相脉振磁场,其中正弦分布绕组由于绕线方式的差异又可分为同心式正弦绕组和非同心式正弦绕组。

正弦绕组是各槽内各元件导体总数(匝数)沿定子内圆(或转子外圆)按正弦规律分布的绕组,其每槽有效导体数可表示为

$$N_i = \frac{4W}{Z} \sin \left[P \cdot (i-1) \frac{2\pi}{Z} + \theta \right] \tag{4.1}$$

式中 P—— 旋转变压器极对数;

        Z—— 定子或转子齿数;

        i—— 单元绕组槽序号,$i_{\max} = Z$;

        θ—— 第一槽偏离基准轴线的电气角度;

        W—— 每相绕组总有效匝数,其大小利用下式确定:

$$W = \sqrt{\frac{k'_e k'_\mu k_\delta \delta Z_{\text{in}}}{4 f \mu_0 D_\delta l_{ir}}} \tag{4.2}$$

式中 k'_e、k'_μ、k_δ—— 设计时选取的电动势系数、初选磁饱和系数和气隙系数;

        δ—— 气隙长度;

        D_δ—— 气隙平均直径;

        l_{ir}—— 转子轴向长度。

当 $\theta = 0$ 时为 Ⅰ 型正弦绕组,绕组的轴线对准槽的中心线;当 $\theta = \pi P/Z$ 时为 Ⅱ 型正弦绕组,绕组的轴线对准齿的中心线。两相绕组各元件匝数相同,仅在绕线位置上相差 90° 电角度。第一类和第二类正弦绕组统称为同心式正弦绕组。绕组展开图在前面章节已经讲述。

当 $\theta = \pi/4$ 时,为 Ⅲ 型正弦绕组,此时 i 的最大值为 Z,逐齿缠绕。Ⅲ 型正弦绕组可以摆脱单元绕组槽数必须是 4 的倍数的要求,通常采用奇数齿,在齿槽数的选择上有很大的灵活性,常用在极对数为 2^n 的旋转变压器中。绕组采用叠式分层结构,节距由 $Z/2P$ 取整得到。这种绕线方式绕组端部短,工艺加工方便。

Ⅲ 型正弦绕组的匝数调制方式有两种,一种是将槽内有效导体数取整后进行分层,组成绕组各元件匝数。具体的分层方法很多,一般以槽内各元件导体数抵消最少,槽内最大导体数最少为原则。通常情况下,这种调制方法的各元件端部导体数呈非正弦分布。

另一种调制方法槽内有效导体数遵循正弦分布规律的同时,端部各齿上导体数亦呈正弦分布,各元件匝数采用如下方法调制:

$$
\begin{cases}
W_{\sin j} = \dfrac{\dfrac{4W}{Z}}{2\sin \dfrac{\pi P}{Z}} \sin \left[P \cdot \dfrac{2\pi}{Z}(j-1) + \dfrac{\pi}{4} \right] \\[4mm]
W_{\cos j} = \dfrac{\dfrac{4W}{Z}}{2\sin \dfrac{\pi P}{Z}} \cos \left[P \cdot \dfrac{2\pi}{Z}(j-1) + \dfrac{\pi}{4} \right]
\end{cases}
\tag{4.3}
$$

式中　j——绕组元件序列号。

改变定、转子的绕线方式,在不同绕线方式下的定、转子绕组每绕组匝数取值如表 4.3 所示。分别对定、转子均采用双层短距绕法,转子采用双层短距绕法、定子采用同心式正弦绕法,转子采用双层短距绕法、定子采用同心式正弦绕法且做斜槽处理(斜过一个齿距),以及定、转子均采用同心式正弦绕法的旋转变压器进行有限元仿真,并对输出感应电动势波形进行傅里叶分解,观察每种绕线方式下的谐波畸变率,进而对采用双层短距绕组和正弦绕组绕线方式下的旋转变压器精度进行比较。

表 4.3　不同绕组结构的匝数设计

参数	双层短距绕组	同心式 Ⅱ 型正弦绕组
励磁绕组每元件匝数	12	5、14、21、25
信号绕组每元件匝数	7	5、13、18

4.2.4 双边正弦绕组旋转变压器有限元分析

定、转子均采用同心式正弦绕组结构的旋转变压器仿真模型及两相信号绕组的输出电动势波形如图 4.6、图 4.7 所示,并对输出感应电动势进行傅里叶分解,得到两相信号的各次电压谐波畸变率和电压谐波总畸变率如表 4.4 所示。

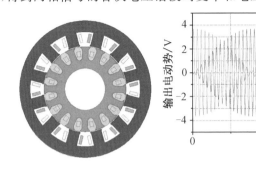

图 4.6　仿真模型图　　　图 4.7　两相信号绕组的输出电动势波形

表 4.4　定、转子正弦结构信号绕组各次谐波畸变率和总畸变率

项目	基波	2 次	3 次	4 次	5 次	6 次	7 次	总畸变率
正弦相	3.69	0.000 7	0.20	0.000 5	0.18	0.000 4	0.17	0.51%
余弦相	3.69	0.000 5	0.17	0.000 4	0.16	0.000 3	0.15	0.40%

对比表 4.2 和表 4.4 中数据可以看出,由于采用正弦绕组能够消除除了 $\gamma = Zn \pm 1$ 次谐波(齿谐波)以外的所有谐波,即对于仿真中所设计的旋转变压器,定子不能消除的谐波次数为 11、13、23、25、… 次谐波,转子不能消除的谐波次数为 15、17、31、33、… 次谐波,因此采用同心式正弦绕组有效地消除了采用双层短距绕组的模型中所明显含有的 3 次谐波,使谐波畸变率较定、转子均采用双层短距绕组降低了 65%。

4.2.5 单边正弦绕组有限元分析

转子采用双层短距绕组、定子采用同心式正弦绕组结构的旋转变压器仿真模型及两相信号绕组的输出电动势波形分别如图 4.8、图 4.9 所示。对输出感应电动势进行傅里叶分解,得到两相信号的各次电压谐波畸变率和电压谐波总畸变率如表 4.5 所示。

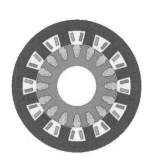 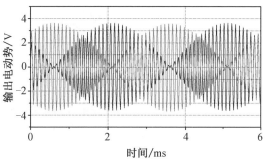

图 4.8   仿真模型图   图 4.9   两相信号绕组的输出电动势波形

表 4.5   转子短距定子正弦结构信号绕组各次谐波畸变率和总畸变率

项目	基波	2 次	3 次	4 次	5 次	6 次	7 次	总畸变率
正弦相	3.62	0.000 5	0.20	0.000 6	0.20	0.000 5	0.14	0.55%
余弦相	3.63	0.000 6	0.18	0.000 4	0.17	0.000 3	0.11	0.47%

从表中数据可以看出,仅在定子上缠绕正弦绕组的旋转变压器,较定、转子均采用双层短距绕组谐波畸变率降低了 59%,但仍比定、转子两侧均缠绕正弦绕组旋转变压器的谐波畸变率高 0.04%,对于以精度高著称的绕线式旋转变压器,相当于函数误差升高了 1.17 倍。分析可知,定子上缠绕的正弦绕组抑制谐波能力很强,故转子凸极单相绕组励磁产生的高次谐波磁场对精度的影响不是畸变率上升的最突出原因。主要是由于仅在单侧使用正弦绕组会导致绕组未能消除的齿谐波次数降低,尤其当槽数较少时,正弦绕组无法消除的齿谐波次数较低,影响较大。对于所仿真的旋转变压器,没有转子 16 槽正弦绕组的帮助,定子无法消除的齿谐波由 47 次直接下降为 11 次。

4.2.6   加斜槽的单边同心式正弦绕组性能分析

对于端部效应明显、轴向各截面几何图形变化的电磁机构,宜采用三维有限元方法进行分析。

在目前现有绕线式旋转变压器产品中,转子多采用斜槽结构,目的是消除气隙中磁势的齿谐波成分,从而进一步消除电动势中的齿谐波。本节分析中所采用的旋转变压器其转子绕组是加斜槽处理的双层短距绕组,定子绕组采用同心式正弦绕组。旋转变压器仿真模型及两相信号绕组的输出电动势波形如图 4.10、图 4.11 所示。对其输出感应电动势进行傅里叶分解,得到两相信号的各次电压谐波畸变率和电压谐波总畸变率如表 4.6 所示。

图 4.10　仿真模型图

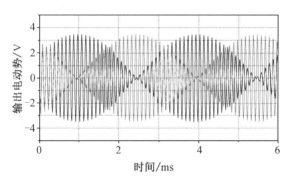

图 4.11　两相信号绕组的输出电动势波形

表 4.6　转子短距斜槽定子正弦结构信号绕组各次谐波畸变率和总畸变率

项目	基波	2 次	3 次	4 次	5 次	6 次	7 次	总畸变率
正弦相	3.48	0.01	0.15	0.01	0.18	0.007	0.17	0.44%
余弦相	3.47	0.01	0.14	0.01	0.16	0.006	0.16	0.39%

对比表 4.4 和表 4.6 中数据可以看出,定、转子同时采用同心式正弦结构与转子采用斜槽结构定子采用同心式正弦结构两种旋转变压器的谐波畸变率几乎相同。这是由于斜槽具有消除齿谐波的特性,当转子采用斜槽结构时,定子自身无法消除的低次齿谐波被斜槽削弱,其效果与两侧均采用正弦绕组的旋转变压器精度相当。因此在设计单通道绕线式旋转变压器时,定、转子分别采用加入斜槽的双层短距绕组与同心式正弦绕组两种不同的绕线方式进行配合的结构,在保证旋转变压器精度的同时,可以有效减小旋转变压器端部长度,提高基波绕组系数。

4.3　旋转变压器的电参数计算

旋转变压器的电参数主要包括输入阻抗、输出阻抗和变比。它们是表征旋转变压器抗干扰能力、驱动芯片功耗的主要参数,一般由需求方提供。旋转变压器的电参数可以根据需要进行设计。

4.3.1　旋转变压器主要电参数的定义

输入阻抗和输出阻抗是旋转变压器设计中两个重要的参数,其设计是否合理不仅影响旋转变压器的精度,同时还影响旋转变压器的带载能力。

输入阻抗是指将旋转变压器二次侧开路,采用伏安法测量输入电压与输入电流的比值。由于漏电抗与主电抗相比较较小,通常指励磁阻抗。

采用等效电路图法进行分析,如图 4.12 所示,与普通变压器概念是一致的,对于绕线式旋转变压器,由于气隙较小,定子侧(励磁绕组)的漏阻抗要远远小于定、转子耦合阻抗(励磁阻抗),最终可以简化为如图所示仅剩励磁阻抗。

对于磁阻式旋转变压器来讲,由于气隙较大,漏阻抗较大,而主电抗较小,励磁阻抗与漏阻抗之间的差别不是很大,因此等效电路不能彻底简化。

定子方空载阻抗为

$$Z_{\text{in}} = (R_{1\sigma} + jX_{1\sigma}) + (R_{\text{m}} + jX_{\text{m}}) \tag{4.4}$$

输出阻抗是指将旋转变压器一次侧短路,采用伏安法测量输出电压与输出电流的比值。由于漏电抗与主电抗相比较较小,并联后一般指漏电抗。

采用等效电路图法进行分析,如图 4.13 所示,当外接运算放大器等电路器件时,可以将励磁电源短路看待,所以旋转变压器的输出阻抗相当于定子侧(励磁绕组)短路时的阻抗。如果为绕线式旋转变压器,则输出阻抗可以进一步简化等效电路为定、转子漏阻抗之和。但对于磁阻式旋转变压器则由于气隙较大,漏阻抗与励磁阻抗之间的差异也不是很大,因此不能忽略励磁阻抗。

$$Z_{\text{out}} = (R_{1\sigma} + jX_{1\sigma}) + K^2(R_{2\sigma} + jX_{2\sigma}) \tag{4.5}$$

式中　　K——电动势变比。

主电抗是指单位励磁电流在信号绕组中产生的感应电动势。励磁绕组通电产生的磁通通过气隙与信号绕组交链对应的电感产生的电抗。

励磁绕组、信号绕组漏电抗是绕线式旋转变压器的一个重要电磁参数,在旋转变压器的设计中,对绕组漏抗的分析是必要的,它对旋转变压器感应电动势的大小起着重要的作用。由于变压器一次绕组与二次绕组无法完全耦合,存储在漏感中的能量不能传输到二次侧,尤其对于体积很小的旋转变压器,绕组漏抗占总电抗的比重更大。

要想计算电抗参数,首先应计算电感参数。

在包括旋转变压器的各类电动机中,电感参数的计算都是难点,计算准确度较低。目前电感计算的主要方法有:

(1)磁路计算方法,采用磁阻的磁路法近似计算公式,并用经验修正系数进行修正。

（2）场计算方法，是目前较为准确的计算方法。

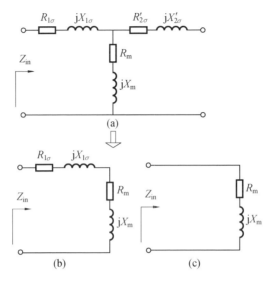

图 4.12　输入阻抗电路图

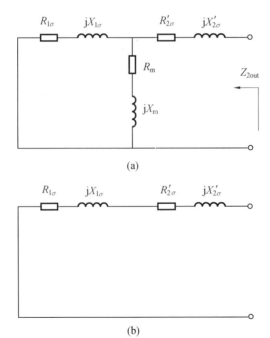

图 4.13　输出阻抗电路图

4.3.2　绕线式旋转变压器电感的定义

电感是电动机绕组作为储能元件的一种固有物质属性。通常采用两种方式计算电感：一种是采用集中参数磁链法或磁储能法计算电感；另一种是采用离散参数的有限元等数值法。

在磁链法中，对于线性媒质电动机，和绕组相交链的磁链与电流成正比。电感可用单位电流所产生的磁链数表示为

$$L = \frac{\Psi(i)}{i} \tag{4.6}$$

式中　$\Psi(i)$——由电流 i 所产生并与绕组相交链的磁链数，Ψ 和 i 都采用最大值。

在磁储能法中，电感中的磁储能为

$$W_{\mathrm{m}} = \frac{1}{2} L i^2 \tag{4.7}$$

电感可按照下式计算，即

$$L = \frac{2W_{\mathrm{m}}}{i^2} \tag{4.8}$$

式中

$$W_{\mathrm{m}} = \frac{1}{2} \int_V HB \, \mathrm{d}V = \frac{\mu_0}{2} \int_V H^2 \, \mathrm{d}V$$

自感是交流电动机中某相绕组通以电流后，与自身相绕组交链并在自身绕组中感应的电动势。

$$e_1 = -L_{11} \frac{\mathrm{d}i_1}{\mathrm{d}t} \tag{4.9}$$

式中　L_{11}——第一相绕组的自感。

互感是交流电动机中某相绕组通以电流后，与其他相绕组交链并在其他相绕组中感应的电动势。

$$e_2 = -L_{21} \frac{\mathrm{d}i_1}{\mathrm{d}t} \tag{4.10}$$

式中　L_{21}——第一相绕组对第二相绕组的互感。

两相间的互感相等，即第一相对第二相的互感与第二相对第一相的互感相等。

$$L_{21} = L_{12} \tag{4.11}$$

电感与磁路磁阻的关系：

自感与磁路的主磁导成正比，与绕组匝数的平方成正比，即

$$L_{11} = N_1^2 \cdot \Lambda_\delta \tag{4.12}$$

互感同样与磁路的主磁导成正比，与两绕组的乘积成正比，即

$$L_{12} = N_1 \cdot N_2 \cdot \Lambda_\delta \qquad (4.13)$$

4.4   旋转变压器电感解析分析

4.4.1   电感系数

二维有限元只能计算单位模型长度上的电感值，为方便计算又称为电感系数。针对定子绕组的自感和互感又可分为自感系数及互感系数。

传统意义上，对于隐极电动机而言，其中包括感应电动机、表贴式永磁电动机、隐极式同步电动机、绕线式旋转变压器等，电感数值不随转子的转动位置而改变。

对于凸极电动机而言，包括凸极式同步电动机、埋入式永磁电动机、磁阻式旋转变压器等，电感数值因气隙磁阻周期性变化而呈周期性变化。

4.4.2   凸极式结构交轴电感系数与直轴电感系数计算

下面以三相埋入式永磁电动机为例，就其电感分析进行说明。旋转变压器电感系数的计算机理与这种电动机一致。

转子埋入磁极式永磁电动机，是将永磁体插入转子铁芯中的一种电动机结构。由于交、直轴磁路磁阻不同，可形同凸极同步电动机进行设计分析，可采用双反应理论进行电磁分析设计。

定子单相绕组产生的脉振磁势经过气隙产生的磁通值与所遇磁路的磁阻成反比，即与转子的位置有关，因而定子绕组的电感系数将发生周期性变化。以 A 相绕组自感 L_{aa} 为例：当转子交轴与 A 相绕组轴线重合时，$\theta = 0°$，磁路的磁阻最小，其自感值最大；当转子直轴与 A 相绕组轴线重合时，$\theta = 90°$，磁路的磁阻最大，其自感值最小。三相自感系数的一般表达式为

$$L_{aa} = L_{aa0} + L_{aa2} \cos 2\theta + L_{aa4} \cos 4\theta + \cdots \qquad (4.14)$$

$$L_{bb} = L_{bb0} + L_{bb2} \cos 2\left(\theta - \frac{2}{3}\pi\right) + L_{bb4} \cos 4\left(\theta - \frac{2}{3}\pi\right) + \cdots \qquad (4.15)$$

$$L_{cc} = L_{cc0} + L_{cc2} \cos 2\left(\theta + \frac{2}{3}\pi\right) + L_{cc4} \cos 4\left(\theta + \frac{2}{3}\pi\right) + \cdots \qquad (4.16)$$

如图 4.14 所示，对于交、直轴磁路不对称的电动机来说，A 相自感系数随转子位置呈现二次波动，且有一个直流分量。

如图 4.15 所示，对于交、直轴磁路不对称的电动机来说，AB 两相互感系数随

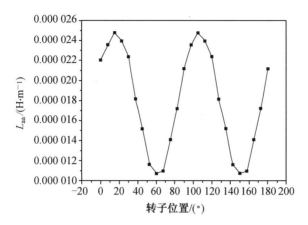

图 4.14　自感系数随转子位置变化

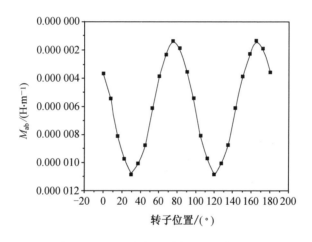

图 4.15　互感系数随转子位置分布图

转子位置呈现二次波动,且有一个直流分量。

一般情况下省略高次项,自感系数可简化表示为

$$L_{aa} = L_{aa0} + L_{aa2} \cos 2\theta \tag{4.17}$$

$$L_{bb} = L_{bb0} + L_{bb2} \cos 2\left(\theta - \frac{2}{3}\pi\right) \tag{4.18}$$

$$L_{cc} = L_{cc0} + L_{cc2} \cos 2\left(\theta + \frac{2}{3}\pi\right) \tag{4.19}$$

同理,互感系数可简化表示为

$$M_{bc} = M_{cb} = -M_0 + M_2 \cos 2\theta \tag{4.20}$$

$$M_{ca} = M_{ac} = -M_0 + M_2 \cos 2\left(\theta - \frac{2}{3}\pi\right) \tag{4.21}$$

$$M_{ab} = M_{ba} = -M_0 + M_2 \cos 2\left(\theta + \frac{2}{3}\pi\right) \tag{4.22}$$

引入 dq0 变换后,交、直轴电感系数可以分别表示为

$$L_d = L_{aa0} + M_0 - \frac{3}{2}L_{aa2} \tag{4.23}$$

$$L_q = L_{aa0} + M_0 + \frac{3}{2}L_{aa2} \tag{4.24}$$

交、直轴电抗可由下式表示,其中 L 为电动机轴向长度,N 为定子匝数,

$$X_d = 2\pi f L N^2 L_d \tag{4.25}$$

$$X_q = 2\pi f L N^2 L_q \tag{4.26}$$

从以上分析可见,进行凸极同步电动机电抗参数计算,关键在于自感系数和互感系数的准确计算。由上式还可以得出

$$\zeta = \frac{X_q}{X_d} = \frac{L_q}{L_d} = \frac{L_{aa0} + M_0 + \frac{3}{2}L_{aa2}}{L_{aa0} + M_0 - \frac{3}{2}L_{aa2}} \tag{4.27}$$

式中 ζ—— 凸极系数。

对于隐极同步电动机,$L_{aa2} = 0$,$\zeta = 1$。凸极程度大小取决于 L_{aa2} 的数值。

4.5 基于磁路法的绕线式旋转变压器电感公式法计算

因绕线式旋转变压器气隙均匀,其电感计算可以借鉴感应电动机电感计算方法,所以很多公式也可以采用。感应电动机的电感计算最为简洁的方法是基于等效磁路法,采用集中参数解析方法计算绕组电感,通常分为励磁主电感、槽漏感、端部漏感、谐波漏感计算。

4.5.1 励磁主电感的计算

励磁主电感对应励磁电抗,磁力线从转子穿过气隙,然后经由定子再回转子绕组。

根据旋转变压器单相励磁磁动势的表达式,可以推导主电感的计算公式。励磁磁动势基波幅值表达式为

$$F_1 = \frac{1}{2k-1} \cdot \frac{4\sqrt{2}}{\pi} \cdot \sum_{i=1}^{\frac{Z_R}{4}} N_i \sin(2k-1)\alpha_i \cdot I_\varphi = \frac{4\sqrt{2}}{\pi} \cdot \sum_{i=1}^{4} N_i \sin\alpha_i \cdot I_\varphi \tag{4.28}$$

由此可以得到每极气隙基波磁通幅值为

$$\Phi_1 = \frac{2}{\pi} l_{ef} \tau \mu_0 F_1 \frac{1}{\delta_{ef}} \tag{4.29}$$

由基波磁场产生的主电感为

$$L_g = \frac{\psi}{\sqrt{2} I} = \frac{N\Phi}{\sqrt{2} I} = \mu_0 \frac{4}{\pi} \left(\sum_{i=1}^{4} N_i \sin \alpha_i \cdot \sum_{i=1}^{4} N_i \right) \frac{2}{\pi} l_{ef} \frac{\tau}{\delta_{ef}} \tag{4.30}$$

式中　　I_{ef}——绕组所处铁芯有效的轴向长度,mm;

μ_0——真空磁导率,其大小为 $4\pi \times 10^{-7}$ H/m;

δ_{ef}——气隙长度,mm;

τ——气隙平均极距,mm。

经计算本设计案例中的电感值为

$$L_g = 4\pi \times 10^{-7} \times \frac{4}{\pi} \times \frac{2}{\pi} \times 4 \times 10^{-3} \times$$

$$\frac{\frac{\pi}{2} \times (6.07 + 6.2)}{0.13} \times (5 + 14 + 21 + 25) \times$$

$$\left(5 \times \sin \frac{180}{16} + 14 \times \sin \frac{3 \times 180}{16} + 21 \times \right.$$

$$\left. \sin \frac{5 \times 180}{16} + 25 \times \sin \frac{7 \times 180}{16} \right)$$

$$\approx 1.99 \, (\mathrm{mH}) \tag{4.31}$$

4.5.2　槽漏感的计算

转子的槽漏感为励磁绕组对应的元件边在槽内漏掉的磁力线部分所对应的电感,旋转变压器的槽漏感示意图如图 4.16 所示。

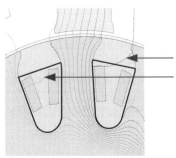

图 4.16　槽漏感示意图

为计算方便将槽形简化,假设绕组的边占槽窗口的下层部分,则槽漏感计算可分为槽口处、槽楔处、导体内部槽漏感几部分。

槽口处一匝绕组槽漏感计算公式为

$$L_{S1} = \frac{\psi_{S1}}{\sqrt{2}\,I} = \frac{\mu_0 h_1 l_{ef}}{b_S} \tag{4.32}$$

导体内部一匝绕组槽漏感计算公式为

$$L_{S2}\,\frac{\mu_0 h_2 l_{ef}}{3 \cdot (2R_1 + 2R_2)} \tag{4.33}$$

槽楔处一匝绕组槽漏感计算公式为

$$L_{S3} = 1.25\,\frac{\mu_0 \cdot 2R_1 l_{ef}}{2R_1 + b_S} \tag{4.34}$$

式中　　b_S、h_1、h_2、R_1、R_2——旋转变压器转子槽的尺寸,具体尺寸位置如图 4.17 所示。

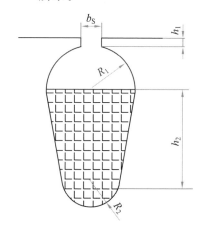

图 4.17　槽形图及各部分尺寸的说明

根据被分析旋转变压器的设计尺寸,已知相关计算参数如表 4.7 所示。由此可以算得一相励磁绕组总的槽漏感为

$$L_S = 2 \cdot \frac{W^2}{\dfrac{Z}{4}}(L_{S1} + L_{S2} + L_{S3}) = 0.039\ \text{mH} \tag{4.35}$$

表 4.7　旋转变压器各部分尺寸的具体参数值

参数	数值	单位	参数	数值	单位
l_{ef}	4	mm	W	100	匝
δ_{ef}	0.13	mm	b_S	0.8	mm
τ	19.1	mm	h_1	0.08	mm
R_1	0.9	mm	h_2	1.4	mm
R_2	0.5	mm			

4.5.3　端部漏感与谐波漏感的计算

根据微特电动机设计程序中给出的计算端部漏感与谐波漏感的方法,可以算出所设计旋转变压器的一相励磁绕组端部漏感为 $L_E = 0.13$ mH,谐波漏感为 $L_V = 0.0017$ mH。

由以上计算可知,一相绕组总电感之和为

$$L = L_g + L_S + L_V + L_E = 2.106 \text{ mH} \tag{4.36}$$

由此可知采用同心式正弦绕组的励磁漏抗的比例占到了整个旋转变压器的 8.1%,这比一般的旋转变压器大非常多。可见,在体型较小的 1 对极旋转变压器中,虽然谐波漏感与槽漏感并不大,但是端部漏感在总电感中的比例非常高。而且虽然槽漏感不算大,但是当旋转变压器变为多极旋转变压器时,由于受到尺寸的限制,旋转变压器槽数将会增多。这将导致槽形变得窄而深,槽漏抗会增大,在励磁漏抗中所占的比例也会增大,因此对旋转变压器槽漏感的准确计算和对端部漏感的分析十分有意义。

4.6　基于有限元法的双层短距绕组绕线式旋转变压器漏电感分析

4.6.1　基于三维电磁场的槽漏感计算

采用有限元法计算旋转变压器槽漏抗可以采用两种模型:一种是单槽模型,即单独分析旋转变压器一个槽中的磁场及其与槽内绕组交链的磁链,然后按照绕组结构计算出一相绕组的槽漏抗;另一种是采用整机模型,考虑旋转变压器有效槽内横断面,这种方法能计及定、转子磁路的影响,考虑相绕组之间的磁耦合关系,因此采用整机模型是最合理的。但考虑到为每个槽添加横断面的三维仿真方法计算量太大,因此本书采用建立具有槽内横断面的三维单槽模型的方法计算槽漏感。

建立三维旋转变压器模型时,除了旋转变压器本身的各部分结构外,在转子的一个绕组匝数为 25 匝的槽中做一个长度为从槽底半径处延伸至转子外径处,宽度为转子轴向长度的长方形辅助面作为分析励磁绕组槽漏抗的单槽模型,如图 4.18 中的截面。根据磁通定义,通过该表面的磁通量为

$$\Phi = \int_S B \cdot \mathrm{d}S \tag{4.37}$$

式中　B —— 磁感应强度。

图 4.18　单槽模型

通过后处理可求得通过该积分面的磁通幅值为 0.9×10^{-8} Wb,后处理结果如图 4.19 所示,此槽中的漏电感为 4.5×10^{-6} H。由于设计旋转变压器时磁感应强度取得都很小,定、转子铁芯的平均磁感应强度只有 0.08 T,不会造成磁路的饱和,因此转子槽中的漏电感与匝数的平方成正比,可求得转子一相励磁绕组的槽漏感为 0.037 mH。可见,实际槽漏感比计算值小。

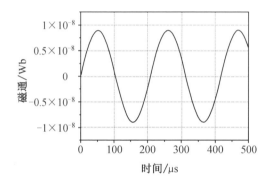

图 4.19　有限元后处理结果

电动机三维模型的网格剖分如图 4.20 所示,从图中可以看出电动机的气隙部分剖分得较为精密,满足精确计算旋转变压器端部磁场的要求,图 4.20(a) 为整体三围剖分图,图 4.20(b) 为气隙剖分图。

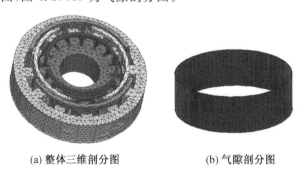

(a) 整体三维剖分图　　　　　　　(b) 气隙剖分图

图 4.20　旋转变压器模型有限元剖分结果

4.6.2　基于三维电磁场的端部漏感分析

　　为了研究绕线式旋转变压器的端部漏磁情况,对不同气隙长度的绕线式旋转变压器进行分析,比较同一气隙半径处,距旋转变压器中心 $0 \sim 4$ mm 轴向位置下的径向磁感应强度截面图,如图 4.21 所示。可以认为径向磁感应强度分布情况即代表了各位置处磁通分布情况,同理也代表了电感的分布情况。也就是说对于某一个齿下的不同轴向位置处的径向磁感应强度的分析,可以代表穿过这些轴向位置的主磁通与散磁通(代指所有不经过整个磁路的磁通)的比例情况。散磁通中的一部分为能产生互感的无效磁通,另一部分为没有匝链到二次侧的漏磁通,因此主磁通与散磁通的比例在某种程度上可以代表旋转变压器气隙处的主电感与漏电感的比例情况。图 4.22 为气隙长度为 0.6 mm 时,某一时刻下气隙圆周中距旋转变压器中心分别为 0 mm(m 点所在半径处)与 3 mm(n 点所在半径处)的径向磁感应强度分布情况。从图中也可以看出气隙的主磁通呈正弦趋势分布。

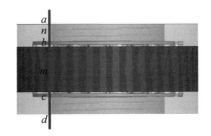

图 4.21　　电动机径向磁感应强度截面图

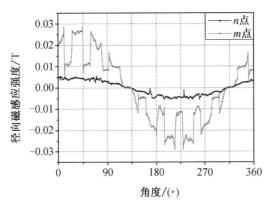

图 4.22　　径向磁感应强度分布图

　　选取图中磁感应强度幅值最大处对应的齿下的磁感应强度进行漏磁分析,该齿下的径向磁感应强度随着电动机轴向长度的变化关系如图 4.23(a)所示。

可以看到端部漏磁现象使电动机气隙中同一半径处靠近电动机端部的气隙磁场有所减小,而且气隙越大,端部漏磁对气隙磁场的影响越严重,使电动机绕组铰链有效磁通降低,进而使绕组感应电动势下降。 通过 Matlab 程序对0.13 mm 时的径向磁感应强度曲线进行拟合,并对曲线进行线积分来比较主磁场和穿过气隙部分的端部漏磁场的磁通情况,可以发现在假设端部漏磁全都穿过气隙所在半径位置的前提下,对于本书中所设计的厚度只有 4 mm 的小型旋转变压器,端部漏磁约占主磁场的 4.8%。但由于实际上部分端部漏磁通并不经过参考位置,所以实际上端部漏磁所占的比例更高。而随着气隙的增大,虽然端部漏磁几乎没有很大的波动,但由于磁感应强度幅值的明显减小,端部漏磁系数明显增大。

　　改变转子轴向长度,将转子长度由 3 mm 延伸至 5 mm,取同一位置对旋转变压器的漏磁情况进行分析,在不同转子长度下,径向磁感应强度幅值变化情况如图4.23(b)、(c) 所示。从图(c) 中可见,在转子长度小于定子时,气隙磁感应强度的有效利用率较高,虽然在气隙内部磁场衰减较大,但端部漏磁情况较少,漏电抗在整个励磁电抗中占的比例很小。而当转子长度大于定子时,由于转子轴向有效长度增加,靠近定子端部的气隙磁场衰减减小,进入铁芯的气隙径向磁感应强度已近乎平顶波。但由于轴向长度的增加相当于增加了漏磁通有效面积,因此径向磁感应强度幅值减小的同时增大了端部漏磁,使漏电抗在整个励磁电抗中所占的比例升高。

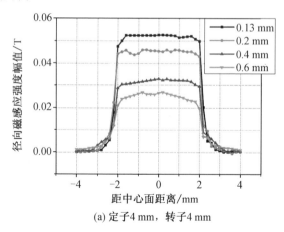

(a) 定子4 mm,转子4 mm

图 4.23　径向磁感应强度随电动机轴向长度的变化

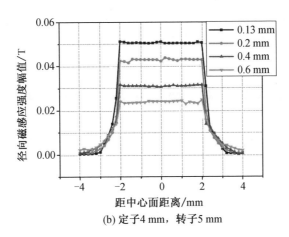

(b) 定子4 mm，转子5 mm

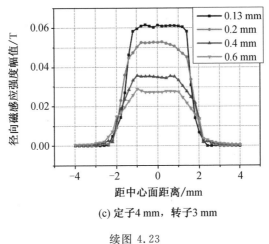

(c) 定子4 mm，转子3 mm

续图 4.23

4.6.3　采用磁路法与 FEM 计算的电感参数对比

将各部分电感成分的计算值与二维、三维仿真结果进行整理，如表 4.8 所示。

表 4.8　电感计算值与仿真数据的比较

项目	气隙电感	槽漏感 / 比例	端部漏感 / 比例	总电感
电感计算值	1.99 mH	0.039 mH/1.8%	0.13 mH/6.7%	2.176 mH
二维仿真结果			无	2.064 mH
三维仿真结果		0.037 mH/1.9%	—/≥4.8%	1.973 mH

从表中可以看出，计算出的槽漏感的漏磁系数稍大于仿真结果，总电感的计算值也稍大于软件仿真结果，且二维仿真结果大于三维仿真结果。这是因为在此旋转变

压器模型三维仿真中考虑了端部效应,靠近旋转变压器端部处的磁动势减小所致。可见,旋转变压器的电感计算基本合理,但总体看比仿真结果稍大。

4.7　基于有限元方法 1 对极正弦绕组旋转变压器结构优化

机器人关节用旋转变压器精度要求极高,直接影响末端的控制精度。旋转变压器合理地与关节驱动永磁电动机相配合设计,可以为最优控制提供支撑,尤其在高端制造工业领域,所需位置传感器往往达到角秒级,因此必须采用高精度绕组进行绕制。在此,定、转子都采用正弦绕组的高精度绕线式旋转变压器应用最为广泛。

4.7.1　机器人关节用高精度旋转变压器齿槽配合的研究

对于定、转子都采用正弦绕组的高精度旋转变压器,其定、转子的齿数选择对于较少齿谐波的影响最为关键。图 4.24 给出了集中齿槽配合对信号绕组感应电动势的影响,直观地展示了定、转子齿数接近情况下,电动势中谐波成分最小。

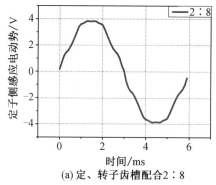

(a) 定、转子齿槽配合 2∶8

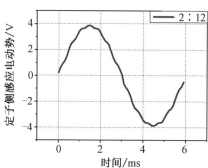

(b) 定、转子齿槽配合 2∶12

图 4.24　不同齿槽配合下的正弦信号包络线

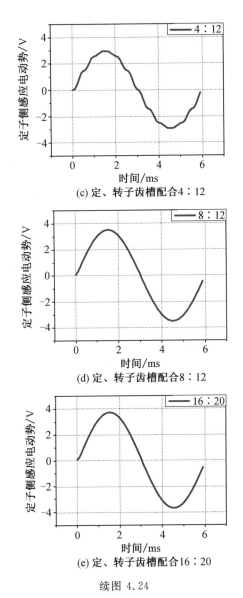

(c) 定、转子齿槽配合4∶12

(d) 定、转子齿槽配合8∶12

(e) 定、转子齿槽配合16∶20

续图 4.24

1. 采用同心式正弦绕组的最简齿槽配合

下面对采用同心式正弦绕组的不同齿数下的旋转变压器进行设计。由于 Ⅱ 型绕组的单元绕组槽数 Z_0 必须是 4 的倍数,对定子、转子齿数为 2∶8、4∶12、8∶12、16∶12、16∶20 的旋转变压器进行谐波分析,其输出感应电动势的正弦绕组包络线如图 4.24 所示。之所以不选择2∶4、4∶8、8∶8、12∶12、16∶16的齿槽配合情况进行比较,是由于定、转子采用以上槽数配合时,两侧含有相同次数的无法消除的齿谐波,这些齿谐波间会产生严重的齿谐波磁势耦合,导致齿谐波幅值

被放大。为了避免齿谐波间的耦合,定、转子齿数的选择必须满足以下条件:

$$Z_S \neq Z_R; \quad Z_S \neq Z_R + 2; \quad Z_S \neq 2Z_R \qquad (4.38)$$

从图 4.24 中可以看出,随着旋转变压器定、转子齿数的增加,每极下元件数增多,输出信号波形逐渐趋于正弦,对各种齿槽配合下的输出信号进行傅里叶分解,其谐波畸变率随齿数变化的关系如图 4.25 所示。从图中可以看出,当定子齿数保持在12槽的情况下,转子由 4 槽增加至 8 槽时谐波畸变率下降的幅度最大。可见,正弦绕组不宜采用过少的槽数,否则会影响精度。而齿数由 16∶12 增加到 16∶20 时,谐波畸变率减小幅度不明显。因此出于对旋转变压器体积的考虑,齿槽配合为 8∶12 与 16∶12 的旋转变压器具有较高的采用价值。接下来对采用这两种槽数配合的旋转变压器进行精度分析。

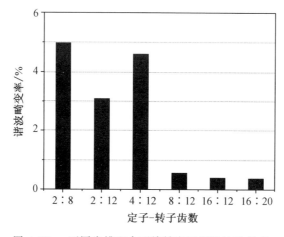

图 4.25　不同齿槽配合下旋转变压器谐波畸变率

分别对这两种旋转变压器模型的正、余弦输出反电动势信号提取包络线,并进行标准正、余弦函数拟合,以此来比较输出信号波形与标准的拟合函数的差异,计算这两种情况下旋转变压器的精度。绘制函数误差曲线如图 4.26 所示,其中 ▲ 组成曲线为输出信号,单实线曲线为标准拟合函数,● 组成曲线为函数误差曲线。两组旋转变压器正弦项函数误差的放大比较如图 4.27 所示,可见转子 16 槽的旋转变压器的函数误差比 8 槽的函数误差更接近于零。

利用 Matlab 程序对提取的包络线数据分别进行正弦函数拟合与插值拟合,则正弦函数拟合的结果可以看作理想曲线,其零点所对应的角度即为理论零位的角度;插值拟合的曲线可以看作实际工作曲线,其零点所对应的角度即为实际零位的角度。图 4.28 为齿槽配合为 16∶12 的旋转变压器的输出正弦信号的两种拟合函数,从图中大致可以看到两组函数并没有完全重合,中间存在一定的函数误差与零位误差。通过比较实际输出函数与理论输出函数的最大偏差角度,可以得出两种旋转变压器的精度分别为:转子16槽15′,转子8槽25′。因此可以得出结论,采用 Ⅱ 型绕组时,在保证30′以下的精度时,可以将所设计的旋转变压器缩小至8∶12槽,如若其不能满足使用需要,所设计的16∶12槽旋转变压器已经是最小设计方案。

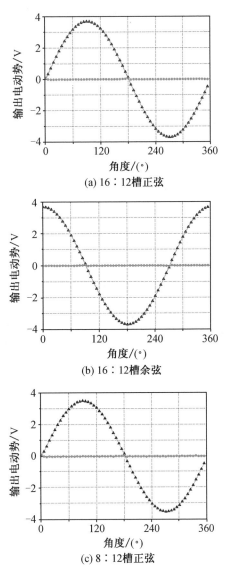

图 4.26　输出电动势信号包络线拟合与函数误差图

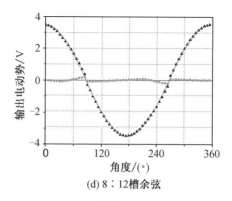

(d) 8：12槽余弦

续图 4.26

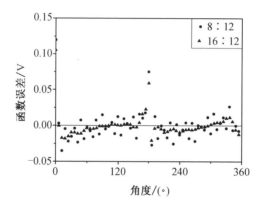

图 4.27　转子 8 槽与 16 槽函数误差放大图

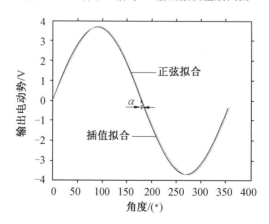

图 4.28　输出信号的拟合函数

2.奇数齿和偶数齿的比较

从上一小节的分析可知,由于同心式正弦绕组的旋转变压器齿数只能选取 4

的倍数,为了同时保证旋转变压器的精度和体积,可选的齿槽配合方案并不多。如果旋转变压器可以采用奇数齿的设计方法,那么就有可能在保证精度的前提下进一步减小体积。而若想采用奇数齿,绕组只能选取 Ⅲ 型正弦绕组。下面对上一节中选用的转子 16 槽、定子 12 槽的旋转变压器进行进一步的改进,采用定子单边奇数齿,以及定、转子双边奇数齿的方案对旋转变压器进行设计分析,比较奇数槽旋转变压器与偶数槽旋转变压器的差异。

图 4.29、图 4.30 分别为定、转子齿槽配合数为 11:16 与 11:15 的旋转变压器模型。对其输出感应电动势波形进行傅里叶分解,得到的各次谐波畸变率与总谐波畸变率如表 4.9 和表 4.10 所示。

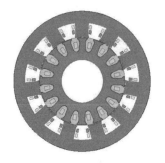 

图 4.29　单边奇数齿旋转变压器模型　　图 4.30　双边奇数齿旋转变压器模型

表 4.9　单边奇数齿旋转变压器信号绕组各次谐波畸变率和总畸变率

项目	基波	2 次	3 次	4 次	5 次	6 次	7 次	总畸变率
正弦相	3.61	0.000 1	0.17	0.000 1	0.16	0.000 08	0.22	0.48%
余弦相	3.55	0.000 08	0.14	0.000 09	0.15	0.000 05	0.19	0.39%

表 4.10　双边奇数齿旋转变压器信号绕组各次谐波畸变率和总畸变率

项目	基波	2 次	3 次	4 次	5 次	6 次	7 次	总畸变率
正弦相	3.51	0.000 8	0.11	0.005	0.14	0.000 3	0.13	0.38%
余弦相	3.58	0.000 7	0.1	0.003	0.11	0.000 2	0.12	0.32%

对比表 4.9 和表 4.10 中数据可以发现,采用双边奇数齿的旋转变压器一相信号绕组精度高于采用单边奇数齿的信号绕组精度,同时也高于采用偶数齿的旋转变压器信号绕组精度。这是由于正弦绕组能消除齿谐波之外的高次谐波,磁场中不能被消除的所有次谐波次数为 $\nu = mZ_0 \pm 1$ 次,其中最低次谐波的次数为 $\nu_{1\min} = Z_0 \pm 1$。当采用偶数齿时,$\nu_{1\min}$ 为奇数,当采用奇数齿时,$\nu_{1\min}$ 为偶数,但由于励磁磁势波形的对称性,气隙磁导中的偶次谐波分量很小,此时的 $\nu_{1\min}$ 并不能造成输出波形的畸变,因此对畸变率影响较大的最低次齿谐波的次数推移至 $\nu_{2\min} = 2Z_0 \pm 1$。

由于 ν_{2min} 的次数较 ν_{1min} 大将近一倍,所以谐波畸变率要低很多。因此当 Z_0 值接近时,齿槽配合选为 $15:11$ 槽时的输出波形畸变率较 $16:12$ 槽时小很多,所以为减小齿谐波的畸变率,往往选取 Z_0 为奇数。

值得注意的是,由于奇数齿旋转变压器的绕线方式只能用 Ⅲ 型绕组逐齿绕制,在正弦绕组和余弦绕组设计匝数取整的过程中,会导致两相绕组轴线偏移产生正交误差。虽然两相各自谐波畸变率减小,但旋转变压器精度不一定会升高。为了消除这种误差,需要将绕组某一两个元件的匝数增加或减小一匝,使一相的有效匝数等于 0。然而匝数的改变会导致导体整体分布偏离正弦,引起函数误差,导体数的改变必须要反复核算。因此,对于 1 对极的旋转变压器,采用奇数槽的旋转变压器是否优于选用偶数槽的旋转变压器并不能简单比较。

4.7.2 机器人关节用旋转变压器槽口宽度对旋转变压器的影响

槽口宽度的大小不但影响绕组嵌线工艺难度,还会影响磁通漏磁大小,槽口太小,气隙磁感应强度进入齿中会在齿端部产生闭合的现象;槽口太大,气隙磁感应强度通过槽部直接进入定子铁芯的数量会变多。针对转子相同、定子分别采用由 Ⅲ 型绕组绕制的 11 槽定子与由 Ⅱ 型绕组绕制的 12 槽定子的旋转变压器进行分析,比较它们在不同槽口宽度情况下的输出电动势幅值的变化与谐波畸变率的变化。

图 4.31 给出了不同槽口宽度下,两种旋转变压器的感应电动势幅值的变化情况。从图中可以看出当采用闭口槽时,两种旋转变压器的输出电动势幅值最小,这是由于很大一部分气隙磁感应强度并没有经过定子齿上绕组所匝链的部位,而是直接经由定子齿端部耦合回转子,造成了损失。而当槽口增大时,这种闭合现象会消失,但随着槽口宽度的增大,有一部分磁通又会经由定子槽部直接进入定子轭。从图 4.31 还可看出,随着槽口宽度的增加,感应电动势幅值有所下

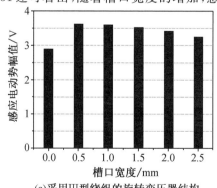

(a)采用Ⅲ型绕组的旋转变压器结构

图 4.31　槽口宽度对感应电动势幅值的影响

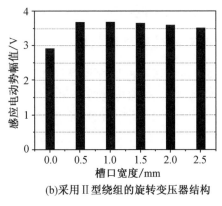

(b)采用Ⅱ型绕组的旋转变压器结构

续图 4.31

降,而采用 Ⅲ 型绕组的旋转变压器较采用 Ⅱ 型绕组的旋转变压器下降得更快。这是由绕组的性质决定的。Ⅲ 型绕组由于逐齿缠绕,经过槽部直接进入定子的磁感应强度并不与这些绕组匝链,而 Ⅱ 型绕组由于是同心式缠绕,因此这些不经过定子齿的磁通依然与其中一部分绕组匝链,感应电动势变化较小。

从图 4.32 中可以看出,随着槽口宽度的增加,旋转变压器谐波畸变率有整体

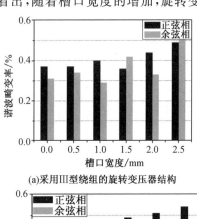

(a)采用Ⅲ型绕组的旋转变压器结构

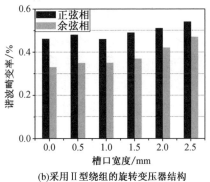

(b)采用Ⅱ型绕组的旋转变压器结构

图 4.32　槽口宽度对谐波畸变率的影响

机器人关节用旋转变压器的现代设计方法

增大的趋势,这种变化在采用 Ⅱ 型绕组的旋转变压器中体现得很规律。

4.7.3　气隙长度对旋转变压器的影响

由前文关于绕线式旋转变压器的原理推导可知,气隙磁导的波形直接决定了信号绕组输出电动势的波形。气隙长度的变化对气隙磁导的形成有很大的影响,图 4.33、图 4.34 对不同气隙长度下,采用 Ⅱ 型绕组和 Ⅲ 型绕组的旋转变压器的输出电动势和谐波畸变率进行二维仿真分析,给出了它们的变化规律。

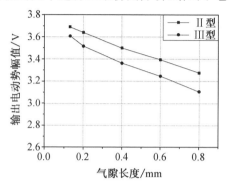

图 4.33　气隙长度对输出电动势的影响

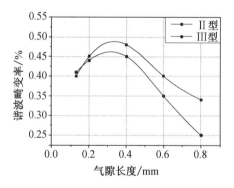

图 4.34　气隙长度对谐波畸变率的影响

从图中可以看出,采用 Ⅱ 型绕组和 Ⅲ 型绕组的输出电动势幅值的变化基本呈现相同的规律。随着气隙长度的增加,转子齿顶漏磁情况增大。不随定子绕组匝链的漏磁链增多,感应电动势基本呈线性趋势减小,且采用两种绕线方式的下降斜率基本一致。同时随着气隙的增大,它们的谐波畸变率随着气隙长度的增加都呈现出先增大后减小的趋势,但下降的幅度有所差异。一致的是当气隙达到某一长度时,输出电动势的谐波畸变率都要比采用较小气隙的旋转变压器的畸变率要小。

4.7.4　端部漏磁对旋转变压器的影响

从前文的分析可知,随着气隙长度的增加,旋转变压器的端部漏磁情况势必要增大,影响气隙磁感应强度的分布。为了探究这种影响会对信号绕组感应电动势和畸变率造成怎样的影响,有必要利用三维(3D)有限元建模对输出电动势和谐波畸变率进行进一步的比较。

图 4.35 和图 4.36 分别反映了由 Ⅲ 型绕组绕制的定子 11 槽旋转变压器的端部漏磁对输出电动势以及谐波畸变率的影响。从图中可见,在考虑端部漏磁的影响时,由于靠近端部的气隙磁感应强度减小,与一相绕组匝链的有效磁通减少。同时随着气隙长度的增加,这种漏磁情况更加明显。因此信号绕组的输出电动势较二维(2D)仿真结果有所减小,且随着气隙的增大,减小的幅度增大。而观察信号绕组的谐波畸变率可以看到,其变化趋势同二维仿真结果类似,都是先增大后减小,但当气隙长度达到 0.8 mm 时,谐波畸变率依然大于最小气隙0.13 mm 时的情况。这是由于端部漏磁的存在,影响了气隙中的磁势分布,因此与二维仿真结果有很大差别。

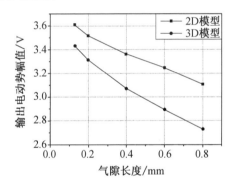

图 4.35　端部漏磁对输出电动势的影响

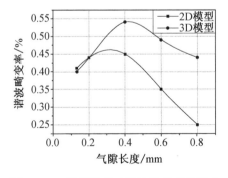

图 4.36　端部漏磁对谐波畸变率的影响

4.7.5　定、转子相对长度对旋转变压器的影响

从前文的分析可知,定、转子相对长度的变化,会导致同一气隙位置沿轴向上的气隙磁感应强度的分布有所差别。这种差别在影响旋转变压器端部漏磁情况的同时也会影响信号绕组输出电动势波形和其谐波畸变率。设转子、定子轴向长度比为 k,本小节对 $k=3$ mm/4 mm$=0.75$、$k=3.5$ mm/4 mm$=0.875$、$k=4$ mm/4 mm$=1$、$k=4.5$ mm/4 mm$=1.125$、$k=5$ mm/4 mm$=1.25$ 几种情况下的旋转变压器进行仿真。表 4.11、表 4.12 给出了不同轴向长度比下的输出感应电动势幅值和余弦绕组谐波畸变率,并由此得到输出电动势和畸变率随气隙长度和轴向长度变化的整体趋势,如图 4.37 所示。

表 4.11　不同 k 值下的旋转变压器输出电动势幅值

转子长度/mm	0.75	0.875	1.0	1.125	1.25
0.13	3.444 5 V	3.445 7 V	3.432 7 V	3.400 8 V	3.372 7 V
0.2	3.323 1 V	3.325 2 V	3.314 6 V	3.278 6 V	3.250 4 V
0.4	3.100 3 V	3.094 1 V	3.072 7 V	3.033 7 V	3.006 6 V
0.6	2.906 9 V	2.907 0 V	2.893 8 V	2.862 8 V	2.832 5 V
0.8	2.732 3 V	2.738 6 V	2.730 9 V	2.710 5 V	2.690 7 V

表 4.12　不同 k 值下的旋转变压器谐波畸变率

转子长度/mm	0.75	0.875	1.0	1.125	1.25
0.13	0.45	0.40	0.40	0.43	0.43
0.2	0.48	0.41	0.44	0.45	0.46
0.4	0.51	0.54	0.54	0.55	0.57
0.6	0.44	0.47	0.49	0.5	0.5
0.8	0.41	0.43	0.44	0.46	0.48

由图 4.37(a) 可以看出,随着气隙长度的增加,输出电动势逐渐减小,k 值的升高会使这种减小趋势略微变缓,但是这种变缓是以牺牲整体的输出电动势幅值为条件的。除此之外还可以看出,当转子轴向长度等于或大于定子时,输出电动势幅值开始下降,这种下降趋势在气隙长度较小时体现得更加明显,下降的趋势也出现得更早。

由图 4.37(b) 可以看出,同一 k 值下,随着气隙长度的增加,输出信号谐波畸变率都表现出先增大后减小的趋势。k 值越大畸变率增加越多,且均在气隙长度为 0.4 mm 左右达到最大。同时从总体上看,在气隙长度大于 0.4 mm 时,畸变率随着 k 值的增大而增大。在气隙长度小于 0.4 mm 时,畸变率随着 k 值的增大先减小后增大。可见定、转子的相对轴向长度的选取对旋转变压器的精度有一定的影响,在旋转变压器的设计中应该加以考虑。

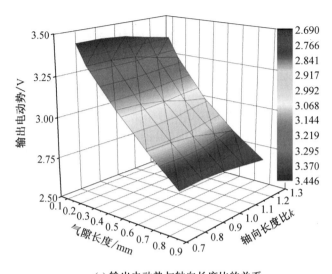

(a) 输出电动势与轴向长度比的关系

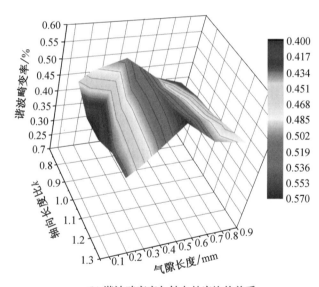

(b) 谐波畸变率与轴向长度比的关系

图 4.37　不同气隙长度下输出电动势与谐波畸变率同轴向长度比的关系

4.8 机器人关节多对极绕线式旋转变压器

目前机器人关节,尤其是协作机器人关节,通常采用多对极永磁力矩电动机。这种中空式电动机结构可以做到转动惯量小、体积小、质量轻,配合一级减速器就可以达到机器人执行操作的目标。与该种多极永磁电动机相配合的一般是多对极旋转变压器或码盘。多对极绕线式旋转变压器精度高,抗偏心能力强,其高精度情况下可以达到秒级精度,接近感应同步器精度。

多对极绕线式旋转变压器与1对极旋转变压器相比,工作时能产生多极的气隙磁场。两者的工作原理相同,只是输出电压的周期不同。由于电气角度与机械角度之间呈极对数的倍数关系,在相同的机械角度误差下,多对极旋转变压器所表现出的电气角度误差是1对极旋转变压器的极对数倍,因此多对极旋转变压器能获得较高精度。

多对极旋转变压器一方面直接依靠增加极对数来减小系统误差,另一方面它本身的精度也比1对极旋转变压器提高一个数量级。这是由于极对数增加以后,气隙与极距之比 δ/τ 增大,这样气隙磁场的高次谐波由于空间衰减现象而减小很多。且对于 P 对极的旋转变压器,磁路被分割为 $2P$ 部分,由于磁路分割与电路串联的均衡作用,制造工艺和几何尺寸的不精确所造成的误差会得到很大的抑制,因此可以说极对数直接决定了旋转变压器精度的高低。

4.8.1 多对极旋转变压器的绕组构成

多极绕线式旋转变压器励磁侧采用的绕组通常有两类:一类是 Ⅱ 型同心式正弦绕组(前文已经交代,考虑槽的利用率等因素,Ⅰ 型绕组基本不用),每极每相槽数 $q=4n$;另一类是单相凸极集中绕组,每极每相槽数 $q=1$,转子齿数 $Z=2P$。其每槽导体数的计算公式为

$$N_i = (-1)^{i+1} \frac{\pi \cdot W}{8P} \tag{4.39}$$

式中　W——每相绕组总有效匝数;

　　　i——转子齿序号。

由于旋转变压器体积有限,转子槽数不能随着极对数的增多无限增加,所以同心式正弦绕组并不常用。在多对极旋转变压器中,转子一般采用单相凸极集中绕组,转子上一个齿就是一个极。定子一般采用分数槽正弦绕组,其 Z_s 值不能过小,否则信号绕组无法在定子齿上顺利绕制形成规定极对数的正、余弦信号。其在不同极对数下定子齿的选取一般满足如下齿槽配合规律。

当极对数选取为奇数时：

$$Z_s \geqslant 2P + 2 \qquad\qquad (4.40)$$

当极对数选取为偶数时：

$$Z_s \geqslant 2P + 1 \qquad\qquad (4.41)$$

其中,当极槽配合选取方式如表 4.13 时槽内导体抵消数最少,绕组利用率更高,可以优先考虑使用。

表 4.13　不同极对数下极槽配合关系

极对数 P_{max}	2	4	5	8	9	…
定子齿数 Z_s	9	9	12	17	20	…

4.8.2　8 对极旋转变压器的建模与谐波分析

以 8 对极的绕线式旋转变压器为例,对多对极旋转变压器进行建模与精度分析。定、转子一般采用近槽配合。图 4.38、图 4.39 分别给出了采用 17 槽与 20 槽的 8 对极旋转变压器的正、余弦绕组匝数设计方法。

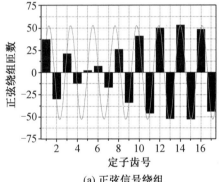

(a) 正弦信号绕组

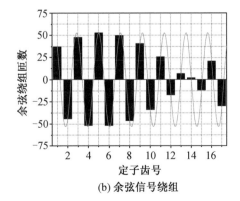

(b) 余弦信号绕组

图 4.38　定子 17 槽的信号绕组匝数展开图

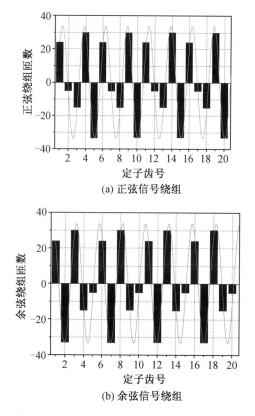

(a) 正弦信号绕组

(b) 余弦信号绕组

图 4.39   定子 20 槽的信号绕组匝数展开图

从图中可以看出,采用 20 齿设计的绕组匝数每 5 个齿一循环,每 5 个槽中的绕组匝数可以拟合出两个正弦波。也就是说采用定子 20 齿设计的 8 对极旋转变压器,从理论上就相当于 5 个槽的 2 对极旋转变压器。换言之,只要在极槽比不变的前提下,都可以采用这种匝数设计。当然,随着极对数的增多可以有更好的极槽配合方式出现,比如对于 32 对极可以有 64∶72 等。而采用 17 齿设计的绕组匝数不存在重复周期,只能应用在其他极对数为 8 的倍数的旋转变压器中。它们的磁感应强度分布如图 4.40 所示。

从图中可以看出,采用 20 齿的旋转变压器磁感应强度呈 4 个对称周期分布,采用 17 齿的旋转变压器磁感应强度分布无重复周期。多对极旋转变压器与 1 对极旋转变压器相比,偶次谐波的比例更大,它们输出余弦项感应电动势的傅里叶分解结果如表 4.14 示。可见定子采用 20 齿的 8 对极旋转变压器较 17 齿旋转变压器的畸变率更大。因此可以得出结论,在以定、转子使用近槽配合为要求设计多对极旋转变压器时,应尽量选取绕组重复周期少的极槽配合方案,这样有利于提高多对极旋转变压器的精度。

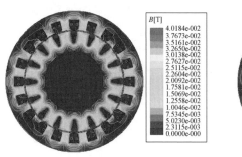
(a) 定子20齿

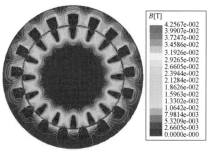
(b) 定子17齿

图 4.40　8 对极旋转变压器磁感应强度分布图

表 4.14　余弦信号电动势各次谐波畸变率

信号绕组	基波	2 次	3 次	4 次	5 次	6 次	7 次	总畸变率
17 齿	3.68	0.084	0.043	0.013	0.10	0.015	0.103	0.34%
20 齿	3.65	0.039	0.123	0.016	0.11	0.0055	0.132	0.52%

4.8.3　多对极旋转变压器的精度分析

多对极旋转变压器精度随着极对数的增加呈现升高的趋势,尤其是绕线式旋转变压器,其工艺好、精度较高,可以接近高精度感应同步器的测角精度,达到秒级,因此常常应用于机器人关节驱动中。关节驱动测角旋转变压器通常包括两个:电动机端和关节末端,电动机端考虑到驱动电动机为多极永磁同步电动机,所以旋转变压器采用多对极旋转变压器与电动机匹配,控制精度达到最优;而关节末端采用 1 对极旋转变压器,可以提供绝对零位。

关节驱动系统旋转变压器如果采用粗精耦合双通道旋转变压器,提高测试精度的同时,可以大幅度减小旋转变压器的体积。

虽然多极旋转变压器高精度的获得与极对数有关,但是极对数增加之后,电气角度的误差也要增加很多。所以极对数与旋转变压器精度之间的关系不能简单解释,它并不是可以直接通过电气角度与机械角度之间的关系直接预测的。本书通过对采用相同单元绕组设计的 4 对极、5 对极、8 对极、16 对极、32 对极的旋转变压器的模型进行仿真,对所提取的包络线进行 Matlab 函数拟合,计算在不同极对数下旋转变压器的精度。谐波分析与 Matlab 拟合的方法在第 2、第 3 章中已经详细叙述,在这里不再赘述,只给出分析出的不同极对数的旋转变压器精度,并由此拟合出旋转变压器的精度随极对数变化的曲线,如图 4.41 所示。但是由于采用不同齿数的绕组设计方案会对输出电动势产生影响,同时多对极旋转变压器的精度较高(通常以秒为单位),计算角度误差时会有一定的偏差,因此得到的精度值只能表示精度与极对数之间的大致变化趋势。从图中可以看出,随极对数的增加,绕线式多对极旋转变压器的精度大体上呈反比例函数趋势变化。

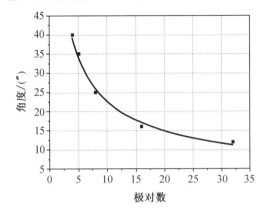

图 4.41 理论计算精度随极对数变化关系

当然,影响旋转变压器精度有很多原因,加工和装配偏差也会使旋转变压器的精度下降。在本节中提到的误差主要指的是理论偏差。

4.9 机器人关节用双通道绕线式旋转变压器的原理及绕组设计

机器人关节用位置传感器一般情况下共有两个:电动机端和末端,通常情况下一个为多对极旋转变压器,一个为1对极旋转变压器。如果能够将两个合成一个旋转变压器,即采用双通道旋转变压器,可以节省体积和空间,并同时满足绝对位置和保持高测试精度。

双通道粗精耦合旋转变压器是一种集1对极旋转变压器与多对极旋转变压器于一体的旋转变压器。其中粗机由1对极旋转变压器构成,因为精度较低而被称为粗机;精机由多对极旋转变压器构成,由于精度较高而被称为精机。由于精机输出精度高的特性,因此精机绕组输出多用于确定角度。同时由于粗机只含有一对磁极,因此相比于精机它具有更小的零位误差,所以粗机绕组输出用于确定零点位置。二者共同完成旋转变压器精确测量角度的功能,它们输出电动势波形的关系如图4.42所示。

双通道绕线式旋转变压器有共磁路和分磁路两种形式。而共磁路绕线式旋转变压器又可以分为粗精通道绕组共励磁和粗精通道绕组分别励磁两种形式。共磁路绕线式旋转变压器粗精机定、转子绕组共用一套铁芯,分磁路结构粗精机绕组有各自的铁芯。分磁路旋转变压器各通道彼此独立,工作时完全不会受到相互间的影响,但占用空间较大。而共磁路旋转变压器结构简单,零部件少,几何尺寸小,更为常用。

共磁路以及共励磁下的解耦问题是一个难度较大的课题,目前仍处于研究阶段。定子和转子的极对数一致是功率输出电动机的一个重要指标。对于旋转变压器而言,一套励磁绕组可以产生不同极对数的电动势信号,对磁路及绕组的要求都很高。本书中涉及三种结构的共磁路的旋转变压器分析,也是一种挑战。

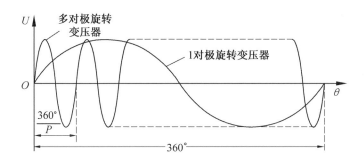

图 4.42　　粗、精机输出电动势相位关系

传统的共磁路绕线式旋转变压器的结构是将 1 对极与 P 对极旋转变压器的两套励磁绕组与信号绕组分别缠绕在同一套转子铁芯与定子铁芯上,两套绕组的磁路虽然同时穿过定、转子齿与信号绕组匝链,但是却分别隶属于两套励磁系统。若能用一套励磁系统代替粗精机的两套励磁系统,且不对各自的信号绕组感应电动势产生较大影响,则可实现真正的共磁路。在保证双通道绕线式旋转变压器特性的同时可以进一步减小旋转变压器体积与质量,降低绕线难度。

4.9.1　双通道绕线式旋转变压器的励磁原理

绕线式旋转变压器的转子气隙为均匀气隙,其单相脉振磁场的产生完全由绕线方式决定。它并不能像磁阻式旋转变压器一样在同一励磁绕组下利用气隙的变化产生不同极对数的励磁信号,共励磁系统只能通过合并励磁绕组产生。

励磁绕组合并后,在不考虑谐波磁势的情况下,励磁磁动势可以表示为

$$F = [F_1 \cdot \cos(\alpha + \theta_{op}) + F_2 \cdot \cos p\alpha] \cdot \cos \omega t \qquad (4.42)$$

式中　　θ_{op} —— 粗、精机零位误差。

由于绕组设计和加工工艺的不完全对称,旋转变压器的粗、精机信号存在零位不一致的现象,这种现象是双通道绕线式旋转变压器固有的,无法完全消除。

每个定子齿下的励磁磁通的基波分量为

$$\varphi_\lambda = \left\{ \varphi_1 \cdot \cos \left[\alpha + \theta_{op} + (\lambda - 1) \frac{2\pi}{Z_S} \right] + \varphi_2 \cdot \cos P \left[\alpha + (\lambda - 1) \frac{2\pi}{Z_S} \right] \right\} \cdot \cos \omega t$$

$$(4.43)$$

因此粗机两相绕组的磁链可以表示为

$$\begin{cases} \psi_{s1} = \sum_{j=1}^{z_S} K_{n1} \sin \left[\frac{2\pi}{Z_S} (j-1) + \frac{\pi}{4} \right] \cdot \varphi_\lambda \\ \psi_{c1} = \sum_{j=1}^{z_S} K_{n1} \cos \left[\frac{2\pi}{Z_S} (j-1) + \frac{\pi}{4} \right] \cdot \varphi_\lambda \end{cases}$$

$$(4.44)$$

精机绕组各自的磁链可以表示为

$$\begin{cases} \psi_{s2} \sum_{j=1}^{z_S} K_{n2} \sin \left[P \cdot \frac{2\pi}{Z_S} (j-1) + \frac{\pi}{4} \right] \cdot \varphi_\lambda \\ \psi_{c2} = \sum_{j=1}^{z_S} K_{n2} \cos \left[P \cdot \frac{2\pi}{Z_S} (j-1) + \frac{\pi}{4} \right] \cdot \varphi_\lambda \end{cases}$$

$$(4.45)$$

式中　　K_{n1} —— 定子齿上粗机信号绕组匝数幅值；

　　　　K_{n2} —— 定子齿上精机信号绕组匝数幅值。

可见，对于双通道共励磁绕线式旋转变压器，粗、精机定子绕组若想分别形成 1 对极与多对极感应电动势信号，需要在励磁绕组提供的励磁信号中解耦出自己所需要的一部分分量。对于 P 对极旋转变压器，励磁信号中的 1 对极分量相当于转子偏心的影响；对于 1 对极旋转变压器，励磁信号中的 P 对极分量相当于 P 次谐波的影响。而通过正弦分布绕组的性质和三角函数推导可知，这些无用分量所形成的磁链值为零。因此从理论上讲，通过合并励磁绕组形成的共励磁旋转变压器与分别励磁的共磁路绕线式旋转变压器一样，都能很好地解耦出 1 对极和多对极信号。共励磁双通道旋转变压器模型与分别励磁双通道旋转变压器模型的结构示意图，如图 4.43 所示。

4.9.2　共励磁绕线式旋转变压器的绕组设计

共励磁双通道粗精耦合绕线式旋转变压器的励磁绕组由 P 对极与 1 对极普通绕线式旋转变压器的励磁绕组匝数按比例叠加而成。由于分别励磁的双通道旋转变压器中粗、精机可以采用不同的绕线方式，共励磁结构的励磁绕组匝数也可以有几种合成方式。

1. 粗机 Ⅲ 型正弦绕组、精机 Ⅲ 型正弦绕组的合成

当转子齿数足够多时，可以采用这种合成方式。励磁绕组匝数可以按下式合成：

$$N = A_1 \sin \left[\frac{2\pi}{Z} \cdot (j-1) + \frac{\pi}{4} \right] + A_2 \sin \left[\frac{2\pi P}{Z} \cdot (j-1) + \frac{\pi}{4} \right] \quad (4.46)$$

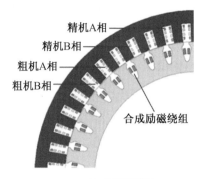

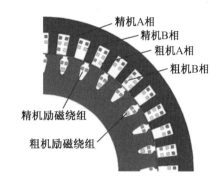

(a) 共励磁模型　　　　　　　　　(b) 分别励磁模型

图 4.43　双通道旋转变压器模型

式中　　A_1——粗机励磁绕组匝数幅值；

A_2——精机励磁绕组匝数幅值。

当 $A_1 = A_2$ 时，两相绕组平分励磁信号。以 1 对极与 2 对极的合成为例，共励磁绕组的合成示意图如图 4.44 所示。

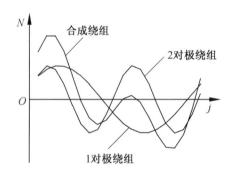

图 4.44　1 对极与 2 对极励磁信号的合成

2. 粗机 Ⅲ 型绕组、精机集中绕组的合成

在旋转变压器体积有限、转子齿数较少时，采用这种合成方式。励磁绕组匝数可以按下式合成：

$$N = \frac{\dfrac{4W_1}{Z}}{2\sin\dfrac{\pi}{Z}}\sin\left[\frac{2\pi}{Z}\cdot(j-1)+\frac{\pi}{4}\right]+\frac{W_2\cdot\pi}{8P}(-1)^{j+1} \tag{4.47}$$

式中　　W_1——粗机励磁绕组总有效匝数；

W_2——精机励磁绕组总有效匝数。

当 $W_1 = W_2$ 时，两相绕组平分励磁信号。以 1 对极与 4 对极的合成为例，共励磁绕组的合成示意图如图 4.45 所示，可见采用精机集中绕组的合成方式，得到的合成结果比较尖锐。

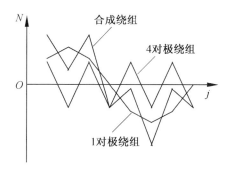

图 4.45　1 对极与 4 对极励磁信号的合成

3. 粗机 Ⅱ 型绕组、精机集中绕组的合成

由于 Ⅱ 型绕组的缠绕方式为隔齿缠绕,集中绕组是逐齿缠绕,将这两种绕组合成后会导致每个齿下绕组的绕进和绕出端的匝数不等。以有效励磁匝数为 112 匝的 1 对极与 4 对极的绕组匝数叠加为例,其每个齿下绕组绕进和绕出的匝数如图 4.46 所示。虽然可以对这种匝数分布下的共励磁的解耦效果进行仿真研究,但由于实际上这种绕线方式无法加工,因此不具备分析意义。同理,采用粗机 Ⅱ 型绕组与精机 Ⅱ 型绕组或者粗机 Ⅲ 型绕组与精机 Ⅱ 型绕组的叠加方式,同样不具备研究价值。

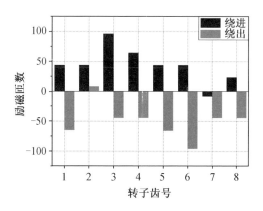

图 4.46　1 对极与 4 对极励磁信号匝数分布

4.10　单独励磁和共励磁绕线式旋转变压器的精度分析

4.10.1　4 对极共励磁绕线式旋转变压器的仿真分析

对精机极对数为 4 的共励磁的双通道旋转变压器进行设计与仿真,仿真模型如图 4.47 所示。其中定、转子的材料选取为软件中自带的硅钢片材料。设计时应当注意由于极对数比较少,粗、精机磁路的磁感应强度叠加后有可能很高,在选取粗、精机的励磁阻抗时应注意避免磁路的饱和。图 4.48 给出了某一电流最大时刻的磁感应强度分布图,从图中可以看出采用共磁路励磁的旋转变压器磁感应强度分布不均匀,绕组叠加使某些槽下的磁感应强度明显大于旋转变压器磁感应强度的平均值,因此设计时应特别注意。

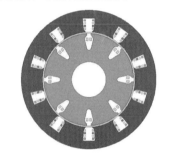

图 4.47　4 对极双通道旋转变压器仿真模型

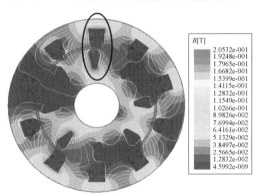

图 4.48　4 对极双通道旋转变压器磁感应强度分布图

图 4.49 为 1 对极与 4 对极合成结构的双通道共励磁粗精耦合绕线式旋转变压器的粗、精机输出波形。从图中可见精机输出信号为较好的包络线,这是因为粗机对于精机信号的作用可以看作偏心的影响,多对极中电路的串联对于偏心

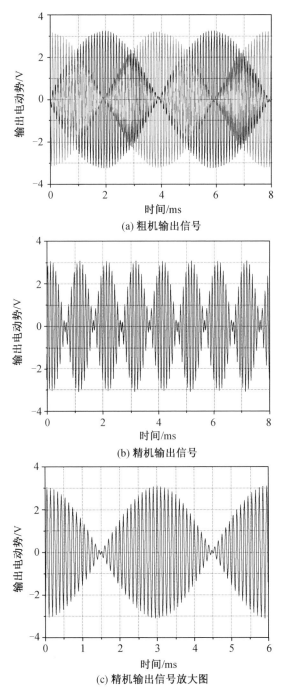

(a) 粗机输出信号

(b) 精机输出信号

(c) 精机输出信号放大图

图 4.49 粗、精机输出信号波形

有一定的补偿作用。而粗机输出信号波形则受到一些影响,是由于粗机本身定、转子齿数较少以及受到精机的影响所致,需要通过与采用相同结构的 1 对极旋转变压器对比进一步分析。但总体可以证明共励磁双通道旋转变压器可以较好地解耦励磁信号,采用共励磁的双通道旋转变压器设计方法是合理的。

4.10.2　分别励磁与共励磁绕线式旋转变压器的精度对比

改变双通道旋转变压器的励磁方式,对采用相同齿槽配合与绕线方式的 4 对极旋转变压器和分别励磁的精机四对极双通道旋转变压器进行仿真,比较这几种情况下的输出电动势谐波畸变率。它们各自的粗精机输出信号畸变率以及分别励磁和共励磁情况下的畸变率与普通多对极下畸变率的比例关系如表 4.15 所示。

表 4.15　不同励磁结构的 4 对极旋转变压器输出电动势谐波畸变率

项目	粗 机			精 机		
	正弦绕组	余弦绕组	比例	正弦绕组	余弦绕组	比例
单通道	0.012 8	0.011 2	1	0.002 7	0.002 5	1
分别励磁	0.013 4	0.011 9	1.055	0.002 8	0.002 6	1.039
共励磁	0.013 8	0.013 3	1.133	0.003 9	0.003 8	1.482

从表中可以看出,受到另外一个励磁信号的影响,无论是分别励磁还是共励磁的输出电动势中都或多或少会产生附加电动势,导致畸变率大于单通道的多对极旋转变压器,这种影响在共励磁旋转变压器中更大。

4.10.3　极对数对共励磁绕线式旋转变压器精度的影响

从上一节中可以看出,对于 4 对极的双通道旋转变压器,共励磁的旋转变压器效果较分别励磁的效果差很多。因此本节对采用相同单元匝数设计的 6 对极、8 对极、16 对极的上述三种结构的旋转变压器进行仿真,比较畸变率的变化情况,如表 4.16 ～ 4.18 所示。图 4.50 呈现了其输出电动势畸变率相对单通道旋转变压器输出电动势畸变率的比例关系。

表 4.16　不同励磁结构的 6 对极旋转变压器输出电动势谐波畸变率

项目	粗 机			精 机		
	正弦绕组	余弦绕组	比例	正弦绕组	余弦绕组	比例
单通道	0.006 6	0.006 0	1	0.001 5	0.001 1	1
分别励磁	0.006 8	0.006 1	1.023	0.001 5	0.001 1	1
共励磁	0.006 9	0.006 2	1.039	0.002 1	0.001 6	1.427

表 4.17　不同励磁结构的 8 对极旋转变压器输出电动势谐波畸变率

项目	粗　机			精　机		
	正弦绕组	余弦绕组	比例	正弦绕组	余弦绕组	比例
单通道	0.001 8	0.002 1	1	0.004 3	0.003 9	1
分别励磁	0.001 8	0.002 1	1	0.004 3	0.003 9	1
共励磁	0.001 8	0.002 1	1	0.004 5	0.004 1	1.049

表 4.18　不同励磁结构的 16 对极旋转变压器输出电动势谐波畸变率

项目	粗　机			精　机		
	正弦绕组	余弦绕组	比例	正弦绕组	余弦绕组	比例
单通道	6.25×10^{-4}	5.82×10^{-4}	1	0.006 1	0.005 8	1
分别励磁	6.28×10^{-4}	5.83×10^{-4}	1.003	0.006 1	0.005 8	1
共励磁	6.17×10^{-4}	5.63×10^{-4}	0.977	0.006 1	0.005 8	1

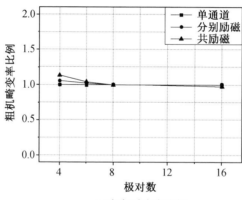

(a) 粗机畸变率比例

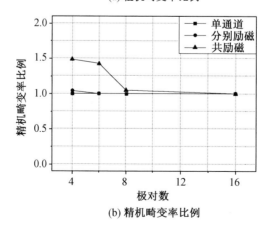

(b) 精机畸变率比例

图 4.50　输出电动势畸变率的相对变化关系

通过对不同极对数下,分别励磁与共励磁双通道旋转变压器相对普通多对极旋转变压器输出电动势畸变率比例的分析可以看出:在极对数较少时,采用分别励磁旋转变压器的精度明显高于共励磁旋转变压器。随着极对数的增多,粗、精机畸变率的比例全部趋于 1,与普通多对极旋转变压器没有差别。同时,在极对数较少时,共励磁旋转变压器粗机对精机的影响较分别励磁旋转变压器大很多。这是因为精机极对数较少时,对偏心影响的补偿作用较弱,而共励磁旋转变压器由于粗、精机绕组匝数的直接叠加,使这种影响表现得更明显,因此共励磁双通道绕线式旋转变压器精机极对数不可太少。

第 5 章

径向磁路磁阻式旋转变压器原理与分析

5.1 磁阻式旋转变压器概述

5.1.1 磁阻式旋转变压器定义

磁阻式旋转变压器是一种因其结构简单而广泛应用的旋转变压器。它采用改变气隙磁阻进而改变输出感应电动势信号幅值的电磁原理。因其转子上没有励磁绕组,所以定子上除了信号绕组之外还要安放励磁绕组。近年来,由于变磁阻原理获得进一步突破,尤其是轴向磁路磁阻式旋转变压器(Axial Reluctance Resolver,ARR)的电磁原理的快速进步,该种旋转变压器的研究日益广泛,精度也获得大幅提高。

与绕线式旋转变压器相比,其在转子上没有绕组,具有结构简单、可靠性高的优点。随着计算机及有限元法的广泛应用,设计速度和精度大幅提高。经过合理的高精度绕组与转子形状优化设计,可以获得高精度的正弦位置信号。磁阻式旋转变压器可以广泛应用于航天、航空、电动汽车行业,未来发展前景很好。总体来讲,由于气隙大,漏磁场严重,其精度较绕线式低。

如何优化磁阻式旋转变压器结构而达到优化旋转变压器精度的目的,是目前解决其普遍应用的关键。

在机器人关节伺服系统中,采用磁阻式旋转变压器作为位置和速度反馈控制信号是一个发展趋势。本书中将在以下章节着重介绍两种磁阻式旋转变压器的现代分析与设计方法。

5.1.2　多种结构旋转变压器变电动势原理介绍

1. 绕线式旋转变压器改变电动势幅值原理

这里指出,改变电动势幅值就是指随转子位置转角改变而信号绕组输出电动势幅值变化。

图 5.1 所示为绕线式旋转变压器原理示意图。

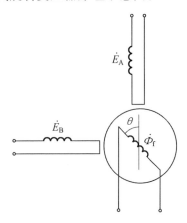

图 5.1　绕线式旋转变压器原理示意图

定子上缠绕两相对称信号绕组 W_A、W_B,转子上缠绕励磁绕组 W_f。转子绕组中通以高频交流励磁电流 $\dot{I}_f$,在气隙中产生主磁通 $\dot{\Phi}_f$,主磁通在两相定子信号组中分别感应电动势 $\dot{E}_A$、$\dot{E}_B$,以极对数为 1 的绕线式旋转变压器为例,转子轴线与 A 相轴线夹角为 θ,则感应电动势相量分别为

$$\dot{E}_A = -j4.44k_{w1}w_1f\dot{\Phi}_f\cos\theta \tag{5.1}$$

$$\dot{E}_B = -j4.44k_{w1}w_1f\dot{\Phi}_f\sin\theta \tag{5.2}$$

$$\Phi_f = \frac{F}{R_\delta} = \frac{N_f I_f}{R_\delta} = \text{const} \tag{5.3}$$

式中　　R_δ——气隙磁阻。

在绕线式旋转变压器中,忽略齿槽影响的情况下气隙磁阻可以近似为常量。所以,绕线式旋转变压器的两相信号绕组输出电动势为正交两相交变电动势,幅值包络线随转子转角呈正弦规律变化。载波频率为励磁电流交变频率。感应电动势包络线交变频率也是绕线式旋转变压器输出电动势频率。

2. 磁阻式旋转变压器变磁阻变电动势原理

磁阻式旋转变压器原理示意图如图 5.2 所示。

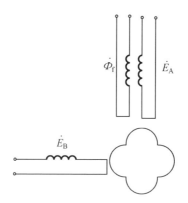

图 5.2　磁阻式旋转变压器原理示意图

定子上同时缠有两相信号绕组 W_A、W_B 和励磁绕组 W_f。励磁绕组中通以高频励磁电流 $\dot{I}_f$，励磁磁势在气隙中产生主磁通 $\dot{\Phi}_f$，两相信号绕组会感应两相电动势 $\dot{E}_A$、$\dot{E}_B$，感应电动势相量分别为

$$\dot{E}_A = -\mathrm{j}4.44k_{w1}w_1f\dot{\Phi}_{fA} \tag{5.4}$$

$$\dot{E}_B = -\mathrm{j}4.44k_{w1}w_1f\dot{\Phi}_{fB} \tag{5.5}$$

$$\Phi_{fA} = \frac{F}{R_\delta} = \frac{N_f I_f}{R_\delta} = \frac{N_f I_f}{\dfrac{1}{\mu_0}\dfrac{\delta_A}{S_A}} = \frac{S_A(\theta)}{\delta_A(\theta)}\mu_0 N_f I_f \tag{5.6}$$

式中　　$S_A(\theta)$——磁阻式旋转变压器定、转子气隙磁路耦合面积；

　　　　$\delta_A(\theta)$——磁阻式旋转变压器定、转子气隙磁路长度。

从式(5.6)可见，若要使 $\dot{\Phi}_{fA}$ 呈现随转角正弦变化规律，则需要使 $S_A(\theta)$ 或 $\dfrac{1}{\delta_A(\theta)}$ 随转子位置呈正弦规律变化，即

$$S_A(\theta) = S \cdot \sin\theta \tag{5.7}$$

$$\frac{1}{\delta_A(\theta)} = \frac{1}{\delta_A}\sin\theta \tag{5.8}$$

$$\delta_A(\theta) = \frac{1}{\delta_A(\theta)} = \frac{1}{\delta_A}\sin\theta \tag{5.9}$$

由此可以将磁阻式旋转变压器进行如下分类。

第一类:在式(5.7)中，定、转子耦合面积随转子位置成正弦变化，该种旋转变压器称为轴向磁路磁阻式旋转变压器。

第二类:在式(5.9)中,定、转子之间气隙长度随转子位置成正弦变化,该种旋转变压器称为径向磁路磁阻式旋转变压器。

本书主要介绍这两种旋转变压器,通过对它们的电磁机理、精度优化、绕组结构等方面的介绍,达到探讨磁阻式旋转变压器更为广泛应用的目的。

径向磁路磁阻式旋转变压器利用转子的凸极结构,使不同的转子角度对应不同的气隙磁导,随着转子匀速转动时,气隙磁通是转子位置的正、余弦函数,使得定子两相信号绕组输出的感应电动势呈正、余弦不断变化,目前商用旋转变压器多数都采用该种结构。相对于另一类旋转变压器也称不等气隙磁阻式旋转变压器。另一类磁路磁阻式旋转变压器气隙长度不变,定子与转子间耦合面积随转子转角不断变化,这种结构的旋转变压器一般是转子上导磁材料沿轴向呈正弦形分布,因其磁路为轴向结构,故称为轴向磁路磁阻式旋转变压器,相对于第一类旋转变压器也常称为等气隙磁阻式旋转变压器。

5.2　采用等匝绕组的径向磁阻式旋转变压器的基本原理

5.2.1　径向磁路磁阻式旋转变压器分类

径向磁路磁阻式旋转变压器相对于绕线式旋转变压器来讲,具有体积小、结构简单、成本低等特点,因此可靠性好、故障少、寿命长。

但是由于径向磁路磁阻式旋转变压器在转子位置变化时,气隙长度随之不断改变,因此输出阻抗值不固定,并且受负载影响较大,且气隙磁导中含有较大成分的高次谐波。励磁绕组与信号绕组均分布在定子齿槽中,转子只是包含正弦函数波形的凸极结构,并没有开槽,无法通过采用斜槽来削弱波形中的高次谐波,只能通过定、转子的形状优化和绕组结构设计来减小信号波形中的谐波畸变率,而绕线式旋转变压器由于转子采用正弦绕组结构,抑制谐波的能力很强,能够消除除了齿谐波以外的其他谐波,精度很高,因此磁阻式旋转变压器的误差比绕线式旋转变压器大。

径向磁路磁阻式旋转变压器按照结构不同可以分为两类。

第一类:定子采用等匝绕组的径向磁路磁阻式旋转变压器,也称为转子全波结构径向磁路磁阻式旋转变压器。

第二类:定子采用集中式正弦绕组的径向磁路磁阻式旋转变压器,又称为转子半波径向磁路磁阻式旋转变压器。

同时也可以分为单通道径向磁路磁阻式旋转变压器和粗精耦合双通道径向磁路磁阻式旋转变压器两类。

5.2.2 等匝绕组径向磁路磁阻式旋转变压器原理

等匝绕组径向磁路磁阻式旋转变压器是绕组形式最为简单的旋转变压器。其工艺性好,绕制方便,适用于精度要求较低的场合。

本节研究的是常用的采用等匝绕组的径向磁路磁阻式旋转变压器,转子为凸极结构,图 5.3 为绕组和定、转子的局部结构。旋转变压器的定子上共有 $2mP$ 个齿(m 为信号绕组相数,一般为两相,因此定子一般为 $4P$ 个齿),励磁绕组与信号绕组均为集中等匝绕组,图中 1 为励磁绕组,依次逐齿反向串接,2 和 3 为两相信号绕组,每一相均隔齿反向串接,二者在空间上相互正交,励磁绕组与信号绕组全部都绕制在定子齿上。

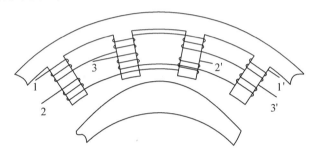

图 5.3   等匝绕组径向磁路磁阻式旋转变压器局部图

转子的外表面是经过优化设计后的特殊形状,使转子不同角度位置对应的径向气隙磁导成余弦分布,除恒定分量和基波分量以外不包含其他次谐波,即

$$\Lambda = \Lambda_0 + \Lambda_1 \cos P\theta \tag{5.10}$$

式中 Λ_0、Λ_1—— 磁导的恒定分量、基波分量幅值;

P—— 极对数;

θ—— 转子位置机械角度。

选取合适的转子初始位置,当转子旋转时,使每一个定子齿下的气隙磁导为随转子电角度呈周期性变化的偶函数,用傅里叶级数表示第 i 个定子齿下的气隙磁导 Λ_i 为

$$\Lambda_i = \Lambda_0 + \sum_{\mu=1}^{\infty} \Lambda_\mu \cos\left[\mu P\theta + (i-1)\frac{2\mu P \pi}{Z_S}\right] \tag{5.11}$$

式中 μ—— 谐波次数;

Λ_μ—— 气隙磁导 μ 次谐波幅值;

Z_S—— 定子齿数。

由于每个定子齿上缠绕励磁绕组,因此欲求励磁电抗应将所有定子齿下的磁导累加。所有定子齿下的磁导总和为

$$\sum_{i=1}^{z_\mathrm{S}} (-1)^{i+1}\Lambda_i = Z_\mathrm{S}\Lambda_0 + \sum_{\mu=1}^{\infty}\sum_{1}^{z_\mathrm{S}}\Lambda_\mu \cos\left[\mu P\theta + (i-1)\frac{2\mu P\pi}{Z_\mathrm{S}}\right] \tag{5.12}$$

经计算,上式中基波分量为零,在忽略较高次的谐波合成磁导的情况下,可以将所有定子齿下气隙合成磁导看成是恒定值,不随转子的位置而变化。当在励磁绕组中通入以正弦变化的励磁电压时,会在励磁绕组和信号绕组中均产生感应电动势,励磁绕组中产生的感应电动势可以表示为

$$E_\mathrm{m} = -\mathrm{j}I_\mathrm{m}X_\mathrm{m} = -\mathrm{j}\omega I_\mathrm{m}N_\mathrm{m}^2\sum_{i=1}^{z_\mathrm{S}} (-1)^{i+1}\Lambda_i$$

$$= -\mathrm{j}\omega I_\mathrm{m}N_\mathrm{m}^2\left\{Z_\mathrm{S}\Lambda_0 + \sum_{\mu=1}^{\infty}\sum_{1}^{z_\mathrm{S}}\Lambda_\mu \cos\left[\mu P\theta + (i-1)\frac{2\mu P\pi}{Z_\mathrm{S}}\right]\right\} \tag{5.13}$$

式中　　I_m——励磁电流;

　　　　X_m——励磁电抗;

　　　　ω——励磁电压角频率;

　　　　N_m——每个齿上的励磁绕组匝数。

当气隙磁导中不包含偶次谐波时,励磁电抗近似为一个恒定值,因而当励磁电压幅值不变的情况下,励磁电流将为一恒定值,不随转子转角的变化而变化。励磁绕组在恒压源的作用下,气隙合成磁通不变,即

$$\sum_{i=1}^{z_\mathrm{S}} \Phi_i = \mathrm{const} \tag{5.14}$$

总的励磁磁势为

$$\sum_{i=1}^{z_\mathrm{S}} F_i = \frac{\displaystyle\sum_{i=1}^{z_\mathrm{S}} \Phi_i}{\displaystyle\sum_{i=1}^{z_\mathrm{S}} \Lambda_i} = \mathrm{const} \tag{5.15}$$

由于励磁绕组在每个定子齿上的匝数相同,因此每个齿产生的励磁磁势都相同,即

$$F_i = \frac{\displaystyle\sum_{k=1}^{z_\mathrm{S}} F}{Z_\mathrm{S}} = \mathrm{const} \tag{5.16}$$

定子每一个齿下的励磁磁通为

$$\Phi_i = F_i\Lambda_i \tag{5.17}$$

由上式可见,每个定子齿下的励磁磁通随转子位置的变化情况与该齿下的磁导变化相同,第 i 个齿下的磁通量为

$$\Phi_i = \Phi_0 + \sum_{\mu=1}^{\infty}\Phi_\mu \cos\left[\mu P\theta + (i-1)\frac{2\mu P\pi}{Z_\mathrm{S}}\right] \tag{5.18}$$

式中　Φ_0—— 磁通的恒定分量；

　　Φ_μ—— μ 次谐波磁通幅值。

将式（5.17）代入式（5.18）中，可以将式（5.18）改写为

$$\Phi_i = \Phi_0 + \Phi_1 \cos\left[P\theta + (i-1)\frac{2P\pi}{Z_S}\right] \tag{5.19}$$

将每一相信号绕组在所绕制的定子上匝链的磁链相累加，两相绕组磁链可以为

$$\begin{cases} \psi_s = \displaystyle\sum_{i=1,3,5,\cdots}^{Z_S-1} N_m(-1)^{\frac{i-1}{2}}\Phi_i \\ \psi_c = \displaystyle\sum_{i=2,4,6,\cdots}^{Z_S} N_m(-1)^{\frac{i-2}{2}}\Phi_i \end{cases} \tag{5.20}$$

式中　N_m—— 每个齿上的一相信号绕组匝数。

将式（5.20）代入上式，经化简后得到

$$\begin{cases} \psi_s = Z_S N_m \varphi_1 \sin P\theta \\ \psi_c = Z_S N_m \varphi_1 \cos P\theta \end{cases} \tag{5.21}$$

则正、余弦绕组输出电动势分别为

$$\begin{cases} e_s = -\dfrac{\mathrm{d}\psi_s}{\mathrm{d}t} = -Z_S N_m \sin P\theta \dfrac{\mathrm{d}\Phi_1}{\mathrm{d}t} = -e_m \sin P\theta \\ e_c = -\dfrac{\mathrm{d}\psi_c}{\mathrm{d}t} = -Z_S N_m \cos P\theta \dfrac{\mathrm{d}\Phi_1}{\mathrm{d}t} = -e_m \cos P\theta \end{cases} \tag{5.22}$$

其幅值可以表示为

$$\begin{cases} E_s = E_m \sin P\theta \\ E_c = E_m \cos P\theta \end{cases} \tag{5.23}$$

因此当不考虑漏磁场等影响，励磁绕组和正、余弦绕组均为集中等匝时，输出电动势的幅值与转子转角 $P\theta$ 成正、余弦函数关系。

当励磁电压为 $u_1 = U_1 \sin \omega t$ 时，获得两相信号绕组的输出电压为

$$\begin{cases} u_s = k_u \cdot U_1 \cdot \sin \omega t \cdot \sin P\theta \\ u_c = k_u \cdot U_1 \cdot \sin \omega t \cdot \cos P\theta \end{cases} \tag{5.24}$$

式中　k_u—— 电压变比；

　　U_1—— 输入电压幅值；

　　ω—— 励磁频率；

　　θ—— 转子转角。

5.3　　等匝绕组磁阻式旋转变压器的有限元计算

为提高等匝绕组径向磁路磁阻式旋转变压器的信号输出精度,必须对其气隙形状进行优化处理。

一般情况下,主要优化目标包括:减小输出波形的畸变率提高精度,在不改变输入输出匝数比的前提下获得尽量大的输出电压,在铁芯不饱的前提下尽量减小定、转子体积。

针对采用等匝绕组的径向磁阻式旋转变压器的精度问题,采用电磁场有限元仿真软件建立模型,进行仿真计算,根据仿真结果进行结构的优化设计,研究不同尺寸结构对波形的畸变率和输出电压值的影响,以使旋转变压器的输出精度在给定范围以内。

由于径向磁路磁阻式旋转变压器的结构在轴向上一致,采用二维有限元法对径向磁阻式旋转变压器进行分析就可以较为准确地对一些规律性的问题进行计算,如计算两相输出电动势大小与相位、计算函数误差、优化气隙等。

时步法作为目前解决电磁场暂态计算问题最为有效,可以快速有效地进行旋转变压器结构的优化设计。

气隙中谐波漏抗对应的漏磁导已经考虑在计算中,因此计算结果中包括谐波成分。虽然采用三维磁场计算可以通过计及端部漏抗而更为准确地计算旋转变压器参数以及进行原理性误差分析,但会大大增加计算的复杂性,导致计算时间过长,而二维计算已经能够反映该结构的旋转变压器的基本规律,因此最终采用二维场进行计算。下面对有限元的基本方程、时步法的基本概念以及场路耦合法的基本思想进行综合论述。

5.3.1　　二维涡流场定解问题

求解矢量磁位 A 应从求解二维涡流场的定解问题开始:

$$\frac{\partial}{\partial x}\left(\frac{1}{\mu}\frac{\partial A}{\partial x}\right) + \frac{\partial}{\partial y}\left(\frac{1}{\mu}\frac{\partial A}{\partial y}\right) = -\left(J_z - \sigma\frac{\mathrm{d}A}{\mathrm{d}t}\right) \tag{5.25}$$

采用加权余量法建立有限元离散化方程,取权函数等于形状函数对上式进行加权积分,将面积分看作单元积分之和进行离散,并采用一阶线性三角形单元。最后进行总体合成,可得二维涡流场的离散化方程为

$$[K]\{A\} = [C]\{I\} - [T]\frac{\mathrm{d}\{A\}}{\mathrm{d}t} \tag{5.26}$$

式中　　$[K]$、$[C]$、$[T]$——分别为方程进行离散化处理后产生的系数矩阵。

对上式进行进一步处理,可得到

$$([K]+j\omega_r[H])\{A\}=\{P\} \tag{5.27}$$

式中 $\{P\}=[C]\{I\}$;

　　　　ω_r—— 转子的角速度。

由上式可见,若已知此时的电流值及转子旋转的角速度值,此时涡流场计算区域内各剖分点处的矢量磁位值可解。

由于本书采用二维有限元法进行计算,定子绕组端部参数必须事先进行磁路法计算直接代入,此时的矢量磁位为时间向量。时间向量的引入是有限元独立于时间的因素,但是时间向量法要求在整个时间周期里磁阻率为常数,事实上,磁阻率是随着磁感应强度变化而非线形变化的,对于永磁电动机等力能输出型电动机,软磁性材料存在饱和等非线性问题,而旋转变压器工作在软磁性材料磁化曲线的线性段,因此不存在磁导率的迭代问题。

由于外加端部电压为已知,电流密度是未知数,电流密度的求解需借助于交流电动机定子侧的电动势平衡方程式。这种将电路模型与有限元矢量磁位计算结果联立求解的方法是场路耦合法的关键所在,采用一相的等效电路图对这种方法进行描述,如图5.4所示,图中 Z 为端部漏抗与绕组内阻之和。首先预取电流值,通常在假设的电流下,感应电动势与阻抗压降之和与端电压不等,将差值作为第二次迭代电流值估算的依据。

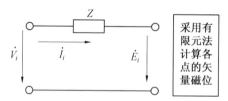

图 5.4   场路耦合法一相等效电路

一个面积为 S_c 的绕组的感应电动势的平均值为

$$e_c=-j\omega N_1 l_{ef}\left(\frac{\sum_{i=1}^{n_e}\Delta_i\sum_{j=1}^{3}A_{ij}}{3S_C}\right) \tag{5.28}$$

式中 S_C—— 双层绕组槽面积的一半;

　　　　N_1—— 每个元件的匝数;

　　　　l_{ef}—— 绕组轴向长度。

A 相绕组中的感应电动势为

$$E_A=-j\frac{\omega N_1 l_{ef} 2P}{3S_C a_1}\{D\}_A^t\{A\} \tag{5.29}$$

式中，$\{D\}_A^t = \{d_{A1}, d_{A2}, \cdots, d_{An}\}$ 为 A 相绕组在剖分区域内的面积矢量，其中

$$d_{Ak} = \sum_{e=1}^{E_k} \Delta_{ke} \tag{5.30}$$

式中　Δ_{ke} —— 每个单元的面积；

　　　k —— 节点数；

　　　E_k —— 所有单元数。

作为电动机惯例，端电压与感应电动势之间的关系可以描述为

$$\sqrt{2} V_i = -E_i + I_i Z \quad (i = A, B, C) \tag{5.31}$$

式中，Z 是包括端部阻抗在内的一相总阻抗，但不包括槽漏抗、齿顶漏抗及谐波漏抗，而这三种漏抗通过场的计算已经计及在 E_i 中，每相绕组中的电流密度可以表示为

$$J = \frac{\sqrt{2} N_1 V_i}{S_C a_1 Z} - j\omega \frac{2 P N_1^2 l_{ef}}{3 S_C^2 a_1^2 Z} \{D\}_i^t \{A\} \tag{5.32}$$

上式给出了以电流源表示电压源的方程，从式中可以看出，电流密度不仅是电压源的函数，也是矢量磁位的函数。因此，基于电压源的离散模型可以表示为

$$([K] + j\omega_r [H] + j\omega [T]) \{A\} = \{P_v\} + \{P\} \tag{5.33}$$

其中，矩阵 $[T]$ 和 $\{P_v\}$ 可以分别表示如下：

$$[T] = \frac{2 P N_1^2 l_{ef}}{9 S_C^2 a_1^2 Z} (\{D\}_A \{D\}_A^t + \{D\}_B \{D\}_C^t + \{D\}_C \{D\}_C^t) \tag{5.34}$$

$$\{P_v\} = \frac{\sqrt{2}}{3} \frac{N_1}{S_C a_1 Z} (V_A \{D\}_A + V_B \{D\}_B + V_C \{D\}_C) \tag{5.35}$$

上述过程中仅计算出由于定子电流产生的涡流场的磁位及电动势的计算过程，由于转子永磁体对磁路的饱和程度同样存在贡献，在上述矢量磁位的计算基础上需做出修正，即叠加上永磁体产生的矢量磁位部分。这种叠加也是采用修正导磁材料的相对磁导率的方式加以计算的。下面给出叠加后的矢量磁位值：

$$A'^{(k)} = (|A^{(k)}| + |A_m|) \cdot A^{(k)} / |A^{(k)}| \tag{5.36}$$

式中　$A'^{(k)}$ —— 第 k 次迭代的矢量磁位值；

　　　A_m —— 永磁体单独作用下的矢量磁位值。

上式结果计算出来后，可根据 $\overline{B}'^{(k)} = \nabla \times A'^{(k)}$ 得到磁感应强度幅值，并保存此时的相对磁导率，作为下一次迭代计算的数值。

5.3.2　解决暂态电磁场问题的时步法原理

有限元时步法是目前解决瞬变电磁场问题最为方便、有效的方法，适用于解决感应电动机、无刷直流电动机等各类电动机的电磁暂态过程问题。所谓时步法即在时间上选择一定的步长，再选择一段求解时间区域，在每一步上，均按稳

态场求解磁链及电磁转矩和电感系数矩阵,然后代入机械方程求解在该步上的速度及加速度。然后根据该速度积分出下一步的位置(旋转体为围绕中心转过的角度),然后进行下一个稳态点数值计算,进而得到由稳态点组成的连续的动态解。二维有限元时步法的原理框图如图 5.5 所示。

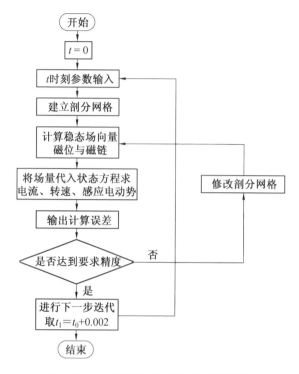

图 5.5 二维有限元时步法的原理框图

5.4 5 对极等匝绕组径向磁路磁阻式旋转变压器有限元分析

5.4.1 等匝绕组径向磁路磁阻式旋转变压器结构

图 5.6 给出了两种等匝绕组径向磁路磁阻式旋转变压器定、转子成品图。其中定子 4 对极共 16 齿,转子 4 个凸极。定子每一个齿上分别缠绕励磁绕组和正、余弦绕组;另一个是 2 对极转子冲片图。经过测试分析得到其零位误差和正交误差小于 $\pm 10'$。

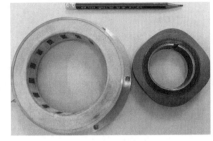

(a) 等匝绕组多对极旋转变压器转子　　　　(b) 等匝绕组多对极旋转变压器定、转子

图 5.6　　等匝绕组径向磁路磁阻式旋转变压器定、转子成品图

5.4.2　5 对极等匝绕组径向磁路磁阻式旋转变压器结构

下面选取 5 对极凸极式转子径向磁阻式旋转变压器为仿真分析对象,简述如何采用有限元软件 ANSYS 对该种结构旋转变压器进行磁场分析、参数设计及暂态仿真。

表 5.1 给出了该 5 对极旋转变压器的主要参数指标。在 ANSYS 电磁场有限元仿真软件中建立二维模型,如图 5.7 所示。转子外表面沿径向展开图是幅值为 1 mm 的 5 周期正弦函数曲线。

表 5.1　　主要参数指标

参数	要求	参数	要求	参数	要求	参数	要求
定子外径	35 mm	气隙长度	0.7 mm	输入阻抗	> 20 Ω	励磁频率	10 kHz
转子内径	11.5 mm	输入电流	< 100 mA	输出阻抗	> 500 Ω	精度	±20′

为提高计算速度,模型选用频率为 1 kHz 的励磁电压代替实际 10 kHz 的电压频率。随着频率的升高,漏磁会逐渐增大,输出波形谐波成分增加。因此用低于实际的励磁频率进行的仿真计算结果会稍有不同,但当计算用励磁频率不是过低时此影响可忽略不计。

空载性能仿真是指通入定子励磁绕组中的励磁电压为正弦电压,定子正、余弦绕组开路,此时为空载性能。

负载性能仿真是指通入定子励磁绕组中的励磁电压为正弦电压,定子正、余弦绕组端接模拟负载阻抗。

仿真计算得到某一时刻的磁感应强度分布,如图 5.7 所示。在图 5.7(c) 中,磁力线经过定子齿部进入气隙再回到转子凸极铁芯,其方向与直径方向一致,因此称该种旋转变压器为径向磁路磁阻式旋转变压器。 从磁感应强度数值可看出,该种结构的旋转变压器的磁负荷很低,这是由于输入和输出的电压值均为较低值,不存在磁路饱和的情况。因此该种旋转变压器在设计时,不需要考虑磁性

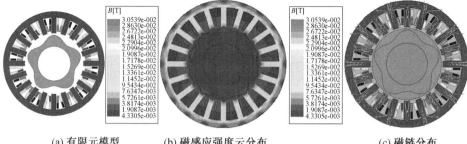

(a) 有限元模型　　　　(b) 磁感应强度云分布　　　　　　(c) 磁链分布

图 5.7　径向磁阻式旋转变压器 5 对极模型磁负荷

材料的饱和问题。

在选用旋转变压器的定、转子磁性材料时,只需考虑磁化特性曲线起始段的线性问题,起始段的非线性易导致气隙磁导中存在奇次谐波,影响输出精度,因此定、转子材料应保证磁化特性曲线的起始段线性好。

图 5.8 为仿真后的两相信号输出电动势,可见二者的包络线为正、余弦波形,幅值近似相同,且输出电动势的周期为转子转过 1 个凸极的时间。

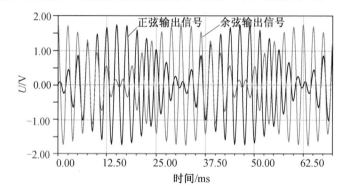

图 5.8　$P = 5$ 信号绕组输出电压波形

为分析输出精度,对仿真波形提取包络线后做傅里叶分解,图 5.9 为各次谐波的幅值,表 5.2 列出了各次谐波畸变率和总畸变率。

表 5.2　$P = 5$ 输出谐波畸变率对比分析

项目	基波	2 次	3 次	4 次	5 次	6 次	7 次	总畸变率
正弦相	1.000	0.005 3	0.015 3	0.005 4	0.012 2	0.005 0	0.009 7	2.57%
余弦相	1.000	0.005 4	0.016 1	0.005 4	0.013 8	0.004 6	0.009 1	2.68%

根据表 5.2 中的数据分析可以看出,两相输出信号电动势的各次谐波畸变率基本一致。由于定子齿数为 $4P$,磁路是对称结构,可以有效滤除输出波形中的偶次谐波,在不存在工艺因素和安装误差的情况下,理论上输出电动势中不含有

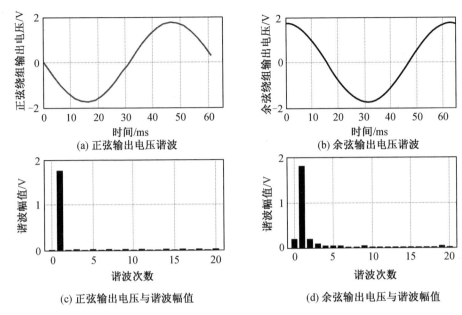

(a) 正弦输出电压谐波　　　　　　(b) 余弦输出电压谐波

(c) 正弦输出电压与谐波幅值　　　(d) 余弦输出电压与谐波幅值

图 5.9　$P = 5$ 输出电动势包络线波形和傅里叶分解

偶次谐波,但由于有限元软件仿真中的网格剖分不均匀以及励磁电压采样点有限等原因,因此输出电动势不对称,包含一定的直流分量和偶次谐波,但相对于奇次谐波畸变率较低。奇次谐波为主要谐波,其中 3 次谐波占基波的 1.6% 左右,占谐波畸变率的比重较大,5 次和 7 次谐波畸变率也较高,但畸变率逐渐降低,由于高次谐波的存在,输出电动势波形偏离正弦而产生函数误差,导致精度下降。

　　该结构旋转变压器两相输出波形畸变率在 2.6% 左右,输出电动势波形的正弦性不是很好。转换成细分误差如图 5.10 所示,在 360° 电角度内的最大电气误差为 ± 40′。没有达到要求的精度指标,不能提供精准的转子位置信号。该结构的旋转变压器误差含量普遍较大,需要通过对输出波形进行谐波提取分析从而对其进行相应结构参数方面的优化,以使输出波形正弦性良好,提高输出精度。

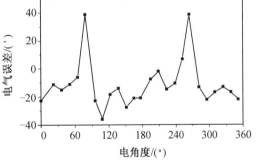

图 5.10　$P = 5$ 旋转变压器的电气误差

5.4.3 26 对极旋转变压器仿真分析

由于极对数的增加可提高输出精度,现对极对数为 26 的磁阻式旋转变压器进行仿真分析,其变压器仿真模型如图 5.11 所示,与其相配套的力矩电动机转子转速为 15 r/min,励磁绕组与信号绕组匝数比为 9∶80。得到信号输出波形如图5.12 所示。

图 5.11 $P = 26$ 仿真模型图

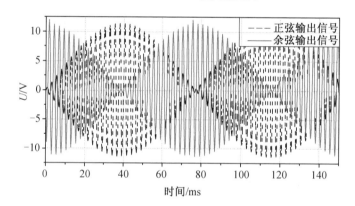

图 5.12 $P = 26$ 信号绕组输出电压波形

对仿真波形提取包络线后做傅里叶分解,图 5.13 为各次谐波的幅值,表 5.3列出了各次谐波畸变率和总畸变率。

表 5.3 $P = 26$ 输出谐波畸变率对比分析

项目	基波	2 次	3 次	4 次	5 次	6 次	7 次	总畸变率
正弦相	1.000	0.002 9	0.008 6	0.001 7	0.001 3	0.000 9	0.002 8	1.02%
余弦相	1.000	0.002 6	0.007 7	0.002 3	0.001 0	0.000 8	0.001 5	0.94%

从表 5.3 中的数据可见,26 对极的旋转变压器中 3 次谐波仍比其他次谐波畸变率高,此时 5 次谐波已经不明显。与表 5.2 中的数据对比可见,极对数增加、畸变率减小,波形的正弦性更佳,输出精度更高,对输出波形中的数据进行分析,得到输出精度已经在 $\pm 10'$ 以内,不需要进行结构优化即满足精度指标。

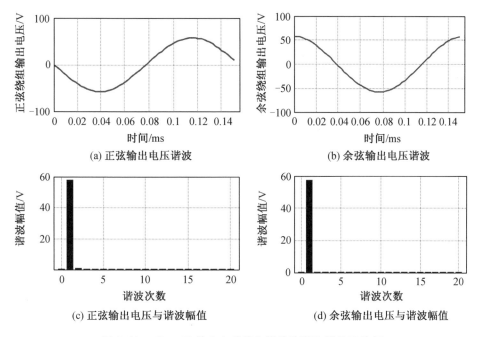

(a) 正弦输出电压谐波 　　　　　　　　　(b) 余弦输出电压谐波

(c) 正弦输出电压与谐波幅值 　　　　　　(d) 余弦输出电压与谐波幅值

图 5.13　$P = 26$ 输出电动势包络线波形和傅里叶分解

5.5　径向磁阻式旋转变压器的结构优化

旋转变压器的电气误差包括两相正交零位误差、两相幅值误差和函数误差。其中零位误差和两相幅值误差都是由于绕组安放不对称,或者定、转子安装偏心等工艺因素引起的误差,并非结构原理性误差,可以通过提高制造和安装工艺水平降低误差,在理想情况下构造旋转变压器模型,两相幅值误差和正交误差应该为零。而函数误差是旋转变压器的原理性误差,是由输出电动势中包含高次谐波引起的,误差大小主要取决于旋转变压器的物理参数,需要通过改变旋转变压器的定、转子结构尺寸进行优化。函数误差体现在输出电动势中的谐波畸变率上,输出电动势中的谐波畸变率越低,则函数误差越小,旋转变压器的精度越高。

上节对 5 对极和 26 对极旋转变压器进行仿真计算,其中 26 对极旋转变压器的输出满足了精度要求,而 5 对极旋转变压器的输出波形中畸变率较大,精度较低,需要进行结构优化提高精度。

5.5.1 转子正弦系数优化

转子正弦系数就是转子外圆的凸极形状中正弦成分的幅值大小,从直观上看就是凸极形状的深浅。

图 5.14 是 5 对极旋转变压器转子正弦系数不同时的转子冲片示意图。

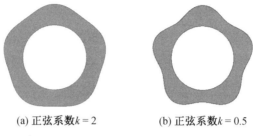

(a) 正弦系数 $k = 2$ (b) 正弦系数 $k = 0.5$

图 5.14 转子正弦系数不同时的转子冲片示意图

令旋转变压器的最小气隙保持 $0.7\,\text{mm}$ 不变,对上一节中给定尺寸的 5 对极旋转变压器进行转子正弦系数 k 的优化,令转子系数 k 的初值为 0.4,最大值为 2.0,k 的变化步长 Δk 设为 0.4。在有限元软件中仿真计算不同正弦系数下的旋转变压器模型,表 5.4 中列出了不同 k 值时的波形畸变率和相应的输出电压幅值。

表 5.4 $P = 5$ 时旋转变压器不同转子系数时的谐波分析数据

转子系数	0.4	0.8	1.0	1.2	1.6	2.0
峰值 /V	1.382 1	1.806 6	1.878 0	1.902 0	1.872 7	1.798 6
畸变率	0.026 4	0.026 6	0.026 7	0.026 7	0.026 4	0.025 7

图 5.15 绘制了不同转子正弦系数 k 时,输出电动势和波形的谐波总畸变率(Total Harmonic Distortion,THD)。从图中可以看出,信号绕组输出电动势随着正弦系数 k 值的增大波形的畸变率变化不大,在 2.6% 左右浮动,先缓慢上升后呈逐渐下降的趋势;而输出电动势峰值随着正弦系数 k 值的增大先是迅速增大,当 k 值增长到 0.8 到 1.2 区间时电动势基本保持不变,之后又随着正弦系数 k 值的增大呈线性缓慢下降。

不考虑谐波分量,假设气隙磁导与转子转角满足理想的函数关系:$\Lambda = \Lambda_0 + \Lambda_1 \cos P\theta$,转子正弦系数越大,基波磁导的幅值 Λ_1 越大,则磁通的基波分量的幅值 Φ_1 越大,根据信号绕组输出反电动势的计算公式可知此时输出电压会随之增大;但是转子的正弦系数增大,导致转子凸极的波谷处对应的气隙增大,使得部分磁力线不经过气隙和转子直接在定子齿间构成回路,导致漏磁增加,使得定、转子间匝链的主磁通减小,因此输出电压会随之减小。当转子正弦系数较小时,转子凸极的波谷处对应的气隙也较小,漏磁的影响不大,输出电压受基波磁导的幅值 Λ_1 的影响占主导因素,因此随着 k 的增加输出电动势几乎呈线性增长;随着转子正弦系数逐渐增大,漏磁产生的影响逐渐超过基波磁导的幅值的影响成为主导因素,使得输出电动势逐渐减小。

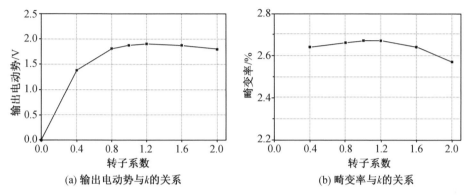

(a) 输出电动势与k的关系　　　　　　(b) 畸变率与k的关系

图 5.15　　输出电动势和波形的畸变率与转子系数的关系

由于漏磁随着转子系数的增大而逐渐增多,因此谐波畸变率逐渐增大,但是随着转子系数的增加,基波磁导变大,当基波畸变率的增加率大于各次谐波的增加率时,基波的比例会逐渐增大,波形畸变率逐渐减小。

根据仿真分析结果可知,要想得到较大的输出电压,并不一定要增加信号绕组的匝数,而可以在一定的区间内使正弦系数 k 值增大,但随之带来的弊端是漏磁影响逐渐严重,精度下降。因此在优化过程中应综合考虑二者的协调问题,使得信号电动势波形畸变率 THD 小到能够满足精度要求的同时,得到比较大的感应电动势。

由于最初的模型中转子系数为 2,根据图 5.15 中(b)所示,减小转子系数时,畸变率反而随之增大,不能达到提高精度的目的。

5.5.2　气隙长度优化

保持转子的正弦系数 k 值不变,改变定、转子之间的最小气隙长度 $\delta_{\min}$,令 $\delta_{\min}$ 从 0.4 mm 开始以 0.1 mm 为步长变化到 0.7 mm,观察输出电压和波形畸变率随气隙长度变化的关系。表 5.5 与表 5.6 分别列出了不同正弦系数下输出电压和波形畸变率与气隙长度的关系。

表 5.5　$P = 5$ 时旋转变压器不同转子正弦系数和气隙时的输出电压

气隙长度	转子正弦系数					
	0.4	0.8	1.0	1.2	1.6	2.0
0.4	3.568 0	4.230 0	4.262 9	4.213 3	4.003 3	3.750 4

续表

气隙长度	转子正弦系数					
	0.4	0.8	1.0	1.2	1.6	2.0
0.5	2.511 2	3.104 4	3.169 8	3.165 1	3.052 5	2.888 5
0.6	1.837 2	2.343 8	2.417 5	2.432 9	2.373 7	2.265 2
0.7	1.382 1	1.806 6	1.878 0	1.902 0	1.872 7	1.798 6

表 5.6　$P = 5$ 时旋转变压器不同转子系数和气隙时的谐波畸变率

气隙长度	转子正弦系数					
	0.4	0.8	1.0	1.2	1.6	2.0
0.4	0.026 1	0.026 2	0.026 3	0.026 5	0.026 5	0.026 1
0.5	0.026 3	0.026 5	0.026 6	0.026 7	0.026 6	0.026 1
0.6	0.026 4	0.026 6	0.026 7	0.026 7	0.026 5	0.025 9
0.7	0.026 4	0.026 6	0.026 7	0.026 7	0.026 4	0.025 7

由图 5.16 可以看出,随着气隙长度的减小输出电压逐渐增大,畸变率随着正弦系数增大而变化的拐点有逐渐向右偏移的趋势,从加工和安装因素考虑不宜选择气隙长度过小,而且从图中可见,当正弦系数选择合适时,气隙长度的增加并没有导致畸变率的增加。因此可根据实际情况选择合适的正弦系数和气隙长度的配合,获得满意的输出电压与精度。

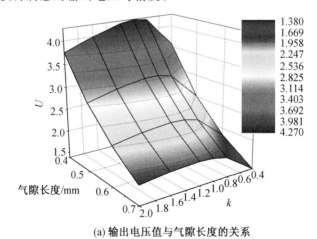

(a) 输出电压值与气隙长度的关系

图 5.16　不同 k 值下输出电压值和波形的畸变率与气隙长度的关系

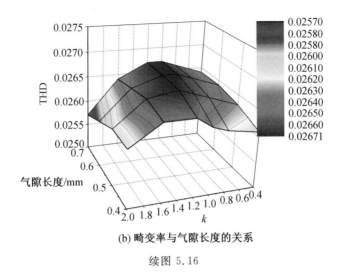

(b) 畸变率与气隙长度的关系

续图 5.16

5.5.3　转子函数优化

理想情况下,如果转子外圆的凸极形状设置为标准的正弦曲线,气隙磁导并不包含高次谐波,但实际工作中,气隙的边缘效应等原因导致气隙中含有高次谐波,磁场是个复杂的非线性量。因此需要通过对磁场问题的优化进而求得精确的凸极形状,从而得到理想的气隙磁导波形。

由仿真结果可知,影响输出电动势的主要因素是 3 次谐波的存在,因此转子形状优化的目的是消除输出电动势中的 3 次谐波,定义转子凸极函数为

$$S(\theta) = H\sin P\theta - H^* \sin 3P\theta \tag{5.37}$$

式中　　H——基波高度;

　　　　H^*——添加的 3 次谐波高度。

通过改变凸极中 3 次成分 H^* 的大小,求得不同 H^*/H 比值时 3 次谐波的畸变率,可得到 3 次谐波最小时的最优参数。由于仿真模型中 3 次谐波的畸变率为 0.015 3,据此可推断 H^*/H 应在 $[0,0.1]$ 区间,在该区间中选取特殊的 H^*/H 值对模型进行仿真计算,观察输出电动势中 3 次谐波的畸变率。图 5.17 为不同 H^*/H 时输出电动势中 3 次谐波的畸变率关系。

从图 5.17 中可以看出,3 次谐波的畸变率随着 H^*/H 的增加先减小后增大,当 $H^*/H = 0.033$ 时 3 次谐波的畸变率最低,为 0.47%,可知此时添加的 3 次谐波畸变率与原来气隙磁导中的 3 次谐波近似,相互抵消。而 H^*/H 继续增大,又会在气隙磁导中注入新的 3 次谐波,导致 3 次谐波畸变率逐渐增大。

当转子凸极函数中添加 3 次分量时,随着 H^*/H 改变,除 3 次谐波的畸变率有很大的改变外,5 次和 7 次谐波的畸变率也会有所变化,随着 H^*/H 的增加而

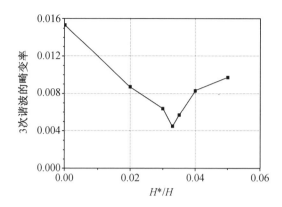

图 5.17　不同 H^*/H 时输出电动势中 3 次谐波的畸变率

逐渐增大。这是由于当 H^*/H 增加时,气隙磁场中的基波幅值会逐渐减小,使得 5 次和 7 次谐波的畸变率变大,但是其增加的幅度相对于 3 次谐波减小的幅度很微小,因此总的谐波畸变率的变化趋势与 3 次谐波的变化趋势相同。

　　根据优化图形可知,当 $H^*/H=0.033$ 时,输出电动势中 3 次谐波的畸变率最小,此时转子凸极函数为

$$S(\theta)=\sin P\theta-0.033\sin 3P\theta \tag{5.38}$$

　　此时信号绕组的输出电动势中谐波畸变率比优化前降低了 1.02%。精度满足 $\pm25'$,满足最初的精度指标。由此可见,减小输出波形畸变率一个简单有效的方法就是在转子凸极函数中添加 3 次谐波分量,一般 H^*/H 在 0.03～0.04,可以明显提高磁阻式旋转变压器的精度。

5.6　采用等匝结构绕组的磁阻式旋转变压器试验分析

　　旋转变压器试验平台主要是针对旋转变压器、感应同步器等高精度测角装置而搭建的测试平台,首先其测试精度要高于被测装置,一般包括高精度数字式精密光栅(光学分度头)、电桥、数字电压表、示波器等。

　　现以 26 对极旋转变压器为例进行试验。本试验平台为研究所陆永平老师、齐明老师自制的平台,其测角系统依靠研究所自制的干净度感应同步器进行测量。调节定、转子的位置,使其与转台在同一水平面上,并调节其同心度。安装完成后,接入旋转变压器的测试仪器如图 5.18 所示,系统的励磁信号为旋转变压器的励磁绕组提供正弦交流电,旋转变压器信号端口连接样机的信号输出绕组,通过设置转子极对数,系统自动将引入的信号电压转换成测量角度显示在屏幕上。而转子下方的刻度显示实际转子角度,如图 5.19 所示。

图 5.18　测角系统　　　　　图 5.19　转台刻度提供实际转子角度

样机旋转过 360° 机械角度时，共有 26 个零位，每经过 6°55′ 就有一个过零点，测得不同零位时的误差如表 5.7 所示。在一个电周期内测量角度细分误差如表 5.8 所示。

表 5.7　试验测得零位误差

零位	误差	零位	误差	零位	误差	零位	误差
0°	0	48°25′	−1′	96°50′	+4′	145°15′	+2′
6°55′	−3′	55°20′	+2′	103°45′	+2′	152°10′	0
13°50′	0	62°15′	+1′	110°40′	+5′	159°5′	+3′
20°45′	−2′	69°10′	+2′	117°35′	+3′	166°	+1′
27°40′	0	76°5′	0	124°30′	+5′	172°55′	+4′
34°35′	−2′	83°	+3′	131°25′	+2′	179°50′	+1′
41°30′	0	89°55′	+1′	138°20′	0		

表 5.8　试验测得细分误差

角度	误差	角度	误差	角度	误差	角度	误差
30′	1′46″	3°30′	0	6°30′	0	10°	−6′
1°	−8′	4°	5′	7°	3′	11°	6′
1°30′	−2′	4°30′	7′	7°30′	5′	11°30′	6′
2°	−6′	5°	5′	8°	3′	12°	4′
2°30′	−7′47″	5°30′	2′	9°	0	12°30′	0
3°	−5′45″	6°	0	9°30′	−4′		

由图 5.20 与图 5.21 可见，零位误差在 +5′ 到 −3′ 之间，最大误差为 8′，细分误差在 +7′ 到 −8′ 之间，最大误差为 15′。调整转子位置，人为将转子安装偏心，测量其角度误差如图 5.22 所示，与图 5.20 比较误差基本相同，可见该结构可以有效消除安装偏心导致的输出误差。

为减小角度误差，提高输出精度，图 5.23 为通过外电路调整输出电压幅值后的旋转变压器角度误差，由图可见调整后误差范围缩小到 9′。图 5.24 为将转子

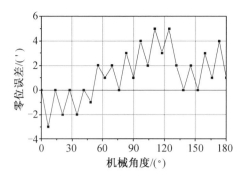

图 5.20   实测零位误差

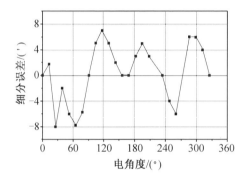

图 5.21   实测细分误差

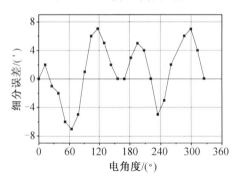

图 5.22   偏心时试验测得误差

轴向垫高后测得的角度误差,此时误差范围缩小到 9′ 左右。可见通过调整输出幅值和轴向垫高的方法可有效减小输出误差。

经过对转子进行优化后的细分误差曲线可见细分误差包含 2 次谐波和 4 次谐波成分,说明该结构旋转变压器的函数曲线中应包含 3 次谐波。该测试结果与有限元仿真结果大致接近。

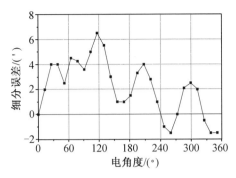

图 5.23　通过电路调整输出幅值后的误差

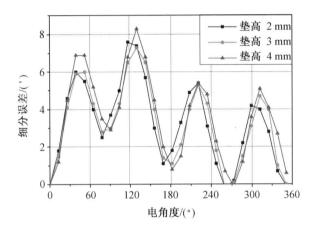

图 5.24　将转子轴向垫高后的误差

5.7　采用正弦绕组的磁阻式旋转变压器的有限元仿真计算

在机器人关节驱动系统中,通常需要高精度的磁阻式旋转变压器,如图 5.25 所示。通过上述分析,等匝绕组磁阻式旋转变压器对于需要精确定位的工业机器人来说已经不能满足精度要求。

此时需要采用正弦绕组的磁阻式旋转变压器作为位置传感器。本节对信号绕组采用正弦分布绕组的径向磁阻式旋转变压器建立模型并进行仿真计算,同时与同类型采用等匝绕组的磁阻式旋转变压器的输出波形进行对比研究。以 $\pm 30'$ 为精度指标,通过与结构优化后的采用等匝绕组的磁阻式旋转变压器的输出精度进行比较,研究该种绕组设计方案对提高转子凸极磁阻式旋转变压器精度的效果。研究绕组的不同设计对旋转变压器转子极对数的影响,分析定子齿

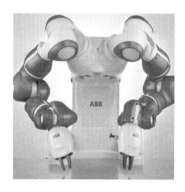

图 5.25　协作机器人需要精确位置检测

数与转子极对数的配合关系,并进行总结与推广。

5.7.1　正弦绕组结构的磁阻式旋转变压器的数学模型

以定子齿数 $Z_s=14$、转子极对数 $P=2$ 为例,进行旋转变压器的结构设计。

励磁绕组为等匝绕组,每齿均为 $N_m=30$ 匝,在 14 个定子齿上逐槽反向绕制,其匝数柱形图如图 5.26(a) 所示,其中正值表示正向绕制,负值表示反向绕制。

两相输出信号绕组则为沿正、余弦分布的不等匝绕组,其匝数在 14 个定子齿上成两个周期分布,由于此结构绕组单元槽数 Z_0 为奇数,因此需采用 Ⅲ 型绕组,第 i 个齿上绕组匝数为

$$N_{si}=N_s\sin\left[\frac{2\pi}{7}(i-1)+\frac{\pi}{4}\right] \tag{5.39}$$

相应地,余弦绕组应与正弦绕组正交,在第 i 个齿上绕组匝数满足函数关系:

$$N_{ci}=N_c\cos\left[\frac{2\pi}{7}(i-1)+\frac{\pi}{4}\right] \tag{5.40}$$

令正、余弦信号输出绕组的匝数基数 $N_s=N_c=51$,将正弦绕组(A 相)和余弦绕组(B 相)在各齿上绕组匝数绘制成柱形图,如图 5.26 中(b)、(c)所示,其中正值表示与同一定子齿上的励磁绕组绕向相同,负值表示与同一定子齿上的励磁绕组绕向相反。

通过式(5.39)、式(5.40)求取各定子齿上的正、余弦绕组匝数,取整后绘制定子齿上各绕组匝数及绕向图,如图 5.27 所示。

该旋转变压器绕组单元槽数 Z_0 为 7,分为两个重复单元。在每个单元中,对于正弦输出绕组,前 3 个定子齿上的绕向与励磁绕组绕向相同,后 4 个定子齿上的绕向相反,二者输出反电动势幅值相减即可得到一个单元的总输出反电动势。按顺序求得各定子齿上正弦绕组输出反电动势的表达式如下:

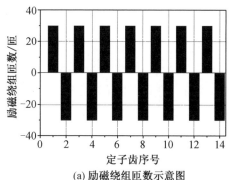

(a) 励磁绕组匝数示意图

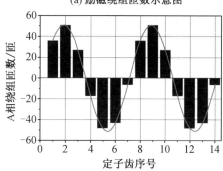

(b) 正弦信号绕组匝数示意图

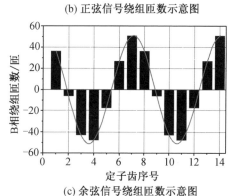

(c) 余弦信号绕组匝数示意图

图 5.26　励磁绕组与信号绕组匝数柱形图

$$U_{s1} = -\mathrm{j}\omega N_s \sin \frac{\pi}{4} N_m I_m (G_0 + G_1 \cos 2\theta) \tag{5.41}$$

$$U_{s2} = -\mathrm{j}\omega N_s \sin \left(\frac{2\pi}{7} + \frac{\pi}{4} \right) N_m I_m \left[G_0 + G_1 \cos \left(2\theta + \frac{2\pi}{7} \right) \right] \tag{5.42}$$

依此类推,将 14 个定子齿上正弦绕组输出反电动势累加,经计算后得出

$$U_s = 7\mathrm{j}\omega N_s NIG_1 \sin \left(2\theta - \frac{\pi}{4} \right) = K_s \sin \left(2\theta - \frac{\pi}{4} \right) \tag{5.43}$$

式中　K_s—— 常系数。

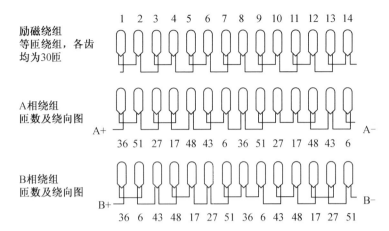

图 5.27　各定子齿上的励磁绕组与信号绕组匝数及绕向

用相同的方法可计算得出余弦绕组输出反电动势为

$$U_c = 7\mathrm{j}\omega N_s NIG_1 \cos\left(2\theta - \frac{\pi}{4}\right) = K_s \cos\left(2\theta - \frac{\pi}{4}\right) \tag{5.44}$$

由式(5.43)、式(5.44)可见,输出反电动势与转角 2θ 呈正、余弦关系的基础上存在一个角度偏移。这是由于绕组匝数设计时引入 $45°$ 电角度导致的,说明一号齿对应转子凸极轴线处时旋转变压器正弦输出信号并非过零点,因此应调整转子的初始位置,在转子旋转方向上逆向偏转 $45°$ 电角度即可,这是所有采用 Ⅲ 型绕组旋转变压器的固有现象。

5.7.2　正弦绕组结构的磁阻式旋转变压器的模型仿真与精度分析

在二维有限元中绘制该旋转变压器的仿真模型,如图 5.28 所示。

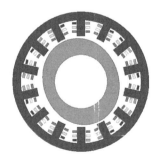

图 5.28　$P = 2$ 正弦绕组旋转变压器模型

由于绕组匝数设计时引入 $45°$ 电角度,对于该2对极旋转变压器,应调整转子的角度,使其凸极轴线在 y 轴上逆时针旋转 $22.5°$ 机械角度为初始位置,沿 y 轴正方向所对应的齿定为 1 号齿,齿号沿顺时针方向递推。正、余弦输出反电动势仿真波形如图 5.29 所示。

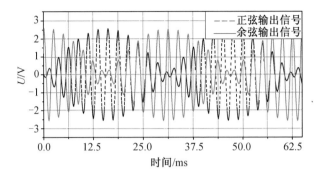

图 5.29　$P=2$ 正余弦绕组旋转变压器输出波形

　　为比较采用正弦分布信号绕组与等匝信号绕组结构的两种旋转变压器的输出精度,建立采用等匝信号绕组的 2 对极旋转变压器模型进行对比分析,令二者定、转子尺寸相同,定子为 $4P=8$ 个齿,励磁绕组逐槽反向绕制,匝数为 30,正、余弦绕组分别隔齿反向绕制,匝数均为 50。在二维有限元中绘制旋转变压器的仿真模型如图 5.30 所示,以转子凸极轴线在 y 轴上为初始位置,正、余弦输出反电动势仿真波形如图 5.31 所示。

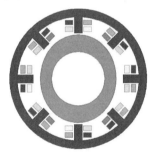

图 5.30　$P=2$ 等匝绕组旋转变压器模型

　　分别对上述两种模型的正、余弦输出反电动势信号提取包络线,并进行标准正、余弦函数拟合,比较输出信号波形与拟合函数的差值,绘制误差曲线分别如图 5.32 所示。对比可以看出,在不对转子凸极进行优化的情况下,采用正弦结构绕组的输出信号(a)、(b) 正弦性拟合很好,不存在明显的较低次谐波,误差很小,而采用等匝绕组的输出信号(c)、(d) 含有较大成分的 3 次谐波。

机器人关节用旋转变压器的现代设计方法

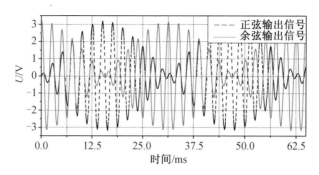

图 5.31　$P=2$ 等匝绕组旋转变压器输出波形

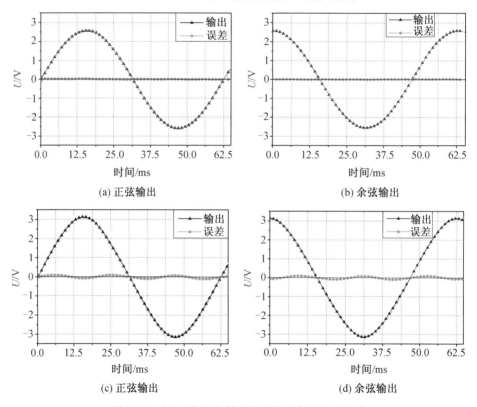

图 5.32　正弦绕组与等匝绕组输出信号波形拟合

5.7.3　正弦绕组与优化后的等匝绕组旋转变压器精度对比

由于旋转变压器采用正弦绕组会使加工工艺的复杂性增加,有时往往为了避免此缺点而采用等匝绕组结构的旋转变压器,并通过其他方法进行结构优化,也可获得较高的输出精度。本节针对采用正弦绕组与其他优化方法对提高输出精度的效果进行对比分析。

对上一节中采用等匝绕组的 2 对极旋转变压器进行结构优化,在转子波形中添加 3 次谐波成分,以尽可能地消除输出波形中的 3 次谐波,进而得到优化后的输出波形。对采用正弦绕组的旋转变压器输出波形与上述优化后的输出波形包络线进行傅里叶分解,提取各次谐波,如图 5.33 所示,可以明显看出采用集中等匝信号绕组的输出波形中 3 次谐波已经减小很多,但 5 次、7 次谐波畸变率仍较大,各次谐波畸变率如表 5.9 所示。

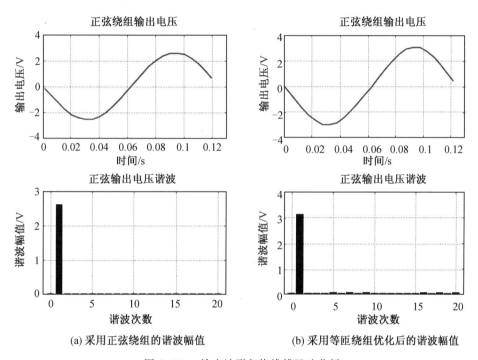

(a) 采用正弦绕组的谐波幅值　　　　(b) 采用等匝绕组优化后的谐波幅值

图 5.33　输出波形包络线傅里叶分析

表 5.9　输出谐波畸变率对比分析

项目	基波	2 次	3 次	4 次	5 次	6 次	7 次	总畸变率
正弦输出绕组	1.000	0.005 9	0.006 9	0.004 1	0.006 0	0.006 4	0.006 0	1.62%
等匝输出绕组	1.000	0.006 8	0.005 4	0.007 0	0.012 8	0.007 3	0.011 8	2.58%

　　从表 5.9 中谐波畸变率对比分析可以看出,采用正弦绕组旋转变压器的畸变率仍比优化后的采用等匝结构绕组的旋转变压器畸变率小,后者输出波形中的 5 次谐波和 7 次谐波占主要谐波分量,分别为 1.28% 和 1.18%。为比较输出精度,将仿真分析计算的输出波形的函数误差转换成角度误差,采用等匝信号绕组旋转变压器在优化前最大角度误差接近 2°,优化后的精度虽然比优化前有所提高,但最大角度误差在 45′ 左右,仍然不满足最初的精度指标,而采用正弦绕组

旋转变压器的最大角度误差为 27′。

由此可见,采用正弦分布绕组结构可以有效地大幅度提高精度,由于极对数较小的旋转变压器精度不是特别高,当采用转子优化等其他方法仍然不能使输出精度满足要求时,可选择采用正弦分布绕组。

5.8　采用正弦结构绕组的旋转变压器的极槽配合

上一节中信号绕组匝数按正弦分布,其绕向与励磁绕组的绕向相配合得到了 2 对极结构的旋转变压器,如果在不改变各齿上的信号绕组匝数的基础上,变换信号绕组的绕向,使其与励磁绕组的绕向配合,可以得到不同对极结构的旋转变压器。本节从上一节中旋转变压器的定子齿数与绕组分布入手,研究采用正弦结构信号绕组的旋转变压器在固定定子齿数的情况下可以获得的最大转子极对数,得出定子齿数与转子极对数的配合关系。

5.8.1　定子 14 齿的旋转变压器的极槽配合方案分析

仍取定子齿数 $Z_s = 14$,励磁绕组仍为逐槽反向绕制,正值表示正向绕制,负值表示反向绕制,信号绕组的匝数在 14 个齿中成两个周期的正弦分布,其柱形图与图 5.26 相同。不同的是,对于上一节中 $P = 2$ 的旋转变压器,信号绕组图中的正值表示与同一齿上的励磁绕组绕向相同,负值表示与励磁绕组绕向相反。现如今令信号绕组图中的正值表示信号绕组正向绕制,负值表示反向绕制,绕组结构图如图 5.34 所示。根据励磁绕组与信号绕组绕向的相同和相反可推断出此结构的旋转变压器是一个极对数为 5 的旋转变压器。

按照绕组设置方法,对旋转变压器的定、转子进行设计和优化,建立仿真模型,如图 5.35 所示。调整转子的初始位置,使转子的一个凸极的中心线在 y 轴正方向上逆时针旋转 9° 机械角度,这时正弦信号输出为过零点。图 5.36 所示为旋转变压器的输出波形,其包络线为正、余弦函数。

图 5.37 与图 5.38 所示为某一时刻该结构旋转变压器的磁力线分布和磁感应强度分布图,从图中可见其磁负荷很低,转子凸极对应的定子齿端磁感应强度最高,但也只为 0.08 T 左右,磁感应强度最低可达 0.005 T,如此低的磁感应强度并不存在磁性材料饱和情况。

对正、余弦输出反电动势信号提取包络线,并进行谐波分析,得到输出波形谐波畸变率如表 5.10 所示,从表中可见,该模型输出 2 次谐波畸变率较大,随着谐波次数的增大,相应谐波畸变率逐渐降低。可见对于 14 齿的旋转变压器,采用正弦分布信号绕组可以得到转子极对数为 5 的旋转变压器。

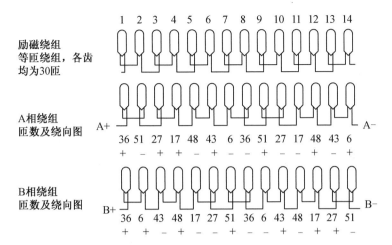

图 5.34 各绕组匝数及绕向图

图 5.35 $P = 5$ 正弦绕组旋转变压器模型

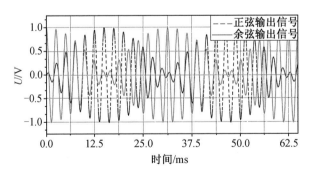

图 5.36 $P = 5$ 正弦绕组旋转变压器输出波形

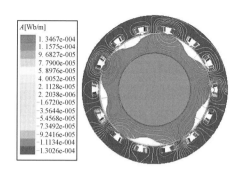

图 5.37　仿真模型磁力线分布

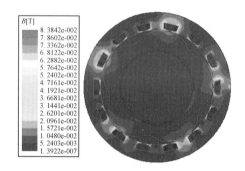

图 5.38　仿真模型磁感应强度

表 5.10　$P = 5$ 输出谐波畸变率对比分析

项目	基波	2 次	3 次	4 次	5 次	6 次	7 次	总畸变率
正弦输出绕组	1.000 0	0.021 2	0.005 5	0.007 0	0.002 0	0.003 7	0.002 7	2.47%
余弦输出绕组	1.000 0	0.015 9	0.003 8	0.005 0	0.002 3	0.003 0	0.003 1	2.04%

5.8.2　正弦绕组旋转变压器的极槽配合关系

上一节通过对定子 14 齿的旋转变压器进行绕组绕向的变化可以得到的转子极对数分别为 2 和 5,在设计旋转变压器时,为了使各个定子齿上 N、S 极交替出现,励磁组的绕向只能是逐槽反向绕制,因此只能通过改变信号绕组的绕向,使励磁绕组与信号绕组的绕向配合正反交替的周期越多,则对应的转子极对数越大。由此可见,对于定子齿数为 Z_S 的旋转变压器,若想得到最多的转子极对数,励磁绕组仍为等匝绕组,逐齿反向绕制在 Z_S 个齿上,而信号绕组的匝数在 Z_S 个定子齿上成两个周期的正、余弦分布,其中正值表示正向绕制,负值时表示反向绕制。按照此方案,可以得出定子齿数与能够获得的最大转子极对数的对应关系,列在表 5.11 中。

表 5.11　定子齿数与最大转子极对数的关系

Z_S	10	12	14	16	18	20	22	…
P_{max}	3	4	5	6	7	8	9	…

当 Z_S 过小时,信号绕组无法在 Z_S 个定子齿上顺利地完成两个周期正、余弦分布绕制,为保证正、余弦分布明显,至少应在 $360°$ 电角度内有 5 个齿,因此 Z_S 至少应选 10。对于固定定子最大尺寸的旋转变压器,可通过适当改变励磁与信号绕组的配合获得更多极对数的旋转变压器,以此提高输出;若想设计出极对数更少的旋转变压器,可尽量选取较小的 Z 值,从而减小旋转变压器的体积与质量。

对于以上的总结,定子齿数与最大转子极对数之间的关系满足

$$Z_S = 2(P_{max} + 2) \tag{5.45}$$

即对于给定的转子极对数,设计旋转变压器时应使定子齿数

$$Z_S \geqslant 2(P + 2) \tag{5.46}$$

为验证此结论的正确性,现在上述结论的极槽配合选取一例加以验证。以 $Z_S = 20$ 时,$P = 8$ 为例进行分析。

取定子齿数 $Z_S = 20$,励磁绕组仍为逐槽反向绕制,正值表示正向绕制,负值表示反向绕制,信号绕组的匝数在 20 个齿中成两个周期的正弦分布,由于定子每个重复单元 $Z_0 = 5$,因此是第 Ⅲ 型绕组,根据绕组设计公式 $\theta_0 = 45°$。其柱形图如图 5.39 所示,令信号绕组图中的正值表示信号绕组正向绕制,负值表示反向绕制。

由此绘制出励磁绕组与信号绕组绕向示意图,如图 5.40 所示,根据信号绕组与励磁绕组绕向的相同与相反可推测出按此绕组设计的旋转变压器应为 8 对极旋转变压器。

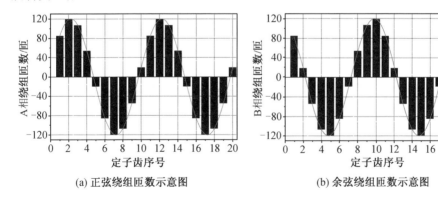

(a) 正弦绕组匝数示意图　　　　　(b) 余弦绕组匝数示意图

图 5.39　定子齿上绕组匝数柱形图

针对此定子齿数 $Z = 20$,转子极对数 $P = 8$ 的旋转变压器进行研究,励磁绕组匝数取为 35,信号绕组匝数基数取 $N_s = N_c = 120$。

通过理论计算可以得出该结构旋转变压器的正、余弦输出反电动势分别为

$$\begin{cases} U_s = K_s \sin(8\theta - \pi/4) \\ U_c = K_s \cos(8\theta - \pi/4) \end{cases} \quad (5.47)$$

可见信号输出反电动势在理论上是 8 对极结构的正、余弦函数。

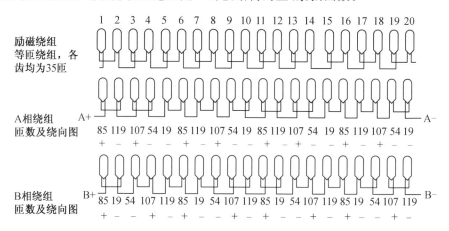

图 5.40 各定子齿上的励磁绕组与信号绕组匝数及绕向

为探究对于 Ⅲ 型绕组的设计过程中应偏移电角度 $\theta_0 = \pi/4$ 的结论,本次仿真建立了两种模型进行对比,两种模型的绕组设计分别存在和不存在 45° 电角度偏移。图 5.41 为两种仿真模型对比图,其中图 5.41(b)中绕组设计由于没有引入 45° 电角度,有 4 个定子齿的位置在正弦函数的过零点上,因此这 4 个齿上没有缠绕正弦绕组。而图 5.41(a)中没有定子齿在函数过零点上,因此各齿上均有三套绕组。

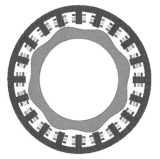 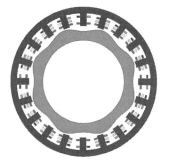

(a) 绕组设计存在 $\theta_0 = \pi/4$　　　　(b) 绕组设计不存在 $\theta_0 = \pi/4$

图 5.41 仿真模型对比图

由图 5.42 输出波形可见,该种结构的旋转变压器输出电角度为机械角度的 8 倍,是 8 对极结构的旋转变压器。对于图 5.42(b)中绕组设计不存在 $\theta_0 = \pi/4$,余弦输出信号分布均匀,而正弦输出的波形幅值不对称,存在恒定分量,误差较

大,严重影响输出信号精度,考虑到正弦绕组和余弦绕组的匝数是按照标准正弦波分布计算的,正弦绕组其中有 4 个齿的位置正好处于过零点处,没有绕线,这使得磁势阶梯状分布不均匀,影响输出信号波形。而余弦绕组每个定子齿上都有绕线,输出波形分布均匀,不存在偏移现象。对于图 5.42(a) 中绕组设计存在 $\theta_0 = \pi/4$ 时,信号输出波形则为标准的正弦波,不存在波顶偏移,由此可见,对于 Ⅲ 型绕组的设计中 $\theta_0 = \pi/4$ 是必要的。

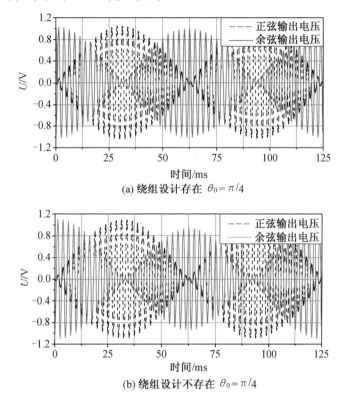

(a) 绕组设计存在 $\theta_0 = \pi/4$

(b) 绕组设计不存在 $\theta_0 = \pi/4$

图 5.42　输出波形对比图

通过上述仿真分析,对于定子齿数 $Z_S = 20$ 的旋转变压器,可以设计成 8 对极转子。而文献[27]中对定子齿数 $Z_S = 10$、转子极对数 $P = 3$ 的旋转变压器进行了研究与分析,说明了其可行性,在此不再进行验证。由以上分析可见,对于正弦分布信号绕组的旋转变压器的极槽配合关系总结正确,定子齿数与最大转子极对数之间的关系满足 $Z_S = 2(P_{max} + 2)$。

对于给定转子极对数(有精度要求)的旋转变压器,设计旋转变压器时应使定子齿数 $Z_S \geqslant 2(P + 2)$。定子齿数越少,则旋转变压器的体积越小,节省材料和空间。定子齿数按照采用正弦分布信号绕组的旋转变压器中定子齿数与最大转子极对数的配合关系式设计的旋转变压器,既可以减小尺寸、简化制作工艺,又可以获得更好的精度。但有时并不是定子齿数越少越好,对于极对数较少的旋转变压器,往往设计过程中为消除固定次数的谐波,而选取较多的定子齿数,因此在设计过程中应根据具体情况合理安排设计。

5.9　采用正弦分布结构绕组的磁阻式旋转变压器试验分析

对本章仿真分析中定子 14 齿、转子 5 对极的磁阻式旋转变压器的转子结构进行优化设计,按照优化后的参数制作成样机,搭建平台进行试验测试,试验样机如图 5.43 所示。

如图 5.44 所示将样机安装在转台上,转台上刻有机械角度值,最小刻度为 20′。刻度固定定、转子,调节水平度和同心度,搭建测试平台,调节定、转子的位置,使其水平且与转台在同一水平面上,并调节其同心度。用高精度测角系统为旋转变压器提供正弦励磁电流,并连接样机信号输出绕组,将信号电压转换成对应角度显示在屏幕上。试验中测量了一个电周期内的不同角度对应的函数值,列于表 5.12 中,将试验数据中不同角度对应的函数值绘制成曲线,进行标准的正弦函数拟合,得到不同角度对应的实测值与拟合函数之间的差值,即为函数误差。表 5.13 为试验测得的角度误差。

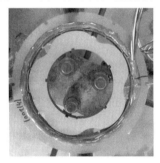

图 5.43　试验样机　　　　图 5.44　　测试平台

表 5.12　试验测量函数值

电角度 /(°)	函数值 /V	电角度 /(°)	函数值 /V	电角度 /(°)	函数值 /V	电角度 /(°)	函数值 /V
0	2.8	100	1 122	200	410	300	957
20	397	120	984	220	753	320	698
40	733	140	724	240	996	340	355
60	987	160	375	260	1 119	360	26
80	1 122	180	17	280	1 106	380	400

表 5.13　试验测量角度误差

电角度 /(°)	误差 /(')	电角度 /(°)	误差 /(')	电角度 /(°)	误差 /(')	电角度 /(°)	误差 /(')
0	$0'$	100	$-7.3'$	200	$-11.3'$	300	$-3'$
20	$-1.5'$	120	$-6'$	220	$-9.5'$	320	$-12'$
40	$-7'$	140	$0.5'$	240	$-3'$	340	$-11'$
60	$-12'$	160	$-2.5'$	260	$3.5'$	360	$-11'$
80	$-11.7'$	180	$-10'$	280	$2'$	380	$-1'$

　　图 5.45 与图 5.46 为数据处理后在一个周期内的细分误差与函数误差,可以看出函数误差呈两个周期分布,即输出电动势中含有 2 次谐波成分,这与仿真分析结果一致,而细分误差呈 3 次正弦变化。

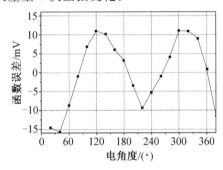

图 5.45　函数误差

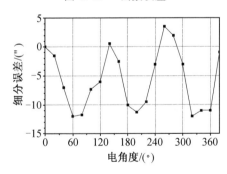

图 5.46　细分误差

　　在鉴幅测角方式中,系统是通过控制角度信号 φ_P 使函数

$$
\begin{aligned}
u_0 &= U_s \cos \varphi_P - U_c \sin \varphi_P \\
&= K U_m \sin \varphi \cos \omega t \cos \varphi_P - K U_m \cos \varphi \cos \omega t \sin \varphi_P \\
&= K U_m \sin (\varphi - \varphi_P) \cos \omega t
\end{aligned}
\tag{5.48}
$$

的幅值为零,此时 φ_P 等于转子转角 φ,即可得到此时转子的角度值。

　　当输出电动势中包含高次成分时,旋转变压器的输出电压表示为

$$\begin{cases} U_s = KU_m \cos \omega t (\sin \varphi + \varepsilon_{s\nu} \sin \nu\varphi) \\ U_c = KU_m \cos \omega t (\cos \varphi + \varepsilon_{c\theta} \cos \nu\varphi) \end{cases} \quad (5.49)$$

将式(5.49)代入式(5.48)中,此时

$$u_0 = KU_m[\sin(\varphi - \varphi_P) + (\varepsilon_{s\nu} \cos \nu\varphi \sin \varphi_P - \varepsilon_{c\nu} \sin \nu\varphi \cos \varphi_P)]\cos \omega t$$
$$(5.50)$$

因此角度误差为

$$\Delta = 0.5(\varepsilon_{s\nu} - \varepsilon_{c\nu})\sin(\nu+1)\varphi_P + 0.5(\varepsilon_{s\nu} + \varepsilon_{c\nu})\sin(\nu-1)\varphi_P \quad (5.51)$$

由上式可以看出,当函数误差中存在 2 次谐波时,引起的角度误差呈 1 次和 3 次正弦变化;而输出电压中存在 3 次、5 次谐波时,通常 $\varepsilon_{s3} = -\varepsilon_{c3}$,$\varepsilon_{s5} = \varepsilon_{c5}$,引起的角度误差呈 4 次正弦变化。试验中函数误差呈 2 次正弦变化,角度误差呈 3 次正弦变化,与理论分析相符合。

5.10 双通道共磁路粗精耦合磁阻式旋转变压器的结构优化设计

5.10.1 双通道粗精耦合磁阻式旋转变压器的结构及原理

双通道磁阻式旋转变压器是一种由精机通道和粗机通道共同构成的一种磁阻式旋转变压器。根据其是否共用一套磁路又可以分为独立磁路双通道磁阻式旋转变压器和共磁路磁阻式旋转变压器。

双通道粗精耦合径向磁阻式旋转变压器是一种集 1 对极旋转变压器与多对极旋转变压器于一体的新型结构的径向磁阻式旋转变压器,在旋转变压器的设计中,1 对极旋转变压器和多对极旋转变压器共用同一套定、转子铁芯,分别有自己的 1 对极信号绕组和多对极信号绕组,两套信号绕组共用一套励磁绕组,因此称为双通道共磁路粗精耦合径向磁阻式旋转变压器。1 对磁极的旋转变压器因其输出信号的精度低,因此称为粗机;多对极的旋转变压器输出信号的精度较高,被称为精机。精机绕组输出用于确定角度,粗机绕组输出用于定位零点位置即绝对位置。二者共同完成旋转变压器精确测量角度的功能。

5.10.2 双通道粗精耦合磁阻式旋转变压器的结构设计

双通道粗精耦合磁阻式旋转变压器由两部分组成:双通道共磁路定子和共磁路磁阻式转子。在双通道共磁路定子上同时绕有励磁绕组、粗机两相信号绕组和精机两相信号绕组。

此结构的旋转变压器定子内侧沿轴向开有 $4NP(P \geqslant 2,N$ 为正整数)个齿

槽,励磁绕组在定子齿上产生 N、S 极相间的磁场,逐槽反向地绕制在定子的 $4NP$ 个齿上。由于定子齿数应为转子极对数的 4 倍,则精机选取最多极数为 NP,其缠绕方式与普通的 NP 对极径向磁阻式旋转变压器的缠绕方式相同,两相信号绕组隔槽反向绕制在 $4NP$ 个齿上;为了获得绝对的位置信息,粗机的极对数选择只能为 1 对极,此时按次序将定子上每相邻的 NP 个齿作为一组绕组齿,共有 4 组绕组齿。粗机的正、余弦绕组间隔地绕制在 4 组绕组齿上。缠绕于每个齿上的粗机与精机的正、余弦绕组均为等匝绕组,且精机信号绕组设置于励磁绕组与粗机信号绕组之间。

　　图 5.47 为 1 对极与 2 对极耦合的共磁路双通道旋转变压器定子绕组结构,定子上共有 8 个绕组齿,图中只画了局部图。励磁绕组逐槽反向串联缠绕在定子齿上,产生交替的 N、S 极。精机 2 对极的两相信号绕组各自间隔的各齿反向串接,粗机 1 对极信号绕组可以将相邻一组 N、S 极作为一组绕组齿,定子上共有 4 组绕组齿,粗机 A 相绕组在第 1、3 组绕组齿上分别与励磁绕组同向和反向串接起来,粗机 B 相绕组在第 2、4 组绕组齿上分别与励磁绕组同向和反向串接起来。这样粗机与精机极对数之比为 1∶2。

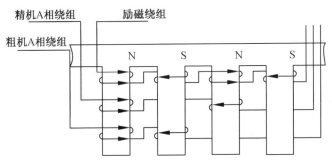

图 5.47　1 对极与 2 对极耦合的共磁路双通道旋转变压器定子绕组

　　图 5.48 是由 1 对极与 4 对极合成的共磁路双通道旋转变压器定子绕组结构,从绕组结构可以看出,精机绕组没有发生改变,而粗机信号绕组则采用相邻 4 个

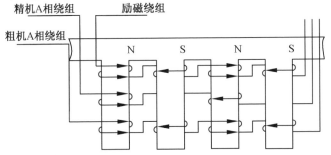

图 5.48　由 1 对极与 4 对极耦合的共磁路双通道旋转变压器定子绕组

齿上绕组串联起来。

双通道粗精耦合径向磁阻式旋转变压器的转子铁芯为多极波纹型结构,其结构是由采用磁场优化函数设计的 P 对极与 1 对极普通磁阻式旋转变压器的凸极转子沿轴线叠加合成而来,凸极型结构可以表示为 $Y = A_1 \sin(P\theta) + A_2 \sin\theta$。式中,$A_1$ 为精机信号正弦函数的幅值,A_2 为粗机信号正弦函数的幅值。当转子旋转时,气隙磁导依赖于定、转子之间的气隙长度大小随机械角度的变化,以此来改变输出信号的电动势幅值。图 5.49 给出了由 1 对极与 13 对极合成的共磁路双通道旋转变压器转子铁芯的波形合成示意图。从图中可以看出最终的合成铁芯轮廓是偏心和均匀变气隙结构的合成,最终造成了气隙的不均匀非对称分布。

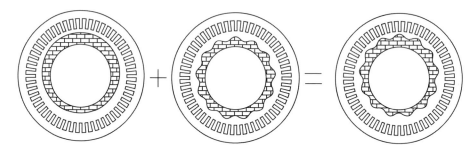

图 5.49　由 1 对极、13 对极合成的共磁路双通道旋转变压器转子铁芯

5.10.3　双通道磁阻式旋转变压器的基本原理

将转子外圆表面设计为包含 1 对极与多对极正弦成分的形状,则气隙磁导可以表示为

$$\Lambda = \Lambda_0 + \Lambda_1 \cos\theta + \Lambda_2 \cos P\theta \tag{5.52}$$

不考虑谐波影响时,每个定子齿下的励磁磁通的主要分量为

$$\Phi_i = \varphi_0 + \varphi_1 \cos\left[\theta + (i-1)\frac{2\pi}{Z_{\mathrm{S}}}\right] + \varphi_{\mathrm{P}} \cos\left[P\theta + (i-1)\frac{2P\pi}{Z_{\mathrm{S}}}\right] \tag{5.53}$$

因此粗机绕组各自的磁链可以表示为

$$\begin{cases} \psi_{\mathrm{s}1} = \displaystyle\sum_{i=1}^{P} N_1 \Phi_i - \sum_{i=2P+1}^{3P} N_1 \Phi_i \\[2ex] \psi_{\mathrm{c}1} = \displaystyle\sum_{i=P+1}^{2P} N_1 \Phi_i - \sum_{i=3P+1}^{4P} N_1 \Phi_i \end{cases} \tag{5.54}$$

精机绕组各自的磁链可以表示为

$$\begin{cases} \psi_{s2} \sum_{i=1,3,5,\cdots}^{4P-1} N_2 \,(-1)^{\frac{i-1}{2}} \varPhi_i \\ \psi_{c2} = \sum_{i=2,4,6,\cdots}^{4P} N_2 \,(-1)^{\frac{i-1}{2}} \varPhi_i \end{cases} ,P \geqslant 2 \qquad (5.55)$$

式中　　N_1——每对定子齿上粗机信号绕组的匝数；

　　　　N_2——每对定子齿上精机信号绕组的匝数。

将式(5.55)得出的每一个定子齿下的励磁磁通量代入式(5.55)中，经化简后可得

$$\begin{cases} \psi_{s1} = Z_{S1} N_1 \varphi_P \sin P\theta \\ \psi_{c1} = Z_{S1} N_1 \varphi_P \cos P\theta \end{cases} \qquad (5.56)$$

$$\begin{cases} \psi_{s2} = Z_{S2} N_2 \varphi_1 \sin \theta \\ \psi_{c2} = Z_{S2} N_2 \varphi_1 \cos \theta \end{cases} \qquad (5.57)$$

因此，粗机信号绕组与精机信号绕组的输出电动势可以分别表示为

$$\begin{cases} e_{s1} = -\dfrac{\mathrm{d}\psi_{s1}}{\mathrm{d}t} = -Z_{S1} N_1 \sin P\theta \,\dfrac{\mathrm{d}\varphi_1}{\mathrm{d}t} = -e_{m1} \sin P\theta \\ e_{c1} = -\dfrac{\mathrm{d}\psi_{c1}}{\mathrm{d}t} = -Z_{S1} N_1 \cos P\theta \,\dfrac{\mathrm{d}\varphi_1}{\mathrm{d}t} = -e_{m1} \cos P\theta \end{cases} \qquad (5.58)$$

$$\begin{cases} e_{s2} - \dfrac{\mathrm{d}\psi_{s2}}{\mathrm{d}t} = -Z_{S2} N_2 \sin \theta \,\dfrac{\mathrm{d}\varphi_1}{\mathrm{d}t} = -e_{m2} \sin \theta \\ e_{c2} = -\dfrac{\mathrm{d}\psi_{c2}}{\mathrm{d}t} = -Z_{S2} N_2 \cos \theta \,\dfrac{\mathrm{d}\varphi_1}{\mathrm{d}t} = -e_{m2} \cos \theta \end{cases} \qquad (5.59)$$

式中　　e_{m1}——粗机信号绕组感应电动势幅值；

　　　　e_{m2}——精机信号绕组感应电动势幅值。

5.11　双通道粗精耦合径向磁阻式旋转变压器的仿真分析

双通道粗精耦合径向磁阻式旋转变压器主要靠粗机输出信号提供准确零位置，由精机输出信号提供精确角度，现对精机极对数 $P=4$ 与粗机1对极合成结构的双通道粗精耦合径向磁阻式旋转变压器进行仿真分析，仿真模型中定、转子材料选取软件中自带的硅钢片材料，仿真模型如图 5.50 所示。

图 5.51 中给出了该种旋转变压器部分剖分示意图。精机绕组与粗机绕组和励磁绕组共同绕于定子齿上，从图中可见，气隙的非对称性是由于转子的偏心引起的。而偏心是因为转子形状的非对称性引起的，因粗机正弦波形与精机正弦波形相互叠加造成的。粗机1对极影响可以形象比喻成偏心的影响，造成对应位

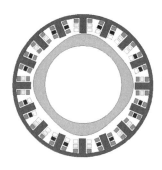

图 5.50　1∶4 粗精耦合径向磁路磁阻式旋转变压器

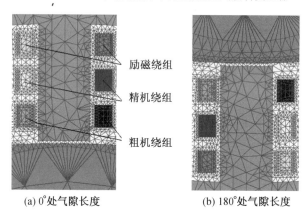

(a) 0°处气隙长度　　　　　　　　(b) 180°处气隙长度

图 5.51　对应 0°与 180°机械角度气隙长度变化

置下气隙的不等。

　　图 5.52 为 1 对极与 4 对极合成结构的双通道粗精耦合径向磁阻式旋转变压器的粗精机输出波形,从图中可见精机输出信号是较好的正弦波,而粗机输出信号波形则受到较大影响,这是由于精极与粗机共用同一励磁绕组及磁路,使粗机与精机电动势信号不能正常解耦。

　　粗机转子结构的存在对于精机来讲相当于是转子安装时存在偏心,多对极旋转变压器信号绕组对偏心的影响都有补偿作用,能够消除安装偏心误差,所以粗机转子结构对精机输出信号不会产生影响,但多极磁路对 1 对极信号的影响是比较严重的。从磁势的角度来说,精机信号绕组和转子结构的存在产生谐波成分叠加在粗机输出波形上,破坏了原有的正弦磁势的波形,使得粗机输出信号产生畸变,也直接影响到了共磁路旋转变压器的精度。

　　但是粗机的作用是用于确定转子的绝对位置,所以只需要提供一个角度范围即可,角度的精确值则由精机的输出电压决定。对于精机为 4 对极的耦合磁阻式旋转变压器,精机在 360°机械角度内有 8 个相同的幅值,因此需要粗机精度确定的角度范围在 45°内,平均下来应为 ±22.5°以内。图 5.53 为粗机在转子一周

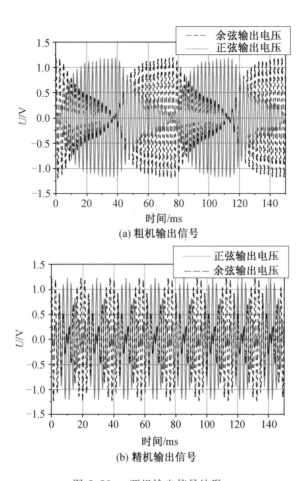

(a) 粗机输出信号

(b) 精机输出信号

图 5.52　　两组输出信号波形

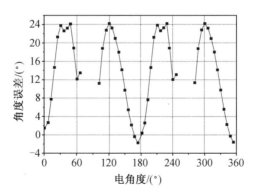

图 5.53　　粗机细分误差

转角内的角度误差,误差范围在 $+24°$ 到 $-4°$ 之间,超出了提供的角度范围,并且由于谐波畸变率较大,因此一些采样点电压值超出基波电压幅值,无法转换成角度信号,所以需要优化设计。

5.12 不同极对数配合对旋转变压器精度的影响

由于粗机输出信号主要用于定位零点位置以确定绝对位置信息,因此粗机输出波形存在一定的谐波成分是可以满足要求的,只需要适当地减小波形的畸变程度使其达到一定范围内即可,接下来主要研究精机的极对数对粗机波形的影响程度情况。

5.12.1 仿真分析及谐波提取

现取精机信号正弦函数的幅值与粗机信号正弦函数的幅值相同,即 $A_1 = A_2$,采用有限元时步法对精机极对数对粗机信号绕组输出感应电动势的影响进行计算,可以准确地计算出实时电动势波形。改变与粗机耦合的精机的极对数,使精机的极对数 P 值分别为 4、8、12、16、20、26 逐渐增加,观察随着精机的极对数增加,粗机输出信号波形的畸变程度的变化趋势。图 5.54 分别给出了采用该种方法计算得出相应的粗机信号绕组感应电动势的计算结果。

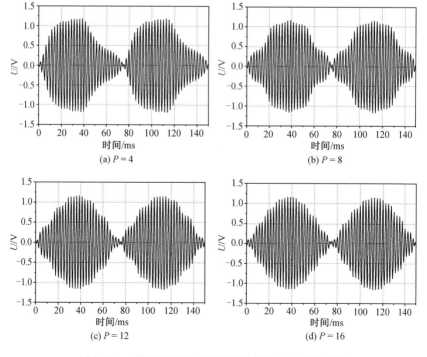

图 5.54　精机极对数不同时粗机的输出电动势信号

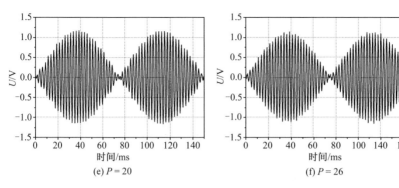

续图 5.54

从输出结果上可以看出，随着精机极对数 P 值的增加，粗机输出信号波形中的谐波电动势畸变率在减少，精机对粗机信号的影响程度在减弱，粗机输出信号波形逐渐接近正弦，为对双通道粗精耦合径向磁阻式旋转变压器精机结构对粗机波形的影响进行细致的分析，接下来用 Matlab 对得到的几组波形提取正弦波和余弦波，进而对提取的正、余弦波形进行谐波分析。

（1）$P=4$。

正、余弦波形提取与谐波分析图如图 5.55 所示，经分析得出，4 对极与 1 对极叠加合成结构产生的绕组波形中，正弦函数的畸变率为 THD_sin＝0.162 6，余弦函数的畸变率为 THD_cos＝0.155 0。从谐波分析的图形中可以看出，4 对极与 1 对极叠加合成结构的谐波成分主要为 3 次谐波和 5 次谐波。

（2）$P=8$。

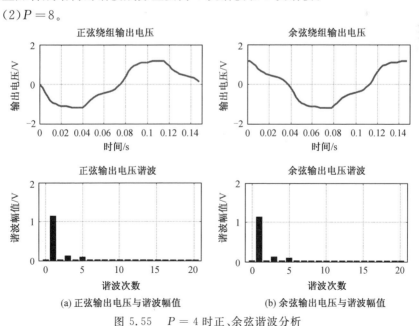

图 5.55　$P=4$ 时正、余弦谐波分析

正、余弦波形提取与谐波分析图如图5.56所示,经分析得出,8对极与1对极叠加合成结构产生的绕组波形中,正弦函数的畸变率为THD_sin=0.0909,余弦函数的畸变率为THD_cos=0.0860。从谐波分析的图形中可以看出,8对极与1对极叠加合成结构的谐波成分主要为7次谐波和9次谐波。

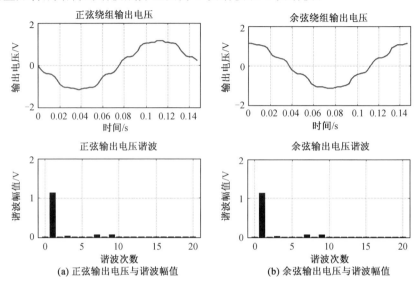

(a) 正弦输出电压与谐波幅值　　　　　(b) 余弦输出电压与谐波幅值

图 5.56　$P=8$ 时正、余弦谐波分析

(3)$P=12$。

正、余弦波形提取与谐波分析图如图5.57所示,经分析得出,12对极与1对极叠加合成结构产生的绕组波形中,正弦函数的畸变率为THD_sin=0.0653,余弦函数的畸变率为THD_cos=0.0531。从谐波分析的图形中可以看出,12对极与1对极叠加合成结构的谐波成分主要为11次谐波和13次谐波。

(4)$P=16$。

正、余弦波形提取与谐波分析图如图5.58所示,经分析得出,16对极与1对极叠加合成结构产生的绕组波形中,正弦函数的畸变率为THD_sin=0.0578,余弦函数的畸变率为THD_cos=0.0456。从谐波分析的图形中可以看出,16对极与1对极叠加合成结构的谐波成分主要为15次谐波和17次谐波。

(5)$P=20$。

正、余弦波形提取与谐波分析图如图5.59所示,经分析得出,20对极与1对极叠加合成结构产生的绕组波形中,正弦函数的畸变率为THD_sin=0.0525,余弦函数的畸变率为THD_cos=0.0373。从谐波分析的图形中可以看出,16对极与1对极叠加合成结构的谐波成分主要为19次谐波和21次谐波。

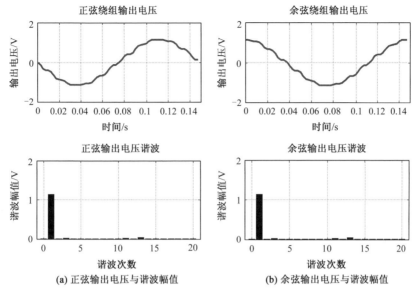

图 5.57　$P = 12$ 时正、余弦谐波分析

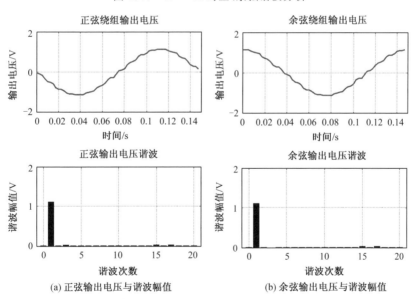

(a) 正弦输出电压与谐波幅值　　(b) 余弦输出电压与谐波幅值

图 5.58　$P = 16$ 时正、余弦谐波分析

（6）$P = 26$。

正、余弦波形提取与谐波分析图如图 5.60 所示，经分析得出，26 对极与 1 对极叠加合成结构产生的绕组波形中，正弦函数的畸变率为 THD_sin $= 0.045\,2$，余弦函数的畸变率为 THD_cos $= 0.033\,5$。从谐波分析的图形中可以看出，16 对极与 1 对极叠加合成结构的谐波成分已不太明显，主要为 27 次谐波。

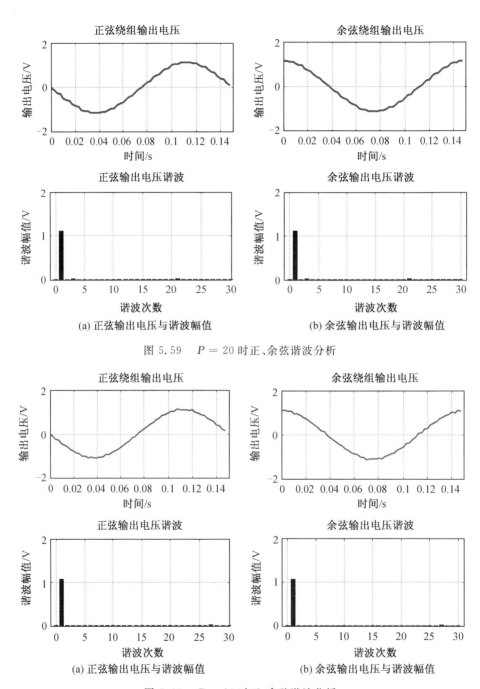

图 5.59　$P = 20$ 时正、余弦谐波分析

图 5.60　$P = 26$ 时正、余弦谐波分析

5.12.2   谐波成分及畸变率趋势对比分析

经过对 6 组结构的双通道粗精耦合径向磁阻式旋转变压器进行仿真分析其谐波畸变率,各波形中除了都含有较大成分的 3 次谐波(由 1 对极结构产生的谐波)以外,精机的输出信号谐波情况如表 5.14 所示。

表 5.14   不同 P 值的粗机对精机输出信号的影响

P	4	8	12	16	20	26
THD_sin	0.162 6	0.090 9	0.065 3	0.057 8	0.052 5	0.045 2
THD_cos	0.155 0	0.086 0	0.053 1	0.045 6	0.037 3	0.033 5
主要谐波次数	3、5	7、9	11、13	15、17	19、21	27

由表 5.14 中 6 组数据谐波主要畸变率分析可以看出,除了粗机 1 对极结构本身产生的 3 次谐波以外,精机谐波的主要成分集中在合成结构中多对极的极对数附近,主要为 $P-1$、$P+1$ 次谐波,接下来进行理论分析。

当考虑气隙磁通中的谐波分量和耦合项时,每个定子齿下的励磁磁通为

$$\Phi_i = \varphi_0 + \sum_{\mu'=1}^{\infty} \varphi_{\mu'1} \cos\left[\mu'\theta + (i-1)\frac{2\mu'\pi}{Z_s}\right] + \sum_{\mu=1}^{\infty} \varphi_{\mu P} \cos\left[\mu P\theta + (i-1)\frac{2\mu P\pi}{Z_s}\right] +$$

$$\sum_{\mu'=1}^{\infty} \varphi_{\mu'1} \sum_{\mu=1}^{\infty} \varphi_{\mu P} \cos\left[\mu'\theta + (i-1)\frac{2\mu'\pi}{Z_s}\right] \cos\left[\mu P\theta + (i-1)\frac{2\mu P\pi}{Z_s}\right] \quad (5.60)$$

因此每个定子齿下的励磁磁通的主要分量包含恒定分量、基波成分和 P 次成分,即主要分量为

$$\Phi_i = \varphi_0 + \varphi_1 \cos\left[\theta + (i-1)\frac{2\pi}{Z_s}\right] + \varphi_P \cos\left[P\theta + (i-1)\frac{2P\pi}{Z_s}\right] \quad (5.61)$$

除此之外,还包含基波成分和 P 次成分二者的耦合项

$$\varphi'_1 \cos\left[\theta + (i-1)\frac{2\pi}{Z_s}\right] \cdot \varphi'_P \cos\left[P\theta + (i-1)\frac{2P\pi}{Z_s}\right] \quad (5.62)$$

即

$$\Phi_i = \varphi_0 + \varphi_1 \cos\left[\theta + (i-1)\frac{2\pi}{Z_s}\right] + \varphi_P \cos\left[P\theta + (i-1)\frac{2P\pi}{Z_s}\right] +$$

$$\varphi'_1 \cos\left[\theta + (i-1)\frac{2\pi}{Z_s}\right] \cdot \varphi'_P \cos\left[P\theta + (i-1)\frac{2P\pi}{Z_s}\right] \quad (5.63)$$

整理得

$$\Phi_i = \varphi_0 + \varphi_1 \cos\left[\theta + (i-1)\frac{2\pi}{Z_s}\right] + \varphi_P \cos\left[P\theta + (i-1)\frac{2P\pi}{Z_s}\right] +$$

$$\frac{\varphi'_1 \varphi'_P}{2}\left\{\cos\left[(P-1)\theta + (i-1)\frac{2(P-1)\pi}{Z_s}\right] +\right.$$

$$\cos\left[(P+1)\theta+(i-1)\frac{2(P+1)\pi}{Z_S}\right]\Big\} \qquad (5.64)$$

由于正、余弦绕组的缠绕方式使得恒定分量和 P 次分量被抵消掉,因此合成结构波形中主要成分包括基波成分、$P-1$ 次谐波成分和 $P+1$ 次谐波成分。根据上一章对函数误差与角度误差次数的关系推导可知,$P-1$ 与 $P+1$ 次谐波函数导致角度误差中含有 P 次成分,而气隙磁导中的 3 次谐波等导致角度误差中含有 2 次成分,图 5.61 为精机 8 对极时粗机输出角度误差,明显含有 2 次和 8 次成分。

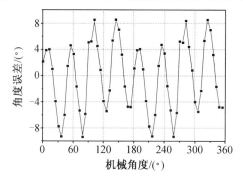

图 5.61   粗机 8 对极时精机角度误差

在图 5.62 中可以看出,随着合成结构中精机的极对数增多,输出波形的畸变率逐渐下降,角度误差也随之减小。表 5.15 为仿真计算中不同精机极对数对应的粗机角度误差和粗机需要确定的角度范围。从表中可以看出,粗机最大误差在要求满足的角度范围波动,容易导致显示绝对位置不准确,定位到下一个精机输出电压对应的机械角度。因此需要进行结构优化,以减小粗机输出中谐波畸变率,降低粗机角度误差范围,从而提高粗机精度。

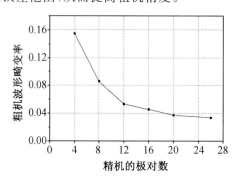

图 5.62   合成结构余弦波形畸变率对比

表 5.15　不同 P 值的粗机角度误差

P	4	8	12	16	20
角度误差 /(°)	$-4\sim+24$	$-9\sim+8$	$-5\sim+6$	$-5\sim+5$	$-5.5\sim+2.5$
确定角度范围 /(°)	±22.5	±11.25	±7.5	±5.625	±4.5

5.13　合成结构参数对旋转变压器精度的影响

5.13.1　转子合成结构叠加角度的影响

转子合成结构旋转变压器的转子结构是令 1 对极与 P 对极成分沿凸极的峰值轴线相叠加,即选择精机 0° 位置与粗机 0° 位置重叠的方式相互叠加,气隙处形状如图 5.63 所示。也可以选择精机 0° 与粗机 22.5°、45° 等相互叠加,可以得到不同的形状函数波形,经过电磁场有限元计算得到不同的信号绕组电动势波形。再通过对电动势波形的谐波分析,进行优化可以得到最佳叠加角。图 5.64 中给出了精机 4 对极与粗机 1 对极叠加角度不同时的粗机感应电动势信号波形,从图中可以看出叠加角度的不同导致最终精机对粗机影响不同。

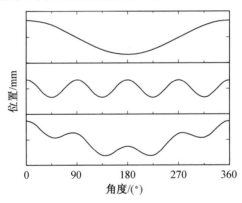

图 5.63　叠加角为 0° 时的气隙形状波形

由图 5.64 可见,旋转变压器转子合成函数沿轴向错过一定角度时含有的谐波与基波分量之间也会相差一定角度,粗机输出信号波形存在差异,不同的粗机波形会导致最大角度误差不同,若输出波形不能确定精机角度范围,则无法正常工作。

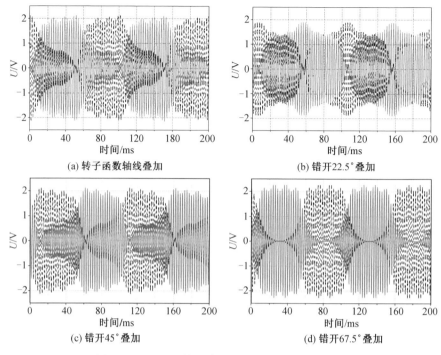

图 5.64　$P = 4$ 转子合成角度不同时的输出信号

5.13.2　转子合成结构峰值大小的影响

之前的仿真模型都是令精机信号正弦函数的幅值与粗机信号正弦函数的幅值相同,即 $A_1 = A_2 = 1$。现令粗机信号正弦函数的幅值 A_1 仍为 1,减小精机信号正弦函数的幅值 A_2,令 $k = A_2/A_1$ 逐渐减小,观察粗机的输出信号波形受到的影响,如图 5.65 所示。

通过图 5.65 中 4 组波形对比分析,可见当减小精机函数成分的畸变率时,粗机输出电压增大,同时更趋于正弦,此时精机的输出信号波形的幅值减小,同时对粗机输出信号的影响也相应减小,因此在固定精机极对数的情况下,可以通过适当选择粗精机函数幅值的比例,来达到既保证精机的输出波形幅值又满足粗机精度的要求。

表 5.16 为不同 k 值时粗机输出波形的最大角度误差,可以看出当 $k = 0.7$ 时,输出波形的误差已经在 $\pm 22.5°$ 以内,满足精度要求,若继续减小 k 值,将导致精机输出信号电压过小影响精度,因此对于不同精机极对数的配合,需选取合适的转子系数比,使粗机满足精度又尽量保证精机的输出精度。

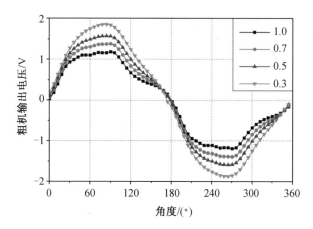

图 5.65　k 值不同时粗机输出波形变化

表 5.16　不同 k 值的粗机角度误差

k	1.0	0.7	0.5	0.3
角度误差 /(°)	$-2 \sim +24$	$0 \sim 22$	$2 \sim 20$	$5 \sim 17$

第 6 章

机械臂用 1 对极斜环型转子磁阻式旋转变压器原理

　　空间机械臂关节是机器人关节中各项性能参数要求较高的一种,是空间站重要的组成部分,对完成太空任务具有重要意义和作用。其要求定位准确,精度高,并要求中空结构,转动惯量小。应对这种需求,本章着重介绍一种特殊结构的具有低惯量、高精度的磁阻式旋转变压器。根据原理和结构的不同,磁阻式旋转变压器又可以分为等气隙磁阻式旋转变压器和不等气隙磁阻式旋转变压器两类。

　　不等气隙磁阻式旋转变压器也称为径向磁路磁阻式旋转变压器,通过改变气隙长度而达到改变磁路磁阻的目的。

　　等气隙磁阻式旋转变压器也称为轴向磁路磁阻式旋转变压器,通过改变耦合面积达到改变磁路磁阻的目的。这里,1 对极等气隙轴向磁路磁阻式旋转变压器也称为斜环形转子结构磁阻式旋转变压器。从转子导磁环的形状出发形象地阐述了该种旋转变压器转子构成。

　　磁阻式旋转变压器是一种利用磁阻效应的旋转变压器,它是通过转子在不同角度位置时,气隙磁导周期性变化导致气隙磁感应强度周期性变化,从而使得输出绕组的感应电动势周期性变化。一般可以通过改变定、转子之间的气隙长度或者耦合面积,达到改变气隙磁导变化的目的。若保持定、转子的耦合面积不变,依靠改变定、转子之间的气隙长度来改变气隙磁导,可称为不等气隙磁阻式旋转变压器;若保持定、转子之间的气隙长度不变,依靠改变定、转子之间的耦合面积来改变气隙磁导,可称为等气隙磁阻式旋转变压器。

　　本章主要研究 1 对极等气隙磁阻式旋转变压器的原理并建立其数学模型,同时通过解析方法和有限元方法进而分析其绕组特性和误差成因。

　　1 对极不等气隙磁阻式旋转变压器的一般结构如图 6.1 所示,转子上没有齿槽,内圆是同心圆,外圆可以是一个偏心圆,也可以是经过优化而得到的形状。从图中可以看出转子的周向厚度是不均匀的,一边厚,另外一边薄,从而使定、转子之间的气隙长度不均匀。励磁绕组和信号绕组都放置在定子上,励磁绕组是等匝集中绕组,正反相间串联。两相信号绕组也是等匝集中绕组,隔齿反相串联且空间上相互垂直。

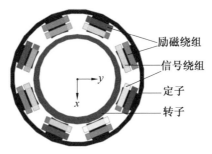

图 6.1　1 对极不等气隙磁阻式旋转变压器结构图

6.1　1 对极斜环形转子磁阻式旋转变压器结构与原理

6.1.1　磁阻变化原理

　　由磁导公式(6.1)看出,在转子转动过程中当气隙长度 g 保持不变,定子齿与转子的耦合面积按照正、余弦规律变化时,则气隙磁导按照正、余弦规律变化。若输入电压恒定不变,则磁势 F 不变,由磁路欧姆定律即式(6.2)看出磁链也按照正、余弦规律变化,再由电磁感应定律即式(6.3)看出输出电压也按照正、余弦规律变化。

$$\Lambda = \mu_0 \cdot \frac{S}{g} \tag{6.1}$$

$$\Phi = F \cdot \Lambda \tag{6.2}$$

$$e = -N \frac{\mathrm{d}\Phi}{\mathrm{d}t} \tag{6.3}$$

式中　　Λ——气隙磁导;
　　　　S——转子转动过程中,定、转子的耦合面积;
　　　　g——气隙大小;
　　　　μ_0——空气的磁导率;

Φ——磁通；

N——信号绕组匝数。

因此，在设计1对极等气隙磁阻式旋转变压器结构时，保证每个周期内定、转子之间耦合面积 S 随转子转角按正、余弦规律变化是设计1对极等气隙磁阻式旋转变压器的关键。设计出1对极等气隙磁阻式旋转变压器的二维装配图，如图6.2所示。从图中可以看出1对极等气隙磁阻式旋转变压器仍然主要由定子、转子、励磁绕组、信号绕组组成，但是与图6.1所示的不等气隙磁阻式旋转变压器的结构相比较，其结构更特殊。

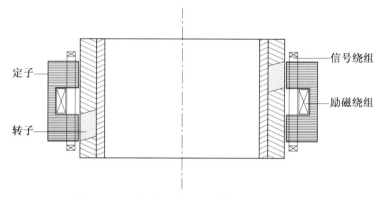

图6.2　1对极等气隙磁阻式旋转变压器结构图

1对极等气隙磁阻式旋转变压器的转子俯视图是圆环，侧视图是倾斜的平行四边形，转子在实际加工中是用两个平行的斜面切圆环剩下的倾斜环形转子，并嵌放在铝合金材料的圆环形轴套上，转子的三维图如图6.3所示；定子齿也不再是一个整体，而被分成三段，包含上齿、下齿及中间无齿的部分，如图6.4所示；励磁绕组和信号绕组都放置在定子上，转子上不放置绕组；励磁绕组只有一相集中绕组，并嵌放在定子上、下齿之间的无齿部分，信号绕组套在定子的上、下齿上，励磁绕组与信号绕组是垂直安放的，这样两者耦合面积较小，分布电容也较小，能够有效减小信号绕组输出电动势中的恒定电动势分量。

图6.3　1对极等气隙斜环转子磁阻式旋转变压器转子

轴向磁路磁阻式旋转变压器转子有斜环转子结构和正弦转子结构。图6.5所示为斜环转子结构，转子是由两个平行平面与圆柱形相贯而形成的。这种结

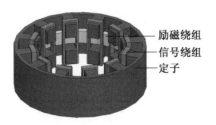

图 6.4　1 对极等气隙磁阻式旋转变压器定子结构

构最大的优点是便于加工,缺点是转子近似正弦造成精度降低。

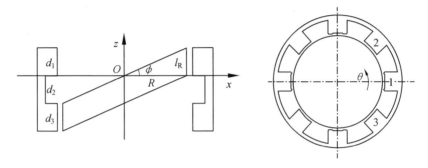

图 6.5　1 对极斜环转子结构等气隙磁阻式旋转变压器

　　图 6.6 所示为正弦转子结构,转子是正弦波带构成导磁环。其优点是正弦化程度高,精度高。缺点是加工困难。

　　从图 6.5 和图 6.6 可见,二者定子结构相同,转子导磁环形状略有不同,本节中会针对两种不同结构 1 对极转子原理与特性进行分析。

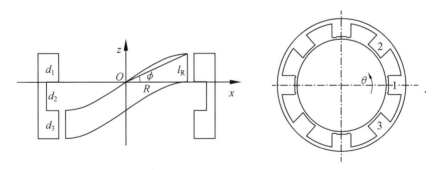

图 6.6　1 对极正弦转子结构等气隙磁阻式旋转变压器

6.1.2　1 对极斜环转子等气隙磁阻式旋转变压器数学模型

　　从磁阻变化原理可以看出,要分析等气隙磁阻式旋转变压器的磁导变化规律,必须首先分析定、转子之间耦合面积的变化规律。欲分析其耦合面积的变化规律,必须从等气隙磁阻式旋转变压器的结构开始分析。从等气隙磁阻式旋转变压器的结构中可以看出,转子与定子一个齿的耦合面积是转子同时与定子上、下齿的耦合面积之和。假设在某一时刻转子与上齿的耦合面积为 $S_\text{上}$,与下齿的耦合面积为 $S_\text{下}$,则该时刻转子与定子一个齿总的耦合面积为 $S = S_\text{上} + S_\text{下}$。该等气隙磁阻式旋转变压器是 1 对极的,机械周期等于电周期,转子每转过一个机械周期,耦合面积 S 周期性变化一次。因此,适当地设置坐标系,就能够保证转子转动一个机械周期时,耦合面积 S 将按照余弦规律周期性变化一次。

耦合面积 S 的变化规律取决于定、转子轴向尺寸以及转子的倾斜角。当定子齿的轴向长度为 $d_\text{上齿} = d_\text{下齿} = d_\text{中间} = l_\text{S}(\text{mm})$,且等于转子轴向长度 $l_\text{R}(\text{mm})$ 时,即 $l_\text{R} = l_\text{S}$ 时,耦合面积 S 完全按照余弦规律变化(详见第 3 章分析)。若选择了合理的尺寸,则每个定子齿与转子之间的耦合面积与转子转角呈严格的余弦函数关系,可以表示为

$$S = K \cdot \cos\left[\theta + (i-1)\frac{2\pi}{Z_\text{S}}\right] \tag{6.4}$$

式中　　K——比例系数,$K = \tan\beta \cdot R^2 \cdot \sin\dfrac{b}{2}$;

　　　　R——平均气隙半径;

　　　　β——转子倾斜角;

　　　　b——定子齿宽;

　　　　i——定子齿编号;

　　　　Z_S——定子齿数。

既然能够保证耦合面积是按照余弦规律变化的,通过对相关公式进行推导,则可以建立等气隙磁阻式旋转变压器的数学模型。

由上面的分析容易得到每个定子齿下的气隙磁导变化式为

$$\Lambda_i = \mu_0 \frac{S}{\delta} = \Lambda_1 \cos\left[\theta + (i-1)\frac{2\pi}{Z_\text{S}}\right] \tag{6.5}$$

每个定子齿下的励磁磁通为

$$\Phi_i = \Phi_1 \cdot \cos\left[\theta + (i-1)\frac{2\pi}{Z_\text{S}}\right] \tag{6.6}$$

由于定子励磁绕组是嵌在定子上、下齿中的一个等匝集中绕组,因此当输入的励磁电压不变化时,励磁磁动势就会不变化。根据正、余弦绕组采用等匝集中绕组的反向串联的连接方式,可以计算出正、余弦绕组分别匝链的磁链为

$$\begin{cases} \psi_{\mathrm{s}} = \displaystyle\sum_{i=1}^{Z_{\mathrm{S}}/4} N_2 \Phi_i - \sum_{i=Z_{\mathrm{S}}/2}^{3Z_{\mathrm{S}}/4} N_2 \Phi_i \\[4mm] \psi_{\mathrm{c}} = \displaystyle\sum_{i=Z_{\mathrm{S}}/4}^{Z_{\mathrm{S}}/2} N_2 \Phi_i - \sum_{i=3\pi/4}^{Z_{\mathrm{S}}} N_2 \Phi_i \end{cases} \tag{6.7}$$

将式(6.6)代入式(6.7),经过一定的化简,得到

$$\begin{cases} \psi_{\mathrm{s}} = Z_{\mathrm{S}} N_2 \Phi_1 \sin\theta \\ \psi_{\mathrm{c}} = Z_{\mathrm{S}} N_2 \Phi_1 \cos\theta \end{cases} \tag{6.8}$$

于是信号绕组的输出电动势可以表示为

$$\begin{cases} e_{\mathrm{s}} = -\dfrac{\mathrm{d}\psi_{\mathrm{s}}}{\mathrm{d}t} = -Z_{\mathrm{S}} N_2 \sin\theta \dfrac{\mathrm{d}\Phi_1}{\mathrm{d}t} = -e_{\mathrm{m}} \sin\theta \\[4mm] e_{\mathrm{c}} = -\dfrac{\mathrm{d}\psi_{\mathrm{c}}}{\mathrm{d}t} = -Z_{\mathrm{S}} N_2 \cos\theta \dfrac{\mathrm{d}\Phi_1}{\mathrm{d}t} = -e_{\mathrm{m}} \cos\theta \end{cases} \tag{6.9}$$

其幅值可以表示为

$$\begin{cases} E_{\mathrm{s}} = E_{\mathrm{m}} \sin\theta \\ E_{\mathrm{c}} = E_{\mathrm{m}} \cos\theta \end{cases} \tag{6.10}$$

因此,1 对极等气隙磁阻式旋转变压器以其定子和转子的特殊结构,可以实现信号绕组的输出电压幅值与转子转角呈正、余弦函数关系。

6.2　1 对极等气隙磁阻式旋转变压器的设计

1 对极等气隙磁阻式旋转变压器没有成型的设计程序,采用磁路设计方法进行设计时,相关参数和磁路近似或修正系数也没有经验可循。通过结合传统绕线式旋转变压器的磁路设计方法,再采用有限元法进行仿真分析以及误差优化进行精确设计,可达到结构设计和绕组设计的目的。

6.2.1　技术要求

本节以一台外径为 60 mm 的 1 对极轴向磁路磁阻式旋转变压器为例,对其磁路及绕组进行电磁设计。其技术数据如下:

(1) 额定电压 $U_{\mathrm{N}} = 6$ V;

(2) 频率 $f = 10$ kHz;

(3) 额定空载阻抗 $Z_{\mathrm{in}} = 221$ Ω;

(4) 电压比 $k_u = 0.5$;

(5) 机壳外径 $D_{\mathrm{K}} = 60$ mm;

(6)极对数 $P=1$；

(7)定子相数 $m_S=1$；

(8)转子相数 $m_R=2$。

6.2.2　主要尺寸设计及材料选择

选择等气隙磁阻式旋转变压器的主要尺寸,如表 6.1 所示。气隙长度选择 $g=0.3$ mm,因为气隙过大会使损耗增加、电压比减小以及电动机的利用率降低。

表 6.1　等气隙磁阻式旋转变压器的主要尺寸

参数	尺寸/mm
定子外径	56
定子内径	40
轭高	2
气隙长度	0.3
转子外径	39.4
转子内径	33
定子铁芯总长度	12
转子铁芯总长度	12

旋转变压器铁芯导磁材料的选择对其性能有很大的影响。1 对极等气隙磁阻式旋转变压器的定子和转子铁芯材料都采用硅钢薄板 DW540,因 DW540 的导磁性能好、饱和磁感应强度高且磁化曲线直线部分的线性度较好。

目前软磁合金应用于高性能电动机等电磁装置的案例越来越多。因软磁合金 1J22、1J50、1J79 等是具有良好磁性能和电气性能的磁性材料,其中 1J22 是现有软磁合金里具有最高饱和磁感应强度的铁钴钒软磁合金,其饱和磁感应强度最高(2.4 T),居里点也很高(最高 980 ℃)。旋转变压器工作在高频励磁状态,因此高性能软磁材料对其性能必定会有较大提高。

6.3　耦合面积与轴向尺寸关系解析推导

轴向尺寸分析主要是指在定子和转子的铁芯总长度确定后,进一步确定定子各段轴向长度和转子轴向长度。定子各段轴向长度和转子轴向长度的大小关系影响定、转子之间的耦合面积的变化,所以确定轴向尺寸是设计该种旋转变压器重要的一步。

　　假设定子内外半径分别为 $R_{S1}(mm)$、$R_{S2}(mm)$，定子齿长为 $l_t(mm)$，齿宽为 $b(rad)$，转子外半径为 $R_R(mm)$，气隙长度为 g（mm）保持恒定不变，并设定子一个齿的三段轴向长度分别为 $d_{上齿}(mm)$、$d_{下齿}(mm)$、$d_{中间}(mm)$，转子轴向长度为 $l_R(mm)$，转子的倾斜角为 $\beta(°)$。下面分三种情况分析定子三段轴向长度与转子轴向长度的选取对耦合面积的影响。

　　(1) 第一种情况。

　　假设 $d_{上齿} = d_{下齿} = d_{中间} = l_S(mm)$，转子轴向长度为 $l_R(mm)$，转子倾斜角为 $\beta(°)$，从以下几个方面进行分析。

　　① 当 $l_R = l_S$ 时，定、转子的位置关系如图 6.7(a) 所示，容易求解出转子的倾斜角为 $\beta = \beta_1 = \arctan(l_S/R)$。

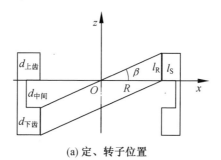

(a) 定、转子位置

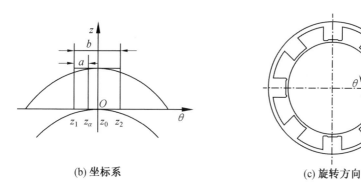

(b) 坐标系　　　　　　　　　　(c) 旋转方向

图 6.7　转子与定子位置关系及坐标系

　　若转子按照图 6.7 中(c) 所示逆时针方向旋转，并将定子齿 1 上齿的中心线与转子耦合长度最大的位置定为转子转动的起始位置，建立坐标系如图6.7(b) 所示，则此时转子与定子齿 1 上齿的耦合面积 $S_上$ 是最大的。将定子上齿分成 $2n$ 等份，每一份的大小为 $b/2n(rad)$，设任意一份距离定子齿中心线距离为 $\alpha(rad)$，当转子的旋转角为 $\theta(rad)$ 时，定子上齿中的每一份与转子的耦合长度 z_α 可以表示为

$$z_\alpha = \tan \beta_1 \cdot R \cdot \cos(\theta + \alpha), \quad -\frac{b}{2} \leqslant \alpha \leqslant \frac{b}{2} \qquad (6.11)$$

则当转子的旋转角为 $\theta(\mathrm{rad})$ 时,定子齿左右边线及中心线与转子的耦合长度可以表示为

$$\begin{cases} z_0 = \tan \beta_1 \cdot R \cdot \cos \theta \\[2mm] z_1 = \tan \beta_1 \cdot R \cdot \cos\left(\theta + \dfrac{b}{2}\right) \\[2mm] z_2 = \tan \beta_1 \cdot R \cdot \cos\left(\theta - \dfrac{b}{2}\right) \end{cases} \qquad (6.12)$$

式中　　R—— 平均气隙长度;

　　　　b—— 定子齿宽,单位是弧度;

　　　　z_0—— 转角为 θ 时,定子上齿中心线与转子的耦合长度;

　　　　z_1—— 转角为 θ 时,定子上齿左边线与转子的耦合长度;

　　　　z_2—— 转角为 θ 时,定子上齿右边线与转子的耦合长度;

　　　　z_α—— 转角为 θ 时,与中心线距离 α 弧度线与转子的耦合长度;

　　　　β—— 转子倾斜角;

　　　　θ—— 转子转角。

在转子转动的半个周期内,转子与定子上齿的耦合面积 $S_上$ 变化情况是从大到小、从有到无,示意图如图 6.8 所示。

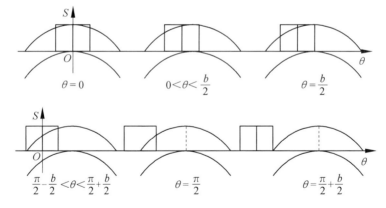

图 6.8　$l_R = l_S$ 时耦合面积的变化规律

转子与定子上齿的耦合面积 $S_上$ 具体计算式如下:

$$S_{\text{上}} = R \cdot \int z_a \cdot d\alpha = \begin{cases} 2\tan\beta_1 \cdot R^2 \cdot \sin\dfrac{b}{2} \cdot \cos\theta, & 0 \leqslant \theta \leqslant \dfrac{\pi}{2} - \dfrac{b}{2} \\[2mm] \tan\beta_1 \cdot R^2 \cdot \left[1 - \sin\left(\theta - \dfrac{b}{2}\right)\right], & \dfrac{\pi}{2} - \dfrac{b}{2} \leqslant \theta \leqslant \dfrac{\pi}{2} + \dfrac{b}{2} \\[2mm] 0, & \dfrac{\pi}{2} + \dfrac{b}{2} \leqslant \theta \leqslant \pi \end{cases}$$

$$(6.13)$$

转子与定子下齿存在的耦合关系是从 $\theta = (\pi - b)/2$ 时刻开始,耦合面积 $S_{\text{下}}$ 变化情况与 $S_{\text{上}}$ 相反,是从无到有、从小到大,具体计算式如下:

$$S_{\text{下}} = R \cdot \int z_a \cdot d\alpha = \begin{cases} 0, & 0 \leqslant \theta \leqslant \dfrac{\pi}{2} - \dfrac{b}{2} \\[2mm] -\tan\beta_1 \cdot R^2 \cdot \left[1 - \sin\left(\theta + \dfrac{b}{2}\right)\right], & \dfrac{\pi}{2} - \dfrac{b}{2} \leqslant \theta \leqslant \dfrac{\pi}{2} + \dfrac{b}{2} \\[2mm] 2\tan\beta_1 \cdot R^2 \cdot \sin\dfrac{b}{2} \cdot \cos\theta, & \dfrac{\pi}{2} + \dfrac{b}{2} \leqslant \theta \leqslant \pi \end{cases}$$

$$(6.14)$$

综合式(6.13)和式(6.14)可以得到半个周期内定子和转子的耦合面积为

$$S = S_{\text{上}} + S_{\text{下}} = 2\tan\beta_1 \cdot R^2 \cdot \sin\dfrac{b}{2} \cdot \cos\theta, \quad 0 \leqslant \theta \leqslant \pi \quad (6.15)$$

因此,每个周期内转子与定子一个齿的耦合面积按照余弦规律变化为

$$S = S_{\text{上}} + S_{\text{下}} = 2\tan\beta_1 \cdot R^2 \cdot \sin\dfrac{b}{2} \cdot \cos\theta = K\cos\theta \quad (6.16)$$

式中　　K——常数,$K = 2\tan\beta_1 \cdot R^2 \cdot \sin\dfrac{b}{2} \cdot \cos\theta$。

例如,设计定子上有 12 个齿,且取定子轴向长度和转子轴向长度为 $l_S = l_R = 5$ mm,$R = 19.85$ mm,得到倾斜角 $\beta_1 = 14.14°$。在 Matlab 软件中计算耦合面积的变化规律,如图 6.9 所示,其中,图 6.9(a)是半个周期内耦合面积 $S_{\text{上}}$、$S_{\text{下}}$ 的变化规律,图 6.9(b)是一个周期内总的耦合面积 S 的变化规律,比较两图可以得到每个周期内耦合面积均按照余弦规律变化。

② 当 $l_R > l_S$ 时,且定、转子的位置关系如图 6.10(a)所示的临界状态,旋转方向仍然按照逆时针方向,建立坐标系如图 6.10(b)所示。

假设此时转子的倾斜角为 $\beta = \beta_2$,计算转子倾斜角,当 $\theta = 0$ 时,$z_1 = z_2 = \tan\beta \cdot R \cdot \cos(b/2) + h_0 = l_S$,得到 $\beta = \beta_2 = \arctan\{2l_S/R \cdot [1 + \cos(b/2)]\}$。由图 6.10 可以得到偏移量为 $h_0 = l_R - l_R' = \tan\beta_2 \cdot R - l_S$。

则定子与转子的耦合长度表示为

$$z_a = \tan\beta_2 \cdot R \cdot \cos(\theta + \alpha) + h_0 \quad (6.17)$$

从而求得转子的旋转角为 θ 时,定子齿左右边线及中心线与转子的耦合长度

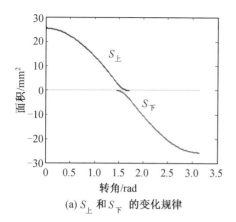

(a) $S_\text{上}$ 和 $S_\text{下}$ 的变化规律

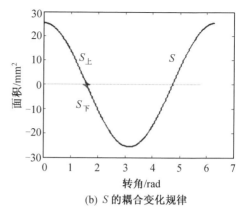

(b) S 的耦合变化规律

图 6.9　$l_R = l_S$ 时耦合面积的变化图

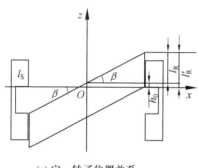

(a) 定、转子位置关系

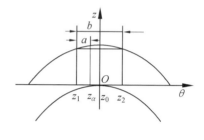

(b) 坐标关系

图 6.10　$l_R > l_S$ 时定、转子位置关系及坐标系

可以表示为

$$
\begin{cases}
z_0 = \tan \beta_2 \cdot R \cdot \cos \theta + h_0 \\
z_1 = \tan \beta_2 \cdot R \cdot \cos\left(\theta + \dfrac{b}{2}\right) + h_0 \\
z_2 = \tan \beta_2 \cdot R \cdot \cos\left(\theta - \dfrac{b}{2}\right) + h_0
\end{cases}
\tag{6.18}
$$

　　下式计算了倾斜角 $\beta = \beta_2$ 时,在转子转动的半个周期内,转子分别与定子上、下齿的耦合面积变化情况。转子与上齿的耦合面积变化规律也是从大到小、从无到有的过程,耦合面积 $S_\text{上}$ 的具体计算式为

$$S_{\pm}=\begin{cases} \displaystyle\int_{\frac{b}{2}-\theta}^{\frac{b}{2}} z_\alpha \cdot R \cdot \mathrm{d}\alpha + (b-\theta) \cdot R \cdot l_{\mathrm{s}}, & 0 \leqslant \theta \leqslant b \\[3mm] \displaystyle\int_{-\frac{b}{2}}^{\frac{b}{2}} z_\alpha \cdot R \cdot \mathrm{d}\alpha, & b \leqslant \theta \leqslant \dfrac{\pi}{2} + \arcsin\dfrac{h_0}{\tan\beta_2 \cdot R} - \dfrac{b}{2} \\[3mm] \displaystyle\int_{-\frac{b}{2}}^{\frac{\pi}{2}-\theta} z_\alpha \cdot R \cdot \mathrm{d}\alpha, & \dfrac{\pi}{2} + \arcsin\dfrac{h_0}{\tan\beta_2 \cdot R} - \dfrac{b}{2} \leqslant \theta \leqslant \\[3mm] & \dfrac{\pi}{2} + \arcsin\dfrac{h_0}{\tan\beta_2 \cdot R} + \dfrac{b}{2} \\[3mm] 0, & \dfrac{\pi}{2} + \arcsin\dfrac{h_0}{\tan\beta_2 \cdot R} + \dfrac{b}{2} \leqslant \theta \leqslant \pi \end{cases} \quad (6.19)$$

得到

$$S_{\pm}=\begin{cases} \tan\beta_2 \cdot R^2 \cdot \left[\sin\left(\theta+\dfrac{b}{2}\right) - \sin\dfrac{b}{2}\right] + h_0 \cdot R \cdot \theta + (b-\theta) \cdot R \cdot l_{\mathrm{s}} \\[3mm] 2 \cdot \tan\beta_2 \cdot R^2 \cdot \sin\dfrac{b}{2} \cdot \cos\theta + h_0 \cdot R \cdot b \\[3mm] \tan\beta_2 \cdot R^2 \cdot \left[1 - \sin\left(\theta-\dfrac{b}{2}\right)\right] + R \cdot h_0 \cdot \left(\dfrac{\pi}{2}+\dfrac{b}{2}-\theta\right) \\[3mm] 0 \end{cases}$$

$$(6.20)$$

同样在转子转动的半个周期内,转子与定子下齿的耦合面积 S_{F} 变化规律与 $S_{\pm}$ 是相反的,是从无到有、从小到大的过程,耦合面积 S_{F} 的具体计算式为

$$S_{\mathrm{F}}=\begin{cases} 0, & 0 \leqslant \theta \leqslant \dfrac{\pi}{2} - \arcsin\dfrac{h_0}{\tan\beta_2 \cdot R} - \dfrac{b}{2} \\[3mm] \displaystyle\int_{-\frac{b}{2}}^{\theta-\frac{\pi}{2}} z_\alpha \cdot R \cdot \mathrm{d}\alpha, & \dfrac{\pi}{2} - \arcsin\dfrac{h_0}{\tan\beta_2 \cdot R} - \dfrac{b}{2} \leqslant \theta \leqslant \\[3mm] & \dfrac{\pi}{2} - \arcsin\dfrac{h_0}{\tan\beta_2 \cdot R} + \dfrac{b}{2} \\[3mm] \displaystyle\int_{-\frac{b}{2}}^{\frac{b}{2}} z_\alpha \cdot R \cdot \mathrm{d}\alpha, & \dfrac{\pi}{2} - \arcsin\dfrac{h_0}{\tan\beta_2 \cdot R} + \dfrac{b}{2} \leqslant \theta \leqslant \pi - b \\[3mm] \displaystyle\int_{\frac{b}{2}+\theta-\pi}^{\frac{b}{2}} z_\alpha \cdot R \cdot \mathrm{d}\alpha - (b+\theta-\pi) \cdot R \cdot l_{\mathrm{s}}, & \pi - b \leqslant \theta \leqslant \pi \end{cases} \quad (6.21)$$

得到

$$S_{\text{下}}=\begin{cases}0\\ -\tan\beta_1 \cdot R^2 \cdot \left[1-\sin\left(\theta+\dfrac{b}{2}\right)\right]+R \cdot h_0 \cdot \left(\theta-\dfrac{\pi}{2}+\dfrac{b}{2}\right)\\ 2 \cdot \tan\beta_2 \cdot R^2 \cdot \sin\dfrac{b}{2} \cdot \cos\theta+h_0 \cdot R \cdot b\\ \tan\beta_2 \cdot R^2 \cdot \left[\sin\dfrac{b}{2}-\sin\left(\theta-\dfrac{b}{2}\right)\right]+h_0 \cdot R \cdot (\pi-\theta)\\ \qquad -(b+\theta-\pi) \cdot R \cdot l_{\text{S}}\end{cases}$$

$$(6.22)$$

综合式(6.20)和式(6.22)可以分析出,半个周期内定子与转子耦合面积 $S=S_{\text{上}}+S_{\text{下}}$ 不完全是按照正、余弦规律变化的,局部会发生畸变。仍然取数值 $l_{\text{S}}=5\text{ mm}$,$R=19.85\text{ mm}$,得到倾斜角 $\beta_2=14.27°$,在 Matlab 中作耦合面积图如图 6.11(a)所示,将(a)图局部放大得到(b)图,可以看出总的耦合面积发生畸变,不再按照正弦函数规律变化。

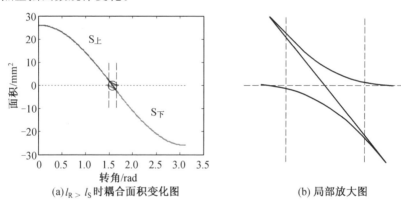

(a) $l_R > l_S$ 时耦合面积变化图   (b) 局部放大图

图 6.11 $l_R > l_S$ 时定、转子耦合面积变化图

③ 当 $l_R > l_S$ 且倾斜角为 $\beta>\beta_2$ 时,图 6.12(a)所示为定子与转子的耦合情况。当转子转角 $0\leqslant\theta\leqslant\theta_1$ 时,耦合面积不会变化,等于定子上齿的整个面积,当 $\theta_1\leqslant\theta$ 时,耦合面积才发生变化,因此耦合面积在转子转动的半个周期内不是按照正、余弦规律变化的。其计算原理与前面的一致,这里不再赘述,选择参数时不应该选择这种情况。通过建立有限元模型可以看出,输出信号波形会出现平定的现象,制作样机时此种情况不予考虑。

④ 当 $l_R > l_S$ 且当倾斜角为 $\beta_1<\beta<\beta_2$ 时,定、转子的位置关系如图 6.12(b)所示,面积要分为四段计算,计算过程同上。经过计算和作图分析,发现耦合面积也会出现不按照正、余弦规律变化的情形,只是畸变大小不是很明显,介于 $\beta=\beta_1$ 和 $\beta=\beta_2$ 之间。设计时,这种情况也不予考虑。

⑤ 当 $l_R < l_S$ 且倾斜角 $\beta<\beta_1$ 时,如图 6.12(c)所示。分析方法与前面一样,

不再赘述。经过分析计算可以得到这种情况下存在以下几个缺点:首先,要浪费掉一段定子材料不用;其次,经过计算会发现耦合面积也会出现不按照正、余弦规律变化,甚至不连续的情形。

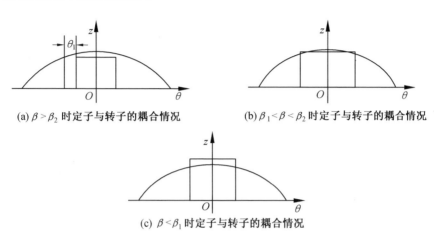

(a) $\beta > \beta_2$ 时定子与转子的耦合情况

(b) $\beta_1 < \beta < \beta_2$ 时定子与转子的耦合情况

(c) $\beta < \beta_1$ 时定子与转子的耦合情况

图 6.12　　定子上齿与转子轴向尺寸关系

总之,定子和转子轴向长度的设计问题是一个复杂的问题。在第一种情况下的各个计算分析结果表明设计 1 对极等气隙磁阻式旋转变压器时,轴向尺寸应该设计为定子三段轴向长度相等并且等于转子轴向长度,即 $d_{上齿} = d_{下齿} = d_{中间} = l_R$,才能保证耦合面积 S 与转子转角呈正、余弦函数。

(2)第二种情况。

假设定子三段的轴向长度不相等,即 $d_{上齿} = d_{下齿} = l_{S1} > d_{中间} = l_{S2}$,转子轴向长度为 l_R mm,转子倾斜角为 β,定、转子的位置关系如图 6.13(a)所示。按照定、转子轴向长度的大小关系,还可以再分为几种情况分析计算。该种情况的分析计算方法与第一种情况下的方法相同,在这里不再赘述,只给出结论。

经计算分析得到,在第二种情况下一个周期内耦合面积都不是按照正、余弦规律变化,因为上、下齿的耦合面积发生偏移,总的耦合面积发生畸变。选择合适的数值,计算出耦合面积,并在 Matlab 软件中仿真出耦合面积的变化示意图,如图 6.14(a)所示,可以看出转子与定子上、下齿的耦合面积发生偏移,总的耦合面积的大小不再按照正、余弦规律变化。因而在建立模型计算分析和设计样机轴向尺寸时不应该选择定子三段不相等。

(3)第三种情况。

仍然假设定子三段的轴向长度不相等,即 $d_{上齿} = d_{下齿} = l_{S1} < d_{中间} = l_{S2}$(mm),转子轴向长度为 l_R(mm),转子倾斜角为 β,定子与转子的位置关系如图 6.13(b)所示。该种情况的计算分析方法与第一种情况下的方法相同,这里不

再赘述,也只给出结论。

经过分析计算得到,在第三种情况下耦合面积也不再是按照正弦规律变化,而且当 $d_{上齿}=d_{下齿}=l_{S1}$ 比 $d_{中间}=l_{S2}$ 小很多时,耦合面积会出现不连续情况。设置适当的参数,计算出耦合面积,并在 Matlab 软件中仿真出耦合面积的变化示意图,如图 6.14(b) 所示,可以看出耦合面积已经不再是连续变化的,也就不是按照正、余弦规律变化的。因而在建立模型计算分析和设计样机轴向尺寸时也不应该选择这种情况。

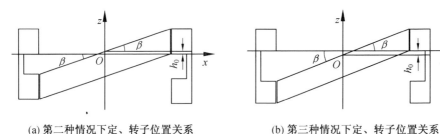

(a) 第二种情况下定、转子位置关系　　　　(b) 第三种情况下定、转子位置关系

图 6.13　定、转子位置关系

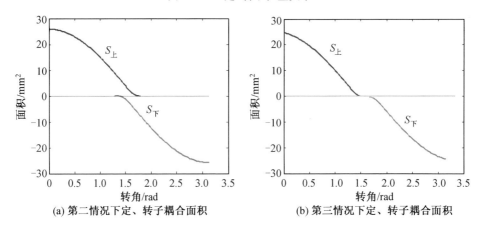

(a) 第二情况下定、转子耦合面积　　　　(b) 第三情况下定、转子耦合面积

图 6.14　定、转子耦合面积

综合以上三种情况的分析计算可以得到,只有当定、转子轴向尺寸选择 $d_{上齿}=d_{下齿}=d_{中间}=l_S=l_R$ 时,才能够保证耦合面积与转子转角成正、余弦函数规律变化,最终使得气隙磁导也按照正、余弦规律变化。因此在进行旋转变压器模型计算分析和样机设计制作时,一定要保证定子三段轴向长度相等并且等于转子的轴向尺寸。

6.4　绕组结构设计

为了使旋转变压器输出理想的电动势波形,必须合理地设计绕组的分布结构。由于该旋转变压器的转子本身含有正、余弦结构的特点,因此信号绕组不再需要采用同心式正弦绕组结构。若励磁绕组和信号绕组间的耦合面积大,分布电容就会大,进而产生干扰电压,尤其是在运行高频时,会使得旋转变压器输出电压中始终存在一个恒定电压分量,这样使得每个周期内输出电动势的两个半波不等。因此,要注意尽量设计出能够削弱或消除恒定电动势的绕组结构。等气隙磁阻式旋转变压器的励磁绕组设计成单相集中绕组,嵌放在定子的上下齿之间,如图 6.15 所示绕组分布图,因此励磁绕组的励磁方式只能采用单相励磁方式。两相信号绕组的匝数和连接方式都相同,对称地套在定子上、下齿上,空间位置相差 90°。从图 6.15 可以看出励磁绕组和两相信号绕组的空间位置相差 90°,这样就减小了励磁绕组和信号绕组之间的耦合面积,减小了分布电容,也就减小了信号绕组的剩余电动势,从而减小了误差。

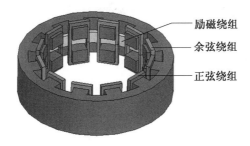

图 6.15　绕组结构分布图

6.5　1 对极等气隙磁阻式旋转变压器的电磁场分析

6.5.1　建立有限元模型

由于该种结构磁阻式旋转变压器轴向磁场的非对称性,必须建立三维模型才能准确描述旋转变压器的结构。三维模型包括所有的节点、单元、材料属性、边界条件以及其他表现这个物理系统的特征,其建立是一个比较复杂的过程,尤其对于几何结构不规则的图形,在这里简单介绍一下如何建立三维模型。

建立三维模型一般有两种方法,即间接建模法和直接生成法。间接建模法是将二维场中建立的平面模型导入三维场,经过拉伸得到三维实体模型;或者将 Rmxprt 中已经存在的电动机模型经过尺寸改变,得到所需要的模型,这种方法对于几何结构比较规则的图形较方便。直接生成法是在定义实体模型之前,首先确定每个节点的位置,每个单元的大小、形状和单元间的连接,通过布尔运算得到所需要的模型。直接生成法对小型和简单模型的生成比较方便,而且对于几何结构不太规则的图形使用也比较方便。

对于旋转变压器的有限元计算分析,设置适当的参数及建立正确的模型是关键。本节研究的 1 对极等气隙磁阻式旋转变压器的几何结构不太规则,尤其是转子的特殊结构,所以采用直接建模法。利用 Maxwell 3D 有限元分析软件建立的三维有限元模型如图 6.16 所示,为整体装配结构图。分别设定 1 对极等气隙磁阻式旋转变压器的各个部分材料属性:定子和转子为硅钢片 DW540;电动机轴为气隙;绕组为铜线;等等。

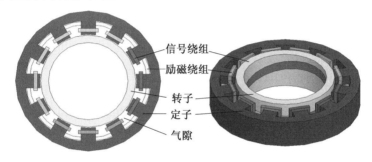

信号绕组
励磁绕组
转子
定子
气隙

图 6.16　等气隙磁阻式旋转变压器 3D 模型

6.5.2　确定边界条件

1 对极等气隙磁阻式旋转变压器内部的磁场是一个典型的三维场,对于其求解区域,需采用矢量磁位 A 对其内部的电磁场进行计算。

在计算区域内,采用直角坐标系,矢量磁位 A 满足方程:

$$\begin{cases} \dfrac{\partial^2 A_x}{\partial x^2} + \dfrac{\partial A_x}{\partial y^2} + \dfrac{\partial^2 A_x}{\partial z^2} = -\mu J_x \\[2mm] \dfrac{\partial^2 A_y}{\partial x^2} + \dfrac{\partial A_y}{\partial y^2} + \dfrac{\partial^2 A_y}{\partial z^2} = -\mu J_y \\[2mm] \dfrac{\partial^2 A_z}{\partial x^2} + \dfrac{\partial A_z}{\partial y^2} + \dfrac{\partial^2 A_z}{\partial z^2} = -\mu J_z \end{cases} \tag{6.23}$$

若认为磁场终止于求解区域的边界,即边界条件为

$$A = 0 \tag{6.24}$$

将泛定方程(6.23)和定解条件(6.24)联立,即可使等气隙磁阻式旋转变压器的磁场问题变成一个定解问题。通过三维有限元软件对其进行计算,即可得到电

动机内的磁场分布。

6.5.3　有限元网格剖分

有限元网格剖分是电磁计算过程中的重要一步,它直接影响有限元计算的精度。在剖分过程中,先用系统提供的剖分工具对物体进行粗略剖分,再针对研究对象加密剖分。

在等气隙磁阻式旋转变压器中,定、转子铁芯部分的相对磁导率较大,尽管所占空间较大,通常情况计算单元是不需过细剖分的。但是由于定子和转子的形状不规则,尤其是转子空间分布很不均匀,为了使剖分的四面体单元的各个边长度相差不大,有必要将定子和转子都细分。空气的磁导率较小,因此定子和转子之间的气隙部分是进行整个单元剖分和求解的关键部分,这部分需要较密的网格剖分。更值得注意的是网格也不能剖分得太密,要控制在计算机可计算范围内,因为所用的计算机的内存有限,否则会因占用的计算机资源太大,无法进行计算,这就造成了计算能力和计算精度之间的矛盾。等气隙磁阻式旋转变压器的剖分是在自动剖分的基础上,再针对主要研究对象即转子、定子和气隙加密剖分,得到网格剖分图,如图 6.17 所示。

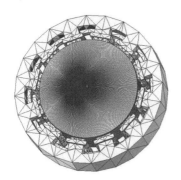
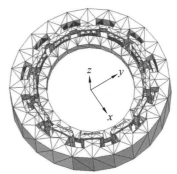

(a) 含有运动边界的剖分图　　　　　(b) 不含有运动边界的剖分图

图 6.17　等气隙磁阻式旋转变压器的有限元剖分图

6.5.4　磁链分布分析

1 对极等气隙磁阻式旋转变压器的磁链走向主要由电动机结构决定。对于前一节建立的有限元模型,设置适当的绕组匝数,并使励磁绕组中通入单相励磁正弦电流,两相信号绕组开路,经过电磁场有限元计算,得到某一时刻磁链的分布图,如图 6.18 所示,磁感应强度大小分布如图 6.19 所示。

经过分析可以看出,等气隙磁阻式旋转变压器的磁链仍然选择磁阻最小的路径,磁链从定子上齿(或下齿)出来,经过气隙进入转子,在转子中分为两条路

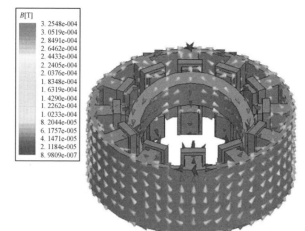

图 6.18　磁链分布图

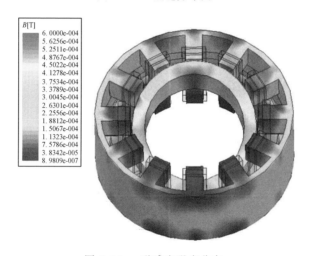

图 6.19　磁感应强度分布

径,沿着转子轭到达对面定子齿的下齿(或上齿)对应的气隙,然后进入定子齿,再经定子轭部回到原来的定子齿,形成闭合回路。由于转子的倾斜结构,整个磁链的走向像麻花。从图 6.19 磁感应强度的分布可以看出,等气隙磁阻式旋转变压器的磁负荷很低。

　　经仿真计算得到正、余弦绕组的输出电动势的波形,如图 6.20 所示,符合旋转变压器的正确波形。这就证明了 1 对极等气隙磁阻式旋转变压器设计原理的正确性以及结构设计、绕组设计的合理性。

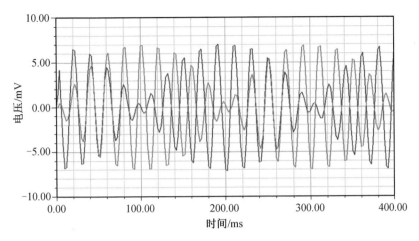

图 6.20　输出电动势波形

6.5.5　输出电动势波形分析

从计算的波形中取出各个电周期内计算的最大值点,作两相输出电动势的包络线,如图 6.21 所示。

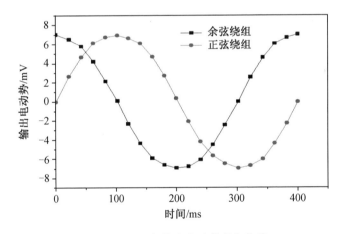

图 6.21　两相输出电动势的包络线

在 Matlab 软件中对该包络线做傅里叶分析,得到波形中各次谐波的畸变率,如表 6.2 所示。从表中分析得到,两相的输出波形中都含有相对较多的 2 次谐波和 3 次谐波成分,且各次谐波畸变率的大小基本相同,波形畸变率 THD 也基本相同(考虑到存在三维电磁场计算误差的影响)。国标中规定旋转变压器的 I 级函数误差为 0.05% 时正弦性良好,等同于波形畸变率 THD ≤ 0.01% 时波形的正弦性非常良好,因此可将信号绕组感应电动势的波形畸变率 THD=0.01% 作为判断正弦性良好与否的指标。从表 6.2 中看出两相的波形畸变率 THD＞6％，远大于波形畸变率 THD＝0.01％ 的指标，可以认为输出电动势波形的正弦性只是基本良好。因此以后的研究工作中还需要对等气隙磁阻式旋转变器进行结构参数方面的优化，以使输出波形正弦性非常好。

表 6.2　各次谐波的畸变率

两相	各次谐波的畸变率							总畸变率
	基波	2 次	3 次	4 次	5 次	6 次	7 次	THD
正弦相	1.00	0.037 6	0.053 5	0	0.004	0.000 6	0.003 7	6.56％
余弦相	1.00	0.045 3	0.045 6	0	0.004 4	0.002 2	0.005 5	6.47％

6.6　对影响精度因素的分析及试验研究

旋转变压器的主要技术指标是零位误差和函数误差精度。影响旋转变压器精度误差的因素除了设计因素外，还有制作工艺因素和装配因素。制作工艺因素主要是指绕组的安放位置对称与否，装配因素主要是指应用安装时转子或者定子相对于轴是否发生偏心等。本节主要应用电磁场有限元的方法计算分析制作工艺因素和装配因素对 1 对极等气隙磁阻式旋转变压器精度的影响。

应用电磁场方法对上述影响因素计算分析时，并不能直接得到旋转变压器的零位误差，各个因素对旋转变压器的影响最终体现在信号绕组的输出电动势上，使输出电动势波形发生畸变，即使输出电动势波形前后半波幅值不等，存在幅值误差。所以要通过分析输出电动势波形幅值误差的大小，间接得到各个因素对旋转变压器的零位误差的影响程度。

6.6.1　绕组位置不对称的影响

1 对极等气隙磁阻式旋转变压器的励磁绕组是一个多匝的集中绕组，嵌放在定、转子上、下齿之间，因此不会存在励磁绕组不对称放置的问题，这里所谓绕组位置不对称主要是指信号绕组安放位置的不对称。

假设定、转子都是在理想的状态，正弦绕组对称放置，余弦绕组中有一个不对称（如沿着 x 轴偏移 0.5 mm），在 Maxwell 3D 中建立 1 对极等气隙磁阻式旋转变压器有限元模型，如图 6.22 所示，仿真计算信号绕组不对称对精度误差的影响。正弦相和余弦相的计算结果如图 6.23 所示，由图中可以看出两相的幅值没有太大差别，正弦相前半周期的幅值为 7.012 mV，后半周期的幅值为

7.026 mV,幅值误差较小,考虑到计算误差的影响,可以认为幅值误差是可以忽略的。余弦相前半周期的幅值为7.052 mV,后半周期的幅值为7.046 mV,幅值误差也是较小,同样考虑到计算误差的影响时,也可以认为幅值误差是可忽略的。余弦相的平均幅值较正弦相的平均幅值稍微大一点,仅为0.43%,相对于不等气隙磁阻式旋转变压器的 4% 小一个数量级,因此信号绕组不对称带来的幅值误差较小。

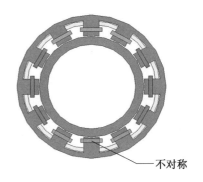

图 6.22   余弦绕组不对称的模型

进一步分析信号绕组不对称引起两相输出电动势幅值误差变化较小的原因,是由于励磁绕组和信号绕组在定子上是相互垂直放置,两者之间耦合面积小,就会存在非常小的分布电容,信号绕组的感应电动势中就会存在较少量的不随转子转角而改变的恒定非有效电动势。相对于 1 对极不等气隙磁阻式旋转变压器来说,这是一个很大的优点。因为 1 对极不等气隙磁阻式旋转变压器的励磁绕组和信号绕组之间耦合面积大,分布电容较大,非有效电动势也较大,所以信号绕组不对称会带来明显的幅值误差。

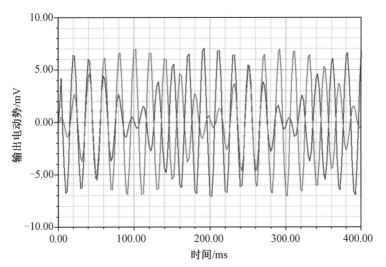

图 6.23   绕组不对称时输出感应电动势的波形

6.6.2　定子齿错位的影响

定子齿错位主要是指定子三段由于加工工艺不精确造成的定子上、下齿不对齐的现象。定子由三段组成,即上段、下段和中间段,这种结构要求加工时要三段分开加工,然后再用环氧树脂将它们粘贴到一块。粘贴时可能很难保证三者完全同心以及定子上、下齿完全对齐。定子齿不对齐的工艺误差有可能带来零位误差和函数误差,因此仿真分析该种加工工艺误差带来的影响是有必要的。定子上、下齿错位可以分为下面两种情况。

(1) 定子上、下齿错开一定的角度。是指定子三段同心黏合,而定子上齿与定子下齿错开了一定的角度,图 6.24 所示为定子上、下齿错开 δ(°) 的情况。错开少量的角度相当于转子的齿宽变窄了,因而定子与转子之间的耦合面积将会变小,由此输出电动势的幅值将会变小,但是波形不会改变,也不会带来误差。

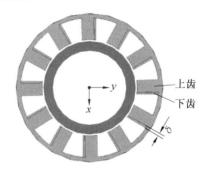

图 6.24　定子上、下齿错过一定角度的结构

(2) 定子上、下齿不同心。是指定子三段不同心黏合,定子的上齿(或下齿)相对于定子下齿(或者上齿)窜出一定的尺寸,图 6.25(a) 所示为定子下齿相对于上齿窜出 1 mm 的情况,这种情况会造成定、转子之间的气隙不再是等气隙的,如图 6.25(b) 所示。通过仿真分析可以得到定子上、下齿不同心时的输出电压波形,如图 6.26 所示,从图中可以看出两相的输出电压都存在较大的幅值误差,且两相的平均幅值不相等,幅值误差也不相等,因此这种工艺误差会产生较大的零位误差和函数误差,加工时要尽量避免。

(a) 定子上段相对下段窜出 1 mm

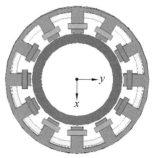

(b) 定子上、下齿错位致使气隙不相等

图 6.25　定子上、下齿不同心图

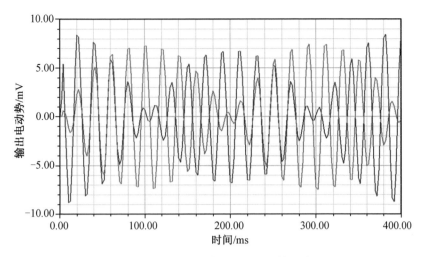

图 6.26　　定子上、下齿不同心时的输出波形

6.6.3　偏心对输出感应电动势信号的影响

定子偏心、转子偏心或者两者同时偏心是由于旋转变压器在测试或者运行时,没有妥善安装造成的。1 对极磁阻式旋转变压器的每一相信号绕组仅有一对绕组,没有同相绕组之间的补偿作用,使得 1 对极旋转变压器对偏心比多对极对偏心更敏感,一旦定子偏心或者转子偏心将会使得旋转变压器测角精度降低。但是安装偏心是经常发生的,甚至是难以避免的,因此有必要研究偏心对 1 对极等气隙磁阻式旋转变压器精度的影响程度。

偏心一般直接引起一相或者两相前后周期幅值不等,即幅值误差。幅值误差不能够直接反映零位误差的大小,必须通过一定的关系式间接计算出零位误差。假设一相的幅值误差是 ΔE,平均输出电动势幅值是 E,则幅值误差 ΔE 可以转化的零位误差 $\Delta \theta$ 大小为

$$\Delta \theta = \frac{3\ 437.75}{P} \times \frac{\Delta E}{E} \tag{6.25}$$

1. 转子偏心的影响

1 对极等气隙磁阻式旋转变压器的转子偏心是指定子与旋转轴同心,而转子相对于旋转轴发生偏心,如图 6.27 所示。

显然,转子偏心时,定子与转子之间的气隙就不再是等气隙的了,但是从磁链的分布来分析,磁链走定子齿 1 的上齿,经转子进入定子齿 2 的下齿,若转子沿着余弦绕组轴线偏心,由于转子的特殊结构形式,会对余弦绕组的输出产生相互的补偿作用,因此余弦绕组对偏心就不会太敏感。当转子转到正弦绕组下时,会产生与余弦绕组相同的效果。将转子偏心量设置为不同的数值,进行仿真计算

得到每一个量值下该模型中余弦绕组的输出电动势的幅值误差以及通过式(6.25)计算出零位误差,具体数值如表 6.3 所示。

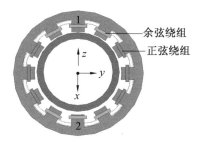

图 6.27　转子偏心示意图

表 6.3　有限元计算的等气隙磁阻式旋转变压器转子偏心量与零位误差的数据

转子实际偏心量 /mm	偏心量的相对值 /%	幅值误差 /%	零位误差
0	0	0	0
0.03	10	1.072	0°37′
0.06	20	1.617	0°56′
0.12	40	4.53	2°38′

以曲线形式直观表示,如图 6.28 所示。从图中可以看出零位误差与转子偏心量成正比关系。偏心量越大,零位误差越大,但是转子偏心对零位误差的影响并不是很大。因而进行旋转变压器安装试验时,应该尽量避免转子偏心。

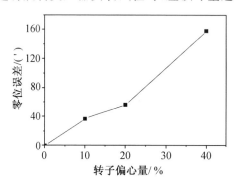

图 6.28　有限元计算的等气隙磁阻式旋转变压器零位误差与
　　　　　转子偏心量的关系

2.定子偏心的影响

定子偏心是指转子与旋转轴同心,定子相对旋转轴发生偏心的情况。假定定子沿着余弦相的轴线方向偏心,则每一个周期内,两相都会产生幅值不等的现象,只是余弦相的幅值误差较大,正弦相的幅值误差较小些。下面只分析余弦相的幅值误差随定子偏心量的变化情况。将定子的偏心量设置为不同的数值,进行仿真计算得到每一个量值下该模型中余弦相绕组的输出电动势的幅值误差以及通过式(6.25)计算出零位误差,具体数值如表 6.4 所示。

表 6.4　有限元计算的等气隙磁阻式旋转变压器两相零位误差与定子偏心量的关系

偏心量 /mm	相对偏心量 /%	幅值误差 /%		零位误差
0	0	0	0	0
0.03	10	正弦相	0.151 6	5.5′
		余弦相	0.234	8′
0.06	20	正弦相	0.255 4	9′
		余弦相	0.539 8	19′
0.10	33.3	正弦相	1.422 0	49′
		余弦相	2.376 0	1°22′

从表 6.4 中可以看出,定子偏心时两相信号绕组的输出电动势都存在幅值误差,正弦相幅值误差的变化量要比余弦相小,正弦相零位误差也较小。所以可以用余弦相的零位误差来确定该旋转变压器的零位误差等级。应用 Origin 软件将余弦相的零位误差的数据以曲线形式直观表示,如图 6.29 所示。从图 6.29 中可以看出偏心量越大,零位误差就越大。

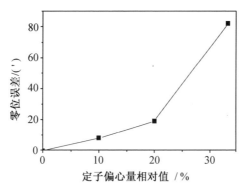

图 6.29　有限元计算的等气隙磁阻式旋转变压器零位误差与定子
偏心量相对值之间的关系

为了便于分析与比较,有限元计算得到的 1 对极不等气隙磁阻式旋转变压器关于定子偏心量对零位误差的影响程度的数据列于表 6.5 中,并绘制曲线关系图,如图 6.30 所示。

表 6.5 有限元计算的不等气隙磁阻式旋转变压器的定子偏心量与零位误差的关系

定子偏心量/%	幅值误差/%	零位误差
0	0	0
10	19.14	10°58′
20	39.25	22°30′
30	61.42	35°12′

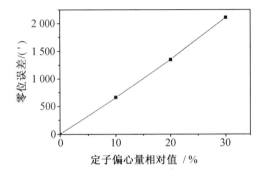

图 6.30 有限元计算的不等气隙磁阻式旋转变压器的定子偏心量
与零位误差的关系

比较图 6.29 与图 6.30 可以看出，定子偏心量的相对值相同时，1 对极等气隙磁阻式旋转变压器的零位误差要比 1 对极不等气隙磁阻式旋转变压器小很多。根据图 6.30 中所示的斜率，要想使 1 对极等气隙磁阻式旋转变压器达到国标规定的 Ⅲ 级精度要求，即零位误差小于 22′，则定子偏心量的相对值小于 20% 即可。而要想使 1 对极不等气隙磁阻式旋转变压器达到国标规定的 Ⅲ 级精度，定子偏心量的相对值应小于 3.33%。因此，1 对极等气隙磁阻式旋转变压器对定子偏心的敏感程度要比 1 对极不等气隙磁阻式旋转变压器小。这也是 1 对极等气隙磁阻式旋转变压器的一个突出优点。

6.6.4 试验研究

正、余弦旋转变压器作为伺服控制系统中的位置或者速度传感器，其最基本的特性就是空载时的输出电压与转子转角的关系，即输出特性。1 对极等气隙磁阻式旋转变压器的样机制作出来以后，需要对其进行试验测试。试验测试的目的是先验证其信号绕组感应电动势曲线的正确性，然后分析其实际输出电压曲线与理想输出曲线之间的误差，最主要的是零位误差的大小，并找到误差产生的原因。

图 6.31(a) 与 (b) 分别给出了 1 对极等气隙磁阻式旋转变压器的样机和试验

測試平台。

(a) 样机　　　　(b) 试验平台

图 6.31　样机和试验平台

欲使测试的结果如实地反映旋转变压器的情况,则测试系统的误差必须远小于旋转变压器的误差,一般要求测试设备的精度比被测旋转变压器的精度至少高半个数量级以上。测试系统的误差包括设备本身的误差、安装误差和干扰产生的误差等。测试旋转变压器性能的主要设备包括单相电源、测试架、位置测试设备、泰克示波器、惠普测试仪等。

单相电源用来提供测试时要求的电压和频率;测试架由转台和支架构成,转子放置在转台上旋转时,就类似于安装在旋转轴上,支架可以保证旋转变压器安装的可靠和调整的方便;位置测试设备主要是用来调节安装精度的,即调整定、转子以及转台的同心度和三者的水平高度,位置测试设备主要是分辨率为0.1″的光学分度头;泰克示波器主要用来测试旋转变压器的零位误差,在接地良好的情况下,可以分辨 1 mV 的电动势,即可能带来的零位测试的不准确度小于0.5′,满足测试要求;惠普测试仪主要用来测试旋转变压器输出阻抗的大小,不是直接测量而是通过测量开路输出电压和短路电流的值,间接地计算出输出阻抗。

测试前要完成以下准备工作:采用高斯计逐个检查各相绕组绕制方向是否正确;用惠普测试仪测量绕组直流电阻,并给各相绕组做出标记,以免测试时出错。旋转变压器的安装是测试前最重要的一环,由前面章节的仿真计算知道,安装不善会导致误差,因此对旋转变压器的安装要非常慎重。旋转变压器的安装过程是一个很复杂的、反复的过程,首先将转子放在转台上,调整转子与转台中心点的同心度,然后将定子放在支架上,调整定子的水平度和调整定子与转子的同心度,经过反复的调整,最终要使旋转变压器的定子、转子、转台的中心点三者同心,且定、转子在同一水平高度。安装误差越小,零位误差就越小,测试结果就会越精确。

安装完毕后,将旋转变压器的励磁绕组接在电压幅值为 6 V、频率为 10 kHz 的电源上,两相信号绕组分别接在示波器上,对其进行测试。测试的主要内容包

203

括测试函数误差和零位误差,测试方法如下。

(1)函数误差的测试方法。

测定函数误差时一般只对正弦绕组和余弦绕组中的一相进行测试,并且只测定一个周期即可,因为两相信号绕组的参数和绕制方法完全相同,并且对称放置。由于1对极等气隙磁阻式旋转变压器的电角度等于机械角度,所以可以将一周360°分成 N 份,并且在零位角度附近细分。应用与测试零位误差相同的方法,记录每一点处示波器对应的电压值。以角度值作为横坐标,电压值作为纵坐标,所描绘出的波形就是实际输出的电压波形。再将每一点处的电压值与该点的理论电压值相比较,取其中差值最大者作为旋转变压器的函数误差。

(2)零位误差的测试方法。

手动缓慢旋转转台,旋转变压器转子与转台同步旋转,先通过示波器找到某一相信号绕组(如正弦绕组)输出电动势最小的时刻,将光栅分度头的屏幕清零,此时就是旋转变压器的起始零位。然后继续旋转转台,通过示波器显示的每一次输出电动势最小的时刻,记录光栅分度头屏幕显示的角度值,这些角度值分别是旋转变压器在一周内的所有实际零位。对于一相绕组而言,将旋转变压器的实际零位与理论零位相比较,可以得到该相的零位误差。对于两相绕组而言,先将一相绕组的实际零位与另一相绕组的实际零位相比较得到一个值,再与 90° 相比较得到两相正交误差。

零位误差的大小反映了旋转变压器性能的好坏。表 6.6 是实际测得的 1 对极等气隙磁阻式旋转变压器的两相零位误差数据,从该表的数据中可以看出,样机的一相零位误差和两相零位误差都较大,这主要是由样机存在较大的工艺误差造成的。

表 6.6 试验测得两相零位误差

两相	理论零位	实际零位	零位误差	剩余电压/mV
正弦相	0°	0°	0°	25
	180°	185°05′	5°05′	80
余弦相	90°	93°34′	3°34′	28
	270°	270°34′	0°34′	40

第 7 章

机械臂关节用正弦转子磁阻式旋转变压器原理

　　空间机械臂以及协作机器人等高端机器人所需要的永磁电动机一般为高功率密度力矩电动机,为中空结构。与之极对数相匹配的旋转变压器多数也同样做成中空结构,中间穿线以节省体积、减少转动惯量,同时与关节电动机相配合采用多极旋转变压器。因此中空、低惯量、多极旋转变压器为机械臂关节旋转变压器的首选。本节提出的正弦转子多极磁阻式旋转变压器为一种高精度、低惯量、中空结构磁阻式旋转变压器。

7.1　正弦转子轴向磁路旋转变压器原理

　　如果要提高1对极磁阻式旋转变压器的精度,必须采用正弦转子结构替代斜环转子结构。正弦转子轴向磁路旋转变压器的结构如图7.1所示,可以看出与凸极磁阻式旋转变压器不同,正弦转子轴向磁路旋转变压器定、转子间的气隙长度是保持不变的,是一种等气隙磁阻式旋转变压器。

　　正弦转子轴向磁路旋转变压器的定子三维结构如图7.2所示,其定子分为上部、中部和下部三部分,三部分的轴向长度相等。在上部和下部沿圆周向排布 $4NP$ 个齿,其中 P 为转子极对数,N 为自然数。励磁绕组为环形集中绕组,嵌放在定子中部。信号绕组为等匝集中绕组,垂直缠绕在定子上、下齿上。定子上部和下部相邻位置的 N 个齿为一组(图7.2中 $N=2$),每组齿上正向串联缠绕同极同相信号绕组,不同极下的同相信号绕组各组反向串联,两相信号绕组间

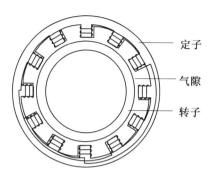

图 7.1　正弦转子旋转变压器截面图

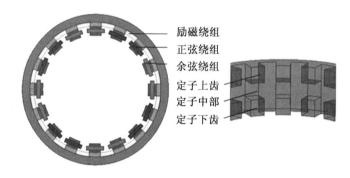

图 7.2　正弦转子旋转变压器定子结构

隔排列。

　　正弦转子轴向磁路旋转变压器的转子结构与普通径向磁路式旋转变压器有很大不同,它是由导磁材料制成的正弦转子和非导磁材料制成的支撑套筒组成的,正弦转子的厚度等于定子上部的轴向长度,支撑套筒起到支撑正弦形转子的作用,其三维结构如图 7.3 所示。转子的外形是正弦函数,有 P 对波峰和波谷。当转子转动时,气隙磁导会随转子转角变化,每当转子转过一个波峰(或波谷),气隙磁导变化一个周期,信号绕组中的感应电动势也变化一个周期,所以转子的波峰数(或波谷数)即是旋转变压器的极对数。可以看出,当极对数增加时正弦转子轴向磁路旋转变压器转子的体积并不随之增大,所以正弦转子轴向磁路旋转变压器可以做成很多对极,从而提高测角精度。2 对极正弦转子旋转变压器总

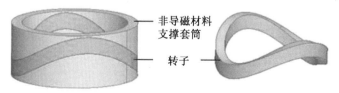

图 7.3　2 对极正弦转子导磁环

体结构图如图 7.4 所示。

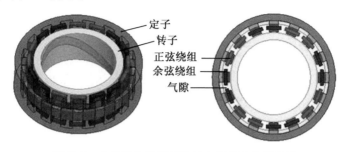

图 7.4　2 对极正弦转子旋转变压器总体结构图

7.2　耦合面积变化原理

P 对极正弦转子轴向磁路旋转变压器的转子每转过一个机械周期,其与定子齿的耦合面积 S 周期性地变化 P 次。为了方便得出正弦转子轴向磁路旋转变压器定、转子间耦合面积与转子转角的关系,以下以 1 对极正弦转子轴向磁路旋转变压器为例推导定子齿与转子耦合面积的变化情况。

假设其定子上部、中部、下部的轴向长度与转子厚度分别为 d_1、d_2、d_3 和 l_R,当 $d_1 = d_2 = d_3 = l_R$ 时,定、转子位置关系如图 7.5(a) 所示。

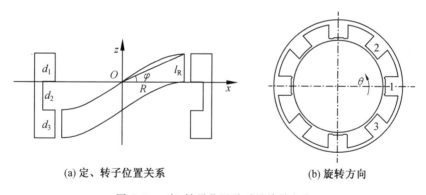

(a) 定、转子位置关系　　　　(b) 旋转方向

图 7.5　定、转子位置关系及旋转方向

当转子如图 7.5(b) 所示逆时针旋转时,记定子齿 1 的上齿与转子的耦合面积最大,即转子波峰的中心线与定子齿 1 上齿中心线重合的时刻为转动的初始时刻,此时 $\theta = 0$,如图 7.6(a) 所示。在定子齿 1 的上齿中取一微元,其宽度为 $\mathrm{d}\alpha$,距定子齿 1 中心线的距离为 α,此时齿 1 的上齿与转子的耦合长度 $Z_\alpha = R \cdot \tan \varphi \cdot \cos \alpha$,耦合面积 $\mathrm{d}S = R^2 \cdot \tan \varphi \cdot \cos \alpha \mathrm{d}\alpha$。

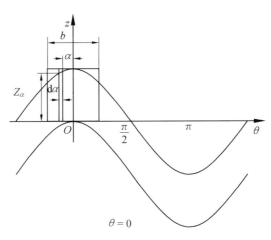

(a) $\theta = 0$时定、转子耦合面积关系

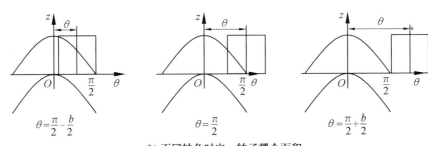

$$\theta = \frac{\pi}{2} - \frac{b}{2} \qquad\qquad \theta = \frac{\pi}{2} \qquad\qquad \theta = \frac{\pi}{2} + \frac{b}{2}$$

(b) 不同转角时定、转子耦合面积

图 7.6 定子齿与转子耦合面积

当转子转角为 θ 时,定子 1 的上齿和转子的位置关系如图 7.6(b) 所示,其耦合面积 S_{up} 为

$$S_{up} = \int Z_\alpha \cdot \mathrm{d}\alpha = \begin{cases} \int_{-\frac{b}{2}}^{\frac{b}{2}} R^2 \cdot \tan\varphi \cdot \cos(\theta+\alpha)\mathrm{d}\alpha = 2\tan\varphi \cdot R^2 \cdot \sin\frac{b}{2} \cdot \cos\theta, \\ \qquad 0 \leqslant \theta \leqslant \frac{\pi}{2} - \frac{b}{2} \\ \int_{-\frac{b}{2}}^{\frac{\pi}{2}-\theta} R^2 \cdot \tan\varphi \cdot \cos(\theta+\alpha)\mathrm{d}\alpha = \tan\varphi \cdot R^2 \cdot \left[1 - \sin\left(\theta - \frac{b}{2}\right)\right], \\ \qquad \frac{\pi}{2} - \frac{b}{2} \leqslant \theta \leqslant \frac{\pi}{2} + \frac{b}{2} \\ 0, \qquad \frac{\pi}{2} + \frac{b}{2} \leqslant \theta \leqslant \pi \end{cases}$$

(7.1)

定子齿 1 的下齿与转子的耦合面积 S_{down} 为

$$S_{\text{down}} = \int Z_\alpha \cdot d\alpha = \begin{cases} 0, \quad 0 \leqslant \theta \leqslant \dfrac{\pi}{2} - \dfrac{b}{2} \\[4mm] \displaystyle\int_{\frac{\pi}{2}-\theta}^{-\frac{b}{2}} R^2 \cdot \tan\varphi \cdot \cos(\theta+\alpha)d\alpha \\[4mm] = -\tan\varphi \cdot R^2 \cdot \left[1 - \sin\left(\theta - \dfrac{b}{2}\right) \right], \\[4mm] \quad \dfrac{\pi}{2} - \dfrac{b}{2} \leqslant \theta \leqslant \dfrac{\pi}{2} + \dfrac{b}{2} \\[4mm] \displaystyle\int_{-\frac{b}{2}}^{\frac{b}{2}} R^2 \cdot \tan\varphi \cdot \cos(\theta+\alpha)d\alpha = 2\tan\varphi \cdot R^2 \cdot \sin\dfrac{b}{2} \cdot \cos\theta, \\[4mm] \quad \dfrac{\pi}{2} + \dfrac{b}{2} \leqslant \theta \leqslant \pi \end{cases}$$

$$(7.2)$$

式中　　$\varphi = \arctan\dfrac{l_R}{R}$；

$\quad\quad R$——转子半径；

$\quad\quad b$——定子齿宽，rad；

$\quad\quad \theta$——转子转角。

则定子齿 1 与转子的耦合面积 S_1 为

$$S_1 = S_{\text{up}} + S_{\text{down}} = 2R^2 \cdot \tan\varphi \cdot \sin\dfrac{b}{2} \cdot \cos\theta = K \cdot \cos\theta, \quad 0 \leqslant \theta \leqslant \pi$$

$$(7.3)$$

其中，$K = 2R^2\tan\varphi \cdot \sin\dfrac{b}{2}$ 为常数，即定、转子间耦合面积是转子转角的余弦函数。

当转子为 P 对极时，定子齿 1 与转子的耦合面积为

$$S_1 = K \cdot \cos P\theta \tag{7.4}$$

任意齿 i 与转子之间的耦合面积 S 可以表示为

$$S = K \cdot \cos\left[P\theta + (i-1)\dfrac{2\pi}{Z_S} \right] \tag{7.5}$$

式中　　Z_S——定子齿数，$1 \leqslant i \leqslant Z_S$。

假设定子有 16 个齿，且定子轴向长度和转子轴向厚度为 $l_S = l_R = 5$ mm，平均半径 $R = 19.85$ mm，计算得到倾斜角 $\varphi = 14.14°$。利用 Matlab 软件计算得到定、转子耦合面积随转子转角的变化规律，如图 7.7 所示，其中，耦合面积为负值代表转子和定子下齿耦合。

综合以上分析，可以得到只有当 $d_1 = d_2 = d_3 = l_R$，即定子三段轴向长度相等并等于转子轴向厚度时，才能够保证耦合面积严格按照转子转角的正、余弦函数

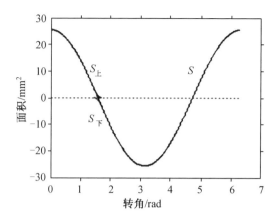

图 7.7　耦合面积的变化图

变化。

正弦转子轴向磁路旋转变压器第 i 个齿与转子间耦合面积为

$$S_i = K \cdot \cos \left[P\theta + (i-1) \frac{2\pi}{Z_S} \right] \tag{7.6}$$

第 i 个齿下的气隙磁导为

$$\Lambda_i = \mu_0 \frac{S}{g} = \mu_0 \frac{K \cdot \cos \left[P\theta + (i-1) \frac{2\pi}{Z_S} \right]}{g} = K_1 \cdot \cos \left[P\theta + (i-1) \frac{2\pi}{Z_S} \right] \tag{7.7}$$

式中　$K_1 = \mu_0 \dfrac{K}{g}$。

由上式可以看出,正弦转子轴向磁路旋转变压器的气隙磁导是按转子转角的余弦函数变化的。

当励磁电压不变时,则励磁磁动势也不会变化,即励磁磁动势 F 可看作常数,第 i 个齿下的磁通为

$$\Phi_i = K_2 \cdot \cos \left[\theta + (i-1) \frac{2\pi}{Z_S} \right] \tag{7.8}$$

式中　$K_2 = F \cdot \mu_0 \dfrac{K}{g}$。

正、余弦绕组匝链的磁链为

$$\begin{cases} \psi_s = \displaystyle\sum_{i=1}^{Z_S/4} N_2 \Phi_i - \sum_{i=Z_S/2}^{3Z_S/4} N_2 \Phi_i \\[4mm] \psi_c = \displaystyle\sum_{i=Z_S/4}^{Z_S/2} N_2 \Phi_i - \sum_{i=3\pi/4}^{Z_S} N_2 \Phi_i \end{cases} \tag{7.9}$$

式中　　N_2—— 信号绕组匝数。

化简得到

$$\begin{cases} \psi_s = Z_S N_2 \Phi_1 \sin\theta \\ \psi_c = Z_S N_2 \Phi_1 \cos\theta \end{cases} \tag{7.10}$$

得到信号绕组的输出电动势为

$$\begin{cases} e_s = -\dfrac{\mathrm{d}\psi_s}{\mathrm{d}t} = -Z_S N_2 \sin\theta\,\dfrac{\mathrm{d}\Phi_1}{\mathrm{d}t} = -e_m \sin\theta \\ e_c = -\dfrac{\mathrm{d}\psi_c}{\mathrm{d}t} = -Z_S N_2 \cos\theta\,\dfrac{\mathrm{d}\Phi_1}{\mathrm{d}t} = -e_m \cos\theta \end{cases} \tag{7.11}$$

其幅值可以表示为

$$\begin{cases} E_s = E_m \sin\theta \\ E_c = E_m \cos\theta \end{cases} \tag{7.12}$$

7.3　正弦转子轴向磁路旋转变压器的电磁场分析

7.3.1　1 对极正弦转子轴向磁路旋转变压器的电磁场分析

在 Maxwell 3D 中建立三维模型可以选择在软件中直接绘制,也可以通过其他专业三维建模软件建模,然后再导入 Maxwell 3D 中。正弦转子轴向磁路旋转变压器的定子部分形状比较规则,采用在 Maxwell 3D 软件中直接建模的方法,如图 7.8(a) 所示。转子形状比较复杂,所以这里采用使用 Solidworks 软件建模后再导入 Maxwell 3D 中的方法,如图 7.8(b) 所示。表 7.1 列出了三维模型的主要尺寸参数。励磁绕组匝数和信号绕组匝数按照文献中介绍的方法求取。正弦转子轴向磁路旋转变压器的整体三维模型如图 7.9 所示。

(a)　　　　　　　　(b)

图 7.8　1 对极旋转变压器定子与转子模型图

表 7.1　主要尺寸参数表

参数	尺寸 /mm
定子外径	56
定子内径	40

续表

参数	尺寸/mm
轭高	2
气隙长度	0.3
转子外径	39.4
转子内径	33
定子铁芯总长度	15
转子铁芯总长度	15

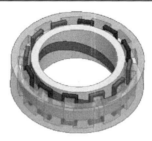

图 7.9 1 对极正弦转子轴向磁路旋转变压器三维模型图

使用上一节建立的有限元三维模型,励磁绕组中通入 10 kHz、12 V 额定正弦励磁电压,两相信号绕组开路,经过计算,得到某一时刻的磁链分布图如图7.10 所示。

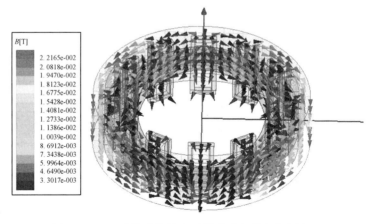

图 7.10 正弦转子旋转变压器磁感应强度分布图

轴向磁路通过分析图 7.10 可以看出,磁链从定子上齿出来,经过气隙进入转子,在转子中分为两条路径,沿着转子轭部分别到达对面定子齿的下齿对应的气隙,然后进入定子齿,在定子中同样分为两条路径,沿着定子轭的圆周方向和轴向回到定子上齿。由于磁链沿着定子轴向和转子轴向,所以定义该种旋转变压器为轴向磁路。

经仿真计算得到正、余弦两相信号绕组的输出电动势,如图 7.11 所示,可以看出两相输出电动势随转子转角呈正、余弦规律变化,且转子转过一个电周期,输出电动势也变化一个周期,因此该输出电动势波形符合旋转变压器应该输出的正确波形。在 Matlab 软件中提取两相输出电动势的包络线并对其进行傅里叶分析,得到的各次谐波幅值如图 7.12 所示,各次电压谐波畸变率（HRU_n）和电压谐波总畸变率（THD_u）如表 7.2 所示。

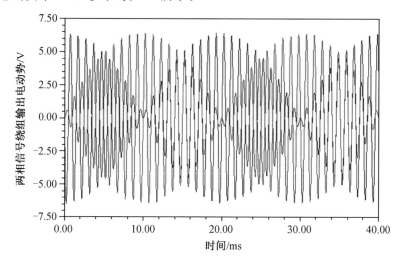

图 7.11　正、余弦绕组输出电动势图

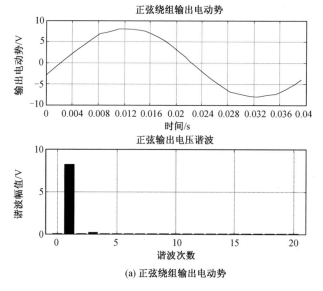

(a) 正弦绕组输出电动势

图 7.12　正、余弦绕组输出电动势包络线波形和傅里叶分析

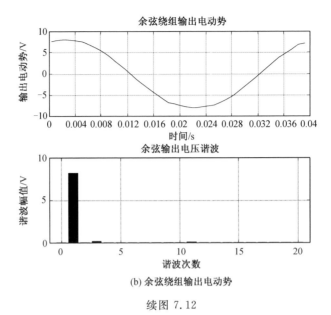

(b) 余弦绕组输出电动势

续图 7.12

表 7.2　1 对极两相信号电动势各次谐波畸变率

两相	各次谐波畸变率							总畸变率 THD
	基波	2 次谐波	3 次谐波	4 次谐波	5 次谐波	6 次谐波	7 次谐波	
正弦相	1.000	0.001 3	0.033 1	0.000 9	0.006 4	0.000 6	0.001 9	3.61%
余弦相	1.000	0.001 2	0.033 8	0.001 1	0.006 2	0.000 2	0.001 7	3.82%

　　根据表 7.2 可以分析得出,两相信号电动势包络线的总谐波畸变率和各次谐波畸变率基本一致,考虑到有限元软件的计算误差,可以认为谐波总畸变率和各次谐波的畸变率相同。高次谐波的主要成分是 3 次谐波,其畸变率为 3.3%,5 次和 7 次谐波也较高,分别为 0.64% 和 0.19%。输出电动势中的高次谐波会使电压波形畸变产生函数误差,从而影响旋转变压器的测角精度。

　　由于正弦转子轴向磁路旋转变压器的磁路是对称结构,并且定子齿数等于 $4NP$,所以理论上输出电动势中不应含有偶次谐波。这里输出电动势中含有少量的偶次谐波,其原因可能有以下两点。

　　(1) 有限元网格剖分引起的计算误差。有限元网格剖分对有限元计算的精度影响很大。三维场中网格剖分不会像二维场中那么密集,另外正弦转子轴向磁路旋转变压器的定、转子形状不规则可能会引起剖分的四面体单元的各个边长度相差较大,从而引起有限元计算误差。另外,转子形状复杂可能导致转子剖分不对称,从而使输出电动势不对称,即输出电动势中含有偶次谐波和直流分量。

（2）励磁电压中含有谐波分量。在有限元软件中,励磁电压并不是理想的正弦电压,而是一条将采样点处的函数值用直线连接成的曲线,采样点越多,该曲线的正弦性越好。三维场计算中计算量较大,采样点不能取得很多,会造成励磁电压各周期的幅值不等,进而造成励磁电流各周期幅值不等,这种非对称现象会被输出电动势吸收,从而造成电动势中含有偶次谐波。

1 对极正弦转子轴向磁路旋转变压器的电气误差如图 7.13 所示,其波形符合正确的旋转变压器测角误差波形。总体来见,集中绕组的该种旋转变压器由于工艺等原因误差较大,从样机到实际产品需要一段路程。

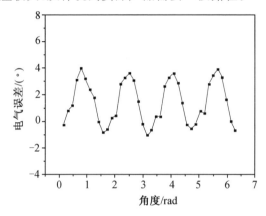

图 7.13　1 对极正弦转子轴向磁路旋转变压器的电气误差

7.3.2　多对极正弦转子轴向磁路旋转变压器的电磁场分析

多对极正弦转子旋转变压器的分析方法与 1 对极旋转变压器相同。多对极正弦转子轴向磁路旋转变压器的主要尺寸、定子每组齿数、齿距比等参数和 1 对极正弦转子轴向磁路旋转变压器分析方法一致。2 对极正弦转子轴向磁路旋转变压器的定、转子模型,如图 7.14(a) 所示整体模型如图7.14(b) 所示。

(a) 2 对极旋转变压器定子和转子三维模型图　　(b) 2 对极旋转变压器整体三维模型图

图 7.14　2 对极正弦转子轴向磁路旋转变压器的定子与转子模型

多对极正弦转子轴向磁路旋转变压器的输出电动势波形与 1 对极正弦转子

轴向磁路旋转变压器的输出电动势波形大体相同,只是周期不同,所以这里不再重复给出。2 对极正弦转子轴向磁路旋转变压器信号电动势的各次谐波畸变率如表 7.3 所示,电气误差如图 7.15 所示。可以看出,2 对极正弦转子轴向磁路旋转变压器的谐波畸变率为 2.18%,其电气误差为 2.43°。

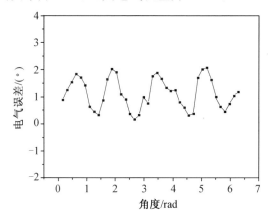

图 7.15　2 对极正弦转子轴向磁路旋转变压器电气误差

表 7.3　2 对极旋转变压器两相信号电动势各次谐波畸变率

两相	各次谐波畸变率							总畸变率 THD
	基波	2 次谐波	3 次谐波	4 次谐波	5 次谐波	6 次谐波	7 次谐波	
正弦相	1.000	0.000 7	0.018 6	0.000 9	0.003 9	0.000 4	0.001 2	2.18%
余弦相	1.000	0.000 7	0.019 1	0.001 4	0.004 7	0.000 1	0.001 3	2.29%

4 对极正弦转子轴向磁路旋转变压器的定、转子模型如图 7.16(a)所示,整体模型如图 7.16(b)所示。其输出电动势的各次谐波畸变率如表 7.4 所示,电气误差如图 7.17 所示。4 对极正弦转子轴向磁路旋转变压器的谐波畸变率为 1.68%,其电气误差为 1.82°。

(a) 4 对极旋转变压器定子和转子三维模型　　　(b) 4 对极旋转变压器整体三维模型

图 7.16　4 对极正弦转子轴向磁路旋转变压器的定子与转子模型

表 7.4　4 对极旋转变压器两相信号电动势各次谐波畸变率

两相	各次谐波畸变率							总畸变率 THD
	基波	2次谐波	3次谐波	4次谐波	5次谐波	6次谐波	7次谐波	
正弦相	1.000	0.000 9	0.014 0	0.000 9	0.002 3	0.000 4	0.001 3	1.68%
余弦相	1.000	0.001 0	0.015 3	0.000 7	0.003 6	0.000 2	0.000 9	1.84%

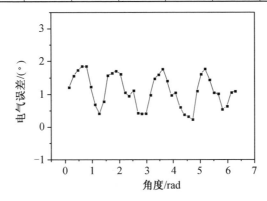

图 7.17　4 对极正弦转子轴向磁路旋转变压器电气误差

从表 7.3 和表 7.4 中可以看出,多对极正弦转子轴向磁路旋转变压器的输出电动势中仍然含有少量偶次谐波,并且畸变率和 1 对极基本相同,这就说明偶次谐波确实是由软件计算误差产生的。

输出电动势中的奇次谐波畸变率与旋转变压器极对数的关系如图 7.18(a) 所示。从图中可以看出,随着极对数增加,输出电动势中的各次谐波畸变率明显降低,其中 3 次谐波降幅很大,由 1 对极时的 0.033 1 分别降低到了 0.018 6 和 0.014 0,降幅为 43% 和 57%。5 次谐波和 7 次谐波也有所降低,但因为它们的畸变率本来就较低,再加上软件的计算误差,所以降幅没有 3 次谐波大。

输出电动势的总谐波畸变率及电气误差与旋转变压器极对数的关系如图 7.18(b) 所示。可以看出,总谐波畸变率也是随极对数增加而降低。其中,2 对极和 4 对极旋转变压器输出电动势的 THD 较 1 对极分别降低了 39% 和 53%。2 对极和 4 对极的电气误差较 1 对极分别降低了 40% 和 55%,电气误差与输出电动势谐波畸变率的变化规律相同。

正弦转子轴向磁路旋转变压器的测角精度是随着极对数增加而提高的,其具体原因有以下几点。

(1) 旋转变压器的函数误差是由于气隙磁导中的高次谐波引起的。在理想情况下,正弦转子轴向磁路旋转变压器的气隙磁导应该是严格的正、余弦函数,

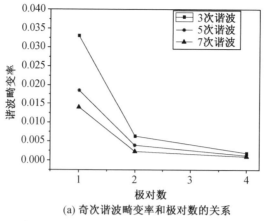

(a) 奇次谐波畸变率和极对数的关系

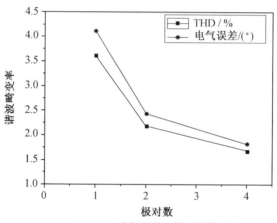

(b) THD、电气误差和极对数的关系

图 7.18　误差与极对数关系图

但实际中,由于转子磁极形状和理想形状有偏差,定子开槽等影响会使气隙磁导中含有高次谐波,所以实际中气隙磁导可表示为

$$\Lambda = \Lambda_0 + \sum_{\gamma=1}^{\infty} \Lambda_\gamma \cos \gamma P\theta \qquad (7.13)$$

式中　Λ_γ——γ 次气隙磁导的幅值;

　　　　P——极对数。

由上式可以看出,极对数越多,气隙磁导中高次谐波的频率越高,其幅值也就越小,则输出电动势中的高次谐波也就越小。因此,旋转变压器的极对数越多,其函数误差越小、电气误差也就越小。

(2)根据电角度误差与机械角度误差的换算关系

$$\Delta\Omega = \frac{\Delta\theta}{P} \qquad (7.14)$$

式中　　$\Delta\Omega$——机械角度误差；

　　　　$\Delta\theta$——电角度误差。

可知,当电角度误差一定时,极对数越多则机械角度误差越小,这是多对极旋转变压器的电气误差要小于 1 对极旋转变压器的重要原因。假设不同极对数的正弦转子轴向磁路旋转变压器采用的尺寸结构等参数相同,若忽略极对数不同和定子开槽对气隙磁导的影响,则可以认为不同极对数的旋转变压器在一个电周期内的输出电动势基本相同,进而电气误差的电角度相同。所以旋转变压器极对数越多,其电气误差越小。

综上分析可知,旋转变压器的极对数越多,其精度越高。一方面是因为极对数的增加减小了气隙磁导中的高次谐波幅值,另一方面是因为测角误差的电角度和机械角度之间的换算关系。

7.4　正弦转子轴向磁路旋转变压器的结构参数优化

7.4.1　结构参数优化概述

1. 参数优化的目的和方法

通过有限元软件仿真验证了正弦转子轴向磁路旋转变压器能够输出正确的随转子转角呈正、余弦变化的电压信号,但是其正弦性还有待提高。通过对旋转变压器定子和转子参数的优化,确定旋转变压器物理参数的最优值(包括绕组分布形式、每组齿数、转子形状函数),使得正弦转子轴向磁路旋转变压器的误差达到最小。

参数优化采用控制变量法,即要优化某一参数,需要保持其他参数不变,单独改变这个参数,从而研究被改变的这个参数对旋转变压器精度的影响。本章中仍然使用 Ansoft 软件对正弦转子轴向磁路旋转变压器进行参数优化。

2. 结构参数优化的指标

旋转变压器作为角度测量装置时,其主要技术指标是电气误差。由第 1 章可知,电气误差是两相正交零位误差、两相幅值误差和函数误差这三部分的和。由零位误差和幅值误差的产生机理可知,零位误差是由于绕组安放不对称,或者定、转子相对于转轴偏心等因素引起的误差,两相幅值误差是由于两相阻抗不对称而引起的误差,它们都是旋转变压器中的不对称因素所带来的误差,而正弦转子轴向磁路旋转变压器是完全对称设计,其优化也是在没有制造误差和安装误差的理想情况下进行,所以其两相幅值误差和正交误差应该为零。

函数误差是由输出电动势中的高次谐波引起的,是旋转变压器的原理性误差,其大小主要取决于旋转变压器的物理参数,所以函数误差是旋转变压器结构参数优化中的一个重要指标。由函数误差的定义可知函数误差是一个电周期内实际电压值和理论电压值之差的最大值占理论输出电压幅值的百分比,函数误差本身并不好求取,但可以用输出电动势中的谐波畸变率来代替。输出电动势中的谐波畸变率越低,函数误差越小。

输出波形中的谐波含量常用谐波畸变率(THD)来衡量,它等于总谐波有效值与基波有效值的百分比。

例如,电压波形的谐波畸变率为

$$\mathrm{THD}_U = \frac{\sqrt{\sum_{n=2}^{\infty} U_n^2}}{U_1} \times 100\% \tag{7.15}$$

比较波形畸变率与函数误差的定义,可知虽然二者描述输出波形好坏的方式不同,但本质是一样的,波形畸变率越低函数误差也就越低。本章中用信号绕组输出电压的谐波畸变率这个指标,代替旋转变压器的函数误差来衡量旋转变压器的精度。电压波形畸变率越低,旋转变压器的精度越高。

3. 结构参数优化的流程

若对某一参数 X 优化,需要经过一系列过程,将优化过程以流程图 7.19 表示。其中,$X_{\min}$ 为该参数的最小值,$X_{\max}$ 为该参数的最大值,Δx 为该参数的变化步长。

7.4.2 定子齿数优化

正弦转子轴向磁路旋转变压器的定子齿数为 $4NP$,其中 N 为自然数,P 为转子极对数。当 N 变化时,会影响输出电动势中高次谐波的畸变率。忽略齿谐波对输出电动势的影响,即认为 P 相同 N 不同时气隙磁导中 γ 次谐波幅值 Λ_γ 相同。

正弦转子轴向磁路旋转变压器信号绕组输出电动势为

$$E_s = -\mathrm{j}\omega I_m N_s^2 \Big(\sum_{i=1}^{NP} \Big\{ \Lambda_0 + \sum_{\gamma=1}^{\infty} \Lambda_\gamma \cos\Big[\gamma P\theta + (i-1)\frac{2mP\gamma\pi}{Z_S}\Big] \Big\} -$$

$$\sum_{i=N+1}^{2NP} \Big\{ \Lambda_0 + \sum_{\gamma=1}^{\infty} \Lambda_\gamma \cos\Big[\gamma P\theta + (i-1)\frac{2mP\gamma\pi}{Z_S}\Big] \Big\} \Big) \tag{7.16}$$

将 $Z_S = 4NP$,$m = 2$ 代入上式得

$$E_s = -\mathrm{j}\omega I_m N_s^2 \Big(\sum_{i=1}^{NP} \Big\{ \Lambda_0 + \sum_{\gamma=1}^{\infty} \Lambda_\gamma \cos\Big[\gamma P\theta + (i-1)\frac{\gamma}{N}\pi\Big] \Big\} -$$

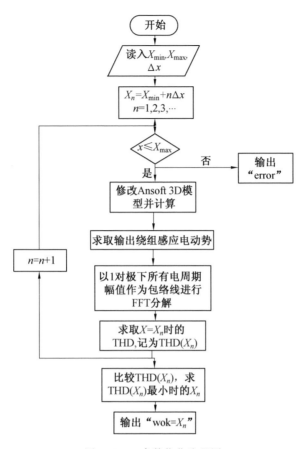

图 7.19　参数优化流程图

$$\sum_{i=N+1}^{2NP}\left\{\Lambda_0 + \sum_{\gamma=1}^{\infty}\Lambda_\gamma\cos\left[\gamma P\theta + (i-1)\frac{\gamma}{N}\pi\right]\right\}\right) \tag{7.17}$$

进一步化简得

$$E_s = -\mathrm{j}\omega I_m N_s^2\left\{\sum_{i=1}^{NP}\sum_{\gamma=1}^{\infty}\Lambda_\gamma\cos\left[\gamma P\theta + (i-1)\frac{\gamma}{N}\pi\right] - \right.$$

$$\left.\sum_{i=1}^{NP}\sum_{\gamma=1}^{\infty}\Lambda_\gamma\cos\left[\gamma P\theta + (i-1)\frac{\gamma}{N}\pi + \gamma\pi\right]\right\} \tag{7.18}$$

其中基波电动势为

$$E_1 = -2PN\cdot\mathrm{j}\omega I_m N_s^2\Lambda_1\cos P\theta \tag{7.19}$$

其幅值为

$$E_1 = 2PN\cdot\mathrm{j}\omega I_m N_s^2\Lambda_1 \tag{7.20}$$

γ 次谐波电动势为

$$E_\gamma = -\mathrm{j}\omega I_\mathrm{m} N_\mathrm{s}^2 \Lambda_\gamma \sum_{i=1}^{NP} \left\{ \cos\left[\gamma P\theta + (i-1)\frac{\gamma}{N}\pi\right] - \right.$$

$$\left. \cos\left[\gamma P\theta + (i-1)\frac{\gamma}{N}\pi + \gamma\pi\right] \right\} \tag{7.21}$$

由上式分析可知，气隙磁导中的直流分量可以被消除。

当气隙磁导中含有偶次谐波，即 $\gamma = 2k(k=1,2,3,\cdots)$ 时，输出电动势中的相应偶次谐波电动势为

$$E_{2k} = -\mathrm{j}\omega I_\mathrm{m} N_\mathrm{s}^2 \left\{ \sum_{i=1}^{NP} \sum_{\gamma=2,4,\cdots}^{\infty} \Lambda_\gamma \cos\left[2kP\theta + (i-1)\frac{2k}{N}\pi\right] - \right.$$

$$\left. \sum_{i=1}^{NP} \sum_{\gamma=2,4,\cdots}^{\infty} \Lambda_\gamma \cos\left[2kP\theta + (i-1)\frac{2k}{N}\pi + 2k\pi\right] \right\}$$

$$= -\mathrm{j}\omega I_\mathrm{m} N_\mathrm{s}^2 \left\{ \sum_{i=1}^{NP} \sum_{\gamma=1}^{\infty} \Lambda_\gamma \cos\left[2kP\theta + (i-1)\frac{2k}{N}\pi\right] - \right.$$

$$\left. \sum_{i=1}^{NP} \sum_{\gamma=1}^{\infty} \Lambda_\gamma \cos\left[2kP\theta + (i-1)\frac{2k}{N}\pi\right] \right\}$$

$$= 0 \tag{7.22}$$

由式(7.22)可知，当定子齿数为 $4NP$ 时，输出电动势对偶次谐波具有滤波作用。

下面考虑输出电动势高次谐波中奇次谐波的大小，即 $\gamma = 2k+1(k=1,2,3,\cdots)$ 时的谐波电动势，γ 次谐波大小用 γ 次谐波畸变率 THD_γ 衡量，$\mathrm{THD}_\gamma = \dfrac{E_\gamma}{E_1}$。由于此时 γ 次谐波电动势与 N 和 γ 都有关，因此这里将 N 和 γ 分别进行讨论。

当 $N=1$ 时，γ 次谐波电动势为

$$E_\gamma = -\mathrm{j}\omega I_\mathrm{m} N_\mathrm{s}^2 \Lambda_\gamma \sum_{i=1}^{NP} \left\{ \cos\left[\gamma P\theta + (i-1)\frac{\gamma}{N}\pi\right] - \right.$$

$$\left. \cos\left[\gamma P\theta + (i-1)\frac{\gamma}{N}\pi + \gamma\pi\right] \right\}$$

$$= -\mathrm{j}\omega I_\mathrm{m} N_\mathrm{s}^2 \Lambda_\gamma \sum_{i=1}^{NP} \left\{ \cos\left[\gamma P\theta + (i-1)\frac{\gamma}{N}\pi\right] - \right.$$

$$\left. \cos\left[\gamma P\theta + (i-1)\frac{\gamma}{N}\pi + (2k+1)\pi\right] \right\}$$

$$= 2P \cdot \mathrm{j}\omega I_\mathrm{m} N_\mathrm{s}^2 \Lambda_\gamma \cos\gamma P\theta \tag{7.23}$$

γ 次谐波畸变率为

$$\mathrm{THD}_\gamma = \frac{E_\gamma}{E_1} = \frac{2P \cdot \mathrm{j}\omega I_\mathrm{m} N_\mathrm{s}^2 \Lambda_\gamma}{2P \cdot \mathrm{j}\omega I_\mathrm{m} N_\mathrm{s}^2 \Lambda_1} = \frac{\Lambda_\gamma}{\Lambda_1} \tag{7.24}$$

当 $N=2$ 时，γ 次谐波电动势为

$$E_\gamma = -\mathrm{j}\omega I_{\mathrm{m}} N_{\mathrm{s}}^2 \sum_{i=1}^{NP} \left\{ \Lambda_\gamma \cos \left[\gamma P\theta + (i-1)\frac{\gamma}{2}\pi \right] - \right.$$

$$\left. \Lambda_\gamma \cos \left[\gamma P\theta + (i-1)\frac{\gamma}{2}\pi + (2k+1)\pi \right] \right\}$$

$$= -2P \cdot \mathrm{j}\omega I_{\mathrm{m}} N_{\mathrm{s}}^2 \sum_{i=1}^{N} \Lambda_\gamma \cos \left[\gamma P\theta + (i-1)\frac{(2k+1)}{2}\pi \right]$$

$$= -2P \cdot \mathrm{j}\omega I_{\mathrm{m}} N_{\mathrm{s}}^2 \Lambda_\gamma \left[\cos \gamma P\theta + \cos \left(\gamma P\theta + k\pi + \frac{\pi}{2} \right) \right]$$

$$= -2P \cdot \mathrm{j}\omega I_{\mathrm{m}} N_{\mathrm{s}}^2 \Lambda_\gamma \left[\cos \gamma P\theta \pm \sin \gamma P\theta \right]$$

$$= -2\sqrt{2}\, P \cdot \mathrm{j}\omega I_{\mathrm{m}} N_{\mathrm{s}}^2 \Lambda_\gamma \cos \left(\gamma P\theta \pm \frac{\pi}{4} \right) \tag{7.25}$$

γ 次谐波畸变率为

$$\mathrm{THD}_\gamma = \frac{E_\gamma}{E_1} = \frac{2\sqrt{2}\, P \cdot \mathrm{j}\omega I_{\mathrm{m}} N_{\mathrm{s}}^2 \Lambda_\gamma}{4P \cdot \mathrm{j}\omega I_{\mathrm{m}} N_{\mathrm{s}}^2 \Lambda_1} = \frac{\sqrt{2}}{2} \cdot \frac{\Lambda_\gamma}{\Lambda_1} \tag{7.26}$$

可以看出,此时谐波电动势中的高次谐波幅值为 $N=1$ 时的 70.7%,即高次谐波与定子齿数 $N=1$ 相比被削弱 $\dfrac{\sqrt{2}}{2}$ 倍。

当 $N=3$ 时,γ 次谐波电动势为

$$E_\gamma = -\mathrm{j}\omega I_{\mathrm{m}} N_{\mathrm{s}}^2 \sum_{i=1}^{NP} \left\{ \Lambda_\gamma \cos \left[\gamma P\theta + (i-1)\frac{\gamma}{3}\pi \right] - \right.$$

$$\left. \cos \left[\gamma P\theta + (i-1)\frac{\gamma}{3}\pi + \gamma\pi \right] \right\}$$

$$= -2P \cdot \mathrm{j}\omega I_{\mathrm{m}} N_{\mathrm{s}}^2 \sum_{i=1}^{N} \Lambda_\gamma \cos \left[\gamma P\theta + (i-1)\frac{\gamma}{3}\pi \right]$$

$$= -2P \cdot \mathrm{j}\omega I_{\mathrm{m}} N_{\mathrm{s}}^2 \Lambda_\gamma \left[\cos \gamma P\theta + \cos \left(\gamma P\theta + \frac{\gamma}{3}\pi \right) + \cos \left(\gamma P\theta + \frac{2\gamma}{3}\pi \right) \right] \tag{7.27}$$

γ 次谐波畸变率为

$$\mathrm{THD}_\gamma = \frac{2p \cdot \mathrm{j}\omega I_{\mathrm{m}} N_{\mathrm{s}}^2 \Lambda_\gamma \left| \cos \gamma P\theta + \cos \left(\gamma P\theta + \frac{\gamma}{3}\pi \right) + \cos \left(\gamma P\theta + \frac{2\gamma}{3}\pi \right) \right|}{6P \cdot \mathrm{j}\omega I_{\mathrm{m}} N_{\mathrm{s}}^2 \Lambda_1}$$

$$= \frac{\left| \cos \gamma P\theta + \cos \left(\gamma P\theta + \frac{\gamma}{3}\pi \right) + \cos \left(\gamma P\theta + \frac{2\gamma}{3}\pi \right) \right|}{3} \cdot \frac{\Lambda_\gamma}{\Lambda_1} \tag{7.28}$$

将 $\gamma = 3,5,7,\cdots$ 代入式(7.28)中计算,得出各次谐波畸变率,如表 7.5 所示。

表 7.5　$N=3$ 时各次谐波畸变率

γ	3	5	7	9	11	13
THD_γ	$\frac{1}{3}\cdot\frac{\Lambda_3}{\Lambda_1}$	$\frac{2}{3}\cdot\frac{\Lambda_5}{\Lambda_1}$	$\frac{2}{3}\cdot\frac{\Lambda_7}{\Lambda_1}$	$\frac{1}{3}\cdot\frac{\Lambda_9}{\Lambda_1}$	$\frac{2}{3}\cdot\frac{\Lambda_{11}}{\Lambda_1}$	$\frac{2}{3}\cdot\frac{\Lambda_{13}}{\Lambda_1}$

由表 7.5 分析可知,当每组齿数 $N=3$ 时,3 次谐波、9 次谐波等 3 的倍数次谐波会被大幅削弱,其幅值只有 $N=1$ 时的 $1/3$。其他次高次谐波也会被削弱,幅值为 $N=1$ 时的 $2/3$。

$N=4$ 时,γ 次谐波电动势为

$$E_\gamma = -\mathrm{j}\omega I_{\mathrm m}N_{\mathrm s}^2\sum_{i=1}^{NP}\left\{\Lambda_\gamma\cos\left[\gamma P\theta+(i-1)\frac{\gamma}{4}\pi\right]-\cos\left[\gamma P\theta+(i-1)\frac{\gamma}{4}\pi+\gamma\pi\right]\right\}$$

$$= -2P\cdot\mathrm{j}\omega I_{\mathrm m}N_{\mathrm s}^2\sum_{i=1}^{N}\Lambda_\gamma\cos\left[\gamma P\theta+(i-1)\frac{\gamma}{4}\pi\right]$$

$$= -2P\cdot\mathrm{j}\omega I_{\mathrm m}N_{\mathrm s}^2\Lambda_\gamma\left[\cos\gamma P\theta+(-1)^{k-1}\sin\left(\gamma P\theta+\frac{\pi}{4}\right)+\right.$$

$$\left.(-1)^{k-1}\sin\gamma P\theta+(-1)^{k-1}\sin\left(\gamma P\theta+\frac{3}{4}\pi\right)\right]$$

$$= -2P\cdot\mathrm{j}\omega I_{\mathrm m}N_{\mathrm s}^2\Lambda_\gamma\cdot\frac{\sqrt{1+\sqrt{2}}}{2}\cos(\gamma P\theta+\varphi) \tag{7.29}$$

其中 $\varphi=\arctan\sqrt{2}$,为高次谐波与基波间的相角。

γ 次谐波畸变率为

$$\text{THD}_\gamma = \frac{2P\cdot\mathrm{j}\omega I_{\mathrm m}N_{\mathrm s}^2\left|-2P\cdot\mathrm{j}\omega I_{\mathrm m}N_{\mathrm s}^2\Lambda_\gamma\cdot\dfrac{\sqrt{1+\sqrt{2}}}{2}\cos(\gamma P\theta+\varphi)\right|}{8P\cdot\mathrm{j}\omega I_{\mathrm m}N_{\mathrm s}^2\Lambda_1}$$

$$= \frac{\sqrt{1+\sqrt{2}}}{2}\cdot\frac{\Lambda_\gamma}{\Lambda_1}$$

$$\approx 0.653\cdot\frac{\Lambda_\gamma}{\Lambda_1} \tag{7.30}$$

可见,当 $N=4$ 时气隙磁导中的高次谐波将会被削弱到 $N=1$ 时的 65.3%。

当 $N\geqslant 5$ 时,由于定子齿数太多会使旋转变压器的体积过大,安装难度提高。尤其是在极对数 $P\geqslant 2$ 的情况下,定子齿数已经多达 40,因此在实际工程应用中取 $N\geqslant 5$ 并不合适。

综上分析可知,无论每组齿数 N 取什么值时,输入电动势中的恒定分量和偶次谐波都会被消除。当每组齿数 $N=1$ 时,输出电动势中的奇次谐波不会被削弱;当 $N>1$ 时,输出电动势中的奇次谐波将会被削弱。考虑到高次谐波中的主要成分是 3 次谐波,所以在设计定子齿数时尽量使每组齿数 $N=3$。当转子极对

数较多时,定子齿数也会很多,此时可以选择 $N=2$ 或 1 然后使用其他方法削弱 3 次谐波。

对于 1 对极正弦转子轴向磁路旋转变压器,分别建立 $N=1$、$N=2$ 和 $N=4$ 的模型,计算信号绕组输出电动势并利用 Matlab 软件对其包络进行 FFT 分析,将分析结果与上一章计算的 $N=3$ 时的结果一起列于表 7.6 中。由于两相电动势中谐波成分基本相同,所以这里只给出正弦相的奇次谐波畸变率。

表 7.6　1 对极旋转变压器不同 N 时的各次谐波畸变率

N	各次谐波畸变率				
	基波	3	5	7	THD
1	1.000	0.057 8	0.025 0	0.004 2	6.47%
2	1.000	0.041 1	0.008 8	0.004 7	4.19%
3	1.000	0.033 1	0.006 4	0.001 9	3.61%
4	1.000	0.038 7	0.007 3	0.002 4	3.87%

由表 7.6 中数据可以看出,有限元软件的计算结果和理论分析结果基本一致。

$N=1$ 时的 5 次谐波和 $N=2$ 时的 7 次谐波与理论值有较大偏差,这是由于有限元软件计算的输出电动势中包含了 $2mq\pm1$ 次齿谐波电动势,而理论推导时忽略了齿谐波电动势的影响。若考虑齿谐波影响,则齿谐波电动势的次数为

$$2mq\pm1=2m\cdot\frac{Z_s}{2mP}\pm1=\frac{4NP}{P}\pm1=4N\pm1 \qquad (7.31)$$

由上式可以看出,定子每组齿数 N 越大,则输出电动势中齿谐波电动势的次数越高,其幅值越小。

综上,在实际应用中,对于 1 对极正弦转子轴向磁路旋转变压器应选择每组齿数 $N=3$,即定子齿数为 12。这样既可以大幅削弱 3 次谐波和 9 次谐波,也可以避免输出电动势中出现幅值较大的齿谐波。对于多对极正弦转子轴向磁路旋转变压器,由于体积和制作工艺的限制,可以选择 $N=2$ 或 $N=1$,然后再使用其他方法削弱输出电动势中的高次谐波。

7.4.3　1 对极转子磁极形状优化

转子磁极形状为理想的正弦曲线时,每对极下的气隙磁导只包含恒定分量及 $2P$ 次基波分量,此时信号绕组可以输出准确的正、余弦电动势。但在实际中,旋转变压器内的磁场是个复杂的非线性量,由于气隙的边缘效应等原因,气隙磁导中含有高次谐波分量。因而需要通过磁场反问题的求解来得到精确的磁极形状,以得到理想的气隙磁导波形。

磁场反问题的求解方法是利用有限元软件计算给定转子磁极形状的磁场正问题,计算范围为 1 对极,满足泊松方程及第一类周期性边界条件。以所求得的输出电动势与标准正弦函数的偏差作为收敛判据,进行一维搜索改变磁极形状函数,步长因子由黄金分割法确定。

　　黄金分割法又称优选法,是一种以较少的试验次数,迅速找到最优方案的一种科学方法。其具体方法是假设试验对象的变化范围为 [0,1],则对变化范围的黄金分割点 0.618 和其在区间 [0,1] 内的对称点 0.382 进行试验并比较试验结果,若 0.382 点的结果好,则舍去 0.618 点后的区间,在新区间内继续对其黄金分割点和黄金分割点的对称点进行试验;若 0.618 点的结果好,则舍去 0.382 点之前的区间继续试验。如此循环往复,直到得到最优结果为止。

　　磁极形状优化的目的是消除输出电动势中的 3 次谐波,所以定义磁极形状函数为 $S(x) = H \sin Px - H^* \sin 3Px$,其中 H 是磁极中基波的高度,H^* 是磁极中 3 次谐波的高度,H 和 H^* 的关系满足 $H + H^* = L_R = d_1 = d_2 = d_3$,以转子形状函数中的 3 次谐波畸变率 $\dfrac{H^*}{H}$ 作为优化参数,输出电动势中的 3 次谐波畸变率小于 0.5% 作为收敛判据。优化后的转子形状函数和理想正弦函数的关系如图7.20 所示。

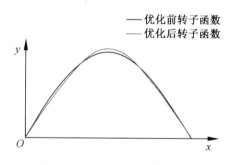

图 7.20　转子函数优化示意图

　　以 $P = 1$、$N = 3$ 的 1 对极正弦转子轴向磁路旋转变压器作为优化模型,由气隙磁导中 3 次谐波的畸变率可知,转子形状函数中的 3 次谐波畸变率 $\dfrac{H^*}{H}$ 应在 $0 \sim 0.1$ 之间,按照黄金分割法求取步长因子 $\Delta \dfrac{H^*}{H}$,用有限元软件计算不同转子形状函数时的输出电动势,并提取包络线做傅里叶分析。计算结果如表 7.7 所示,其中排列顺序按照实际计算的顺序。

表 7.7　1 对极旋转变压器不同转子形状时输出电动势的谐波畸变率

$\dfrac{H^*}{H}$	输出电动势的 3 次谐波畸变率				THD
	基波	3 次	5 次	7 次	
0	1	0.033 1	0.006 4	0.001 9	3.61%
0.038 2	1	0.023 3	0.006 3	0.001 9	2.81%
0.061 8	1	0.006 1	0.006 8	0.002 1	1.21%
0.076 4	1	0.009 6	0.007 3	0.002 4	1.35%
0.052 8	1	0.007 7	0.006 7	0.002 0	1.26%
0.067 4	1	0.008 5	0.007 1	0.002 1	1.29%
0.058 4	1	0.006 7	0.005 9	0.001 7	1.15%
0.064 0	1	0.004 5	0.006 1	0.002 2	1.04%

从上表中可以看出,随着 $\dfrac{H^*}{H}$ 改变,除了 3 次谐波有明显变化外,5 次和 7 次谐波也有变化,它们的畸变率是随着 $\dfrac{H^*}{H}$ 增大而单调增大。因为 $\dfrac{H^*}{H}$ 增大时,输出电动势中的 5 次谐波和 7 次谐波的幅值并没有明显变化,但基波的幅值会随着 $\dfrac{H^*}{H}$ 增大而减小,所以它们的畸变率会随 $\dfrac{H^*}{H}$ 增大而增大,但其增幅很小,远低于 3 次谐波畸变率降低的幅度。

以 $\dfrac{H^*}{H}$ 作为横坐标,3 次谐波的畸变率作为纵坐标,作出它们的关系曲线,如图 7.21 所示。

从图 7.21 中可以看出,$\dfrac{H^*}{H}$ 在 0～0.1 之间变化时,3 次谐波的畸变率也随之变化。当 $0 < \dfrac{H^*}{H} < 0.006\,4$ 时,随着 $\dfrac{H^*}{H}$ 的增大,输出电动势中的 3 次谐波逐渐减小。当 $0.0638 < \dfrac{H^*}{H} < 0.1$ 时,随着 $\dfrac{H^*}{H}$ 的增大,3 次谐波畸变率逐渐增大。

当 $\dfrac{H^*}{H} = 0.064$ 时,3 次谐波的畸变率达到最低,为 0.45%。这是因为优化转子磁极形状相当于人为地给气隙磁导中注入一个 3 次谐波,这个 3 次谐波与气隙磁导本身的 3 次谐波反相位,从而达到削弱或消除气隙磁导 3 次谐波的目的。当这个人为注入的 3 次谐波过小时,不会完全消除气隙磁导本身的 3 次谐波;当它过大时,又会使气隙磁导含有一个与原 3 次谐波反相位的 3 次谐波。

当 $\dfrac{H^*}{H} = 0.064$ 时,输出电动势中的 3 次谐波畸变率为 0.45%。满足收敛判

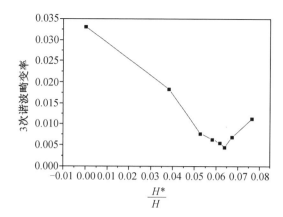

$$\frac{H^*}{H}$$

图 7.21　1 对极旋转变压器不同 $\frac{H^*}{H}$ 时的 3 次谐波畸变率

据,计算停止,得到了优化后的 1 对极正弦转子轴向磁路旋转变压器的形状函数为:$S(x) = H \cdot \sin x - 0.064H \cdot \sin 3x$。此时,输出电动势的 THD 由优化前的 3.61% 降低到了 1.04%,可以看出磁极形状优化可以大幅降低输出电动势的谐波畸变率,是提高正弦转子轴向磁路旋转变压器精度的最有效方法。

7.4.4　多对极旋转变压器转子形状优化

以 $P = 2$、$N = 3$ 的多对极正弦转子轴向磁路旋转变压器作为优化模型,$\frac{H^*}{H}$ 的变化范围同样选择在 $0 \sim 0.1$ 之间,用有限元软件计算不同 $\frac{H^*}{H}$ 时的输出电动势,并提取包络线进行傅里叶分析。计算结果如表 7.8 所示,排列顺序按照实际计算的顺序。

表 7.8　多对极旋转变压器不同转子形状时输出电动势的谐波畸变率

$\frac{H^*}{H}$	输出电动势的谐波畸变率				
	基波	3 次	5 次	7 次	THD
0	1	0.018 6	0.003 9	0.001 2	2.18%
0.038 2	1	0.007 4	0.004 4	0.001 2	1.21%
0.061 8	1	0.013 3	0.004 5	0.001 7	1.75%
0.023 6	1	0.008 5	0.003 5	0.001 5	1.11%
0.047 2	1	0.008 1	0.004 1	0.001 3	1.58%
0.032 6	1	0.005 7	0.004 3	0.001 5	1.24%

续表

$\dfrac{H^*}{H}$	输出电动势的谐波畸变率				
	基波	3 次	5 次	7 次	THD
0.029 2	1	0.006 3	0.003 4	0.001 4	1.19%
0.035 8	1	0.005 2	0.004 2	0.001 1	0.96%
0.034 6	1	0.004 1	0.004 1	0.001 2	0.94%

以 $\dfrac{H^*}{H}$ 作为横坐标,3 次谐波的畸变率作为纵坐标,作出它们的关系曲线,如图 7.22 所示。

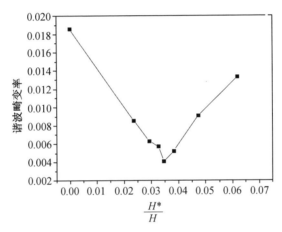

图 7.22　2 对极旋转变压器不同 $\dfrac{H^*}{H}$ 时的 3 次谐波畸变率

由图 7.22 可知,2 对极正弦转子轴向磁路旋转变压器输出电动势中的 3 次谐波畸变率也是随着 $\dfrac{H^*}{H}$ 的增大呈先减小后增大的变化趋势,当 $\dfrac{H^*}{H}=0.034\,6$ 时,输出电动势中的 3 次谐波畸变率为 0.45%。满足收敛判据,计算停止,得到了优化后的 2 对极正弦转子轴向磁路旋转变压器的形状函数为 $S(x)=H \cdot \sin 3x - 0.034\,6H \cdot \sin 6x$。此时,输出电动势的 THD 由优化前的 2.18% 降低到了 0.85%。

比较 1 对极和 2 对极正弦转子轴向磁路旋转变压器转子磁极函数的优化结果可知,对于不同极对数的正弦转子轴向磁路旋转变压器,由于气隙磁导中固有的 3 次谐波畸变率不相同,因此输出电动势中的 3 次谐波畸变率不相同,所以优化后得到的转子磁极函数也不相同。因此,在对转子磁极函数进行优化时,应该针对不同结构的旋转变压器具体问题具体分析。

7.4.5 绕组分布形式优化

正弦转子轴向磁路多对极旋转变压器信号绕组的输出电压中除了含有较高的 3 次谐波外,5 次谐波和 7 次谐波成分也较大。增加定子每组齿数和优化转子磁极形状的方法可以大幅削弱 3 次谐波,但无法很好地削弱 5 次谐波和 7 次谐波。为削弱 5 次和 7 次谐波电动势可以采用以下方法。

1. 采用短距绕组

适当选取正弦转子轴向磁路多对极旋转变压器信号绕组的节距,使某次谐波的节距因数接近于零或等于零,就可以达到削弱或消除该次谐波的目的。齿谐波的绕组因数和基波的绕组因数相同,所以从尽可能不削弱基波的角度考虑,应该使选用的短节距尽量接近于整距,即

$$Y = \left(1 - \frac{1}{\gamma}\right)\tau \tag{7.32}$$

式(7.32)说明,要消除 γ 次谐波,需要选用比整距短 $\frac{1}{\gamma}$ 的短距绕组。要削弱信号绕组输出电动势中的 5 次和 7 次谐波,需要 $Y = \frac{5}{6}\tau$。对于定子每组齿数 $N = 3$ 的正弦转子轴向磁路旋转变压器绕组节距应该选 5。

2. 采用分布绕组

采用分布绕组可以有效抑制谐波,改善输出电压波形。旋转变压器每极每相槽数越多,对于分布绕组来说抑制谐波效果越好。但是槽数太多会增加旋转变压器的体积和制造成本,槽数太少又不能达到消除高次谐波的目的。

采用短距分布绕组后 γ 次谐波的分布因数 $k_{q\gamma}$ 和节距因数 $k_{d\gamma}$ 可表示为

$$k_{q\gamma} = \sin \gamma\left(\frac{y_1}{\tau}90°\right), \quad k_{d\gamma} = \frac{\sin \gamma\frac{q\alpha}{2}}{q\sin \gamma\frac{\alpha}{2}} \tag{7.33}$$

γ 次谐波的绕组因数为

$$k_{u\gamma} = k_{q\gamma}k_{d\gamma} \tag{7.34}$$

相对于整距集中绕组,采用短距分布绕组后,γ 次谐波将被削弱 $k_{u\gamma}$ 倍。

1 对极正弦转子轴向磁路旋转变压器使用定子每组齿数 $N = 3$,转子函数为 $S(x) = H \cdot \sin x - 0.064H \cdot \sin 3x$ 的模型,绕组采用双层短距分布绕组,节距为 5。绕组展开图如图 7.23 所示,绕组三维模型如图 7.24 所示,旋转变压器整体三维模型如图 7.25 所示。

经仿真分析后得到两相输出电压信号,用 Matlab 软件提取包络线并进行傅里叶分析,得到各次谐波的畸变率及谐波畸变率,如表 7.9 所示。

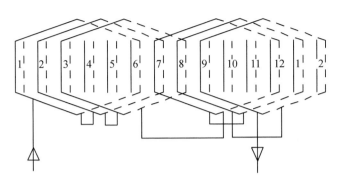

图 7.23　1 对极分布绕组展开图

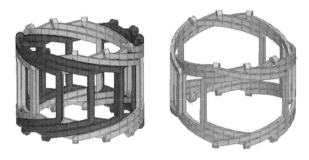

图 7.24　绕组三维模型

图 7.25　使用分布绕组的 1 对极旋转变压器三维模型

表 7.9　两相信号电动势各次谐波畸变率

两相	电动势各次谐波畸变率				
	基波	3 次	5 次	7 次	THD
正弦相	1.000	0.003 4	0.001 9	0.001 3	0.76%
余弦相	1.000	0.003 6	0.002 5	0.001 3	0.83%

比较表 7.9 和表 7.7 中 $\dfrac{H^*}{H}=0.064$ 时的 5 次谐波和 7 次谐波畸变率可知,使

用节距为 $Y=\dfrac{5}{6}\tau$ 的短距分布绕组后,输出电动势中的 5 次和 7 次谐波被明显削

弱。其畸变率为 0.19% 和 0.07%，相比采用集中绕组时分别降低了 68% 和 40%。输出电动势的 THD 降低到 0.66%，相比于使用集中绕组结构降低了 28%。

定子每组齿数 $N=3$，转子形状函数 $S(x)=H \cdot \sin x - 0.064H \cdot \sin 3x$，采用双层短距绕组的 1 对极正弦转子轴向磁路旋转变压器电气误差，如图 7.26 所示。经过磁极形状优化、采用每组齿数 $N=3$ 和双层短距分布绕组后的 1 对极旋转变压器电气误差为 $1°6'$，比优化前的电气误差减小了 $3°4'$。

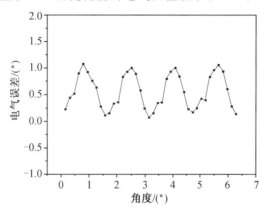

图 7.26　优化后的 1 对极旋转变压器电气误差

下面对 2 对极正弦转子轴向磁路旋转变压器的绕组分布形式进行优化。采用定子每组齿数 $N=3$，转子形状函数 $S(x)=H \cdot \sin 3x - 0.034\,6H \cdot \sin 6x$ 的 2 对极旋转变压器模型；绕组采用双层短距分布绕组，节距为 5。绕组展开图如图 7.27 所示，绕组三维模型如图 7.28 所示，旋转变压器整体三维模型如图 7.29 所示。

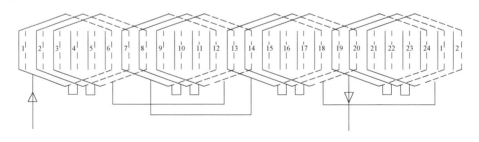

图 7.27　双层短距绕组中正弦相绕组展开图

经仿真计算后得到两相输出电压信号，用 Matlab 软件提取包络线并进行傅里叶分析，得到各次谐波的畸变率及谐波畸变率如表 7.10 所示。

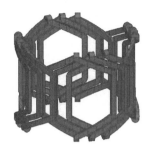

图 7.28   双层短距分布绕组三维模型图

图 7.29   短距分布旋转变压器整体模型

表 7.10   两相信号电动势各次谐波畸变率

两相	各次谐波畸变率				THD
	基波	3 次	5 次	7 次	
正弦相	1.000	0.003 0	0.001 6	0.000 8	0.61%
余弦相	1.000	0.003 2	0.002 5	0.001 1	0.66%

比较表 7.10 和表 7.8 中 $\dfrac{H^*}{H} = 0.034\,6$ 时的 5 次谐波和 7 次谐波畸变率可知,使用节距为 $Y = \dfrac{5}{6}\tau$ 的短距分布绕组后,输出电动势中的 5 次和 7 次谐波被明显削弱。其畸变率为 0.16% 和 0.25%,相比采用集中绕组时分别降低了 61% 和 33%。

综上分析可知,与整距集中绕组相比,采用节距为 $Y = \dfrac{5}{6}\tau$ 的短距分布绕组后可以大幅削弱输出电动势中的 5 次和 7 次谐波。

定子每组齿数 $N = 3$,转子形状函数 $S(x) = H \cdot \sin 3x - 0.034\,6H \cdot \sin 6x$,采用双层短距绕组的 2 对极正弦转子轴向磁路旋转变压器电气误差,如图 7.30 所示,可以看出,经过磁极形状优化、采用每组齿数 $N = 3$ 和双层短距分布绕组后的 2 对极旋转变压器电气误差为 $52'$,比未优化时的电气误差减小了 $1°20'$。

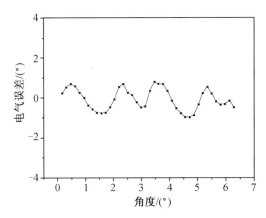

图 7.30   优化后的 2 对极旋转变压器电气误差

7.5   定、转子偏心对精度影响的研究

旋转变压器安装时定子或转子发生偏心的情况时有发生,甚至是难以避免的,但定、转子同时偏心的情况极少。因此本章中只分析定子或转子单独偏心,而不对定、转子同时偏心的情况进行分析。

传统磁阻式旋转变压器为径向磁路结构,只需要考虑定、转子径向偏心的影响。正弦转子轴向磁路旋转变压器采用变耦合面积法改变气隙磁导,其定、转子耦合面积与定、转子轴向相对位置有关,因此除了径向偏心外,还必须对轴向偏心加以分析。

7.5.1   定子径向偏心的影响

旋转变压器定子偏心是指旋转变压器转子与旋转轴同心,定子偏离旋转轴的情况。为了便于分析,这里先考虑定子每组齿数 $N=1$,转子极对数 $P=1$ 的情况。假设定子向余弦相绕组轴线方向偏心,偏心量为 l,原气隙长度为 g,如图 7.31 所示。偏心后旋转变压器各齿下的气隙长度不再相等,但并不随转子转角变化而变化,这时正弦转子轴向磁路旋转变压器仍然是等气隙旋转变压器。

对于偏心方向上的绕组(绕组 C_1 和 C_2),偏心的影响是使该绕组齿下的气隙长度改变。绕组 C_1 齿下的气隙长度变为 $g+l$,绕组 C_2 齿下的气隙长度变为 $g-l$。若未偏心情况下绕组 C_1 和 C_2 的输出电动势为 $K\cos\theta$,则此时绕组 C_1 的输出电动势为 $\dfrac{g}{g+l}K\cos\theta$,绕组 C_2 的输出电动势为 $\dfrac{g}{g-l}K\cos\theta$,余弦相绕组的输出电动势为

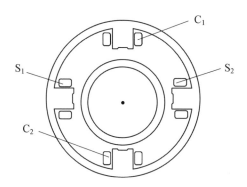

图 7.31　　定子沿余弦相绕组轴向偏心示意图

$$e_{\cos} = \frac{g}{g+l}K\cos\theta + \frac{g}{g-l}K\cos\theta = \frac{2g^2}{g^2-l^2}K\cos\theta \qquad (7.35)$$

从式(7.35)可以看出,定子沿余弦相绕组轴线偏心后,余弦相绕组的输出电动势还是一个标准的正弦函数,只是其幅值比不偏心时大。

对于垂直于偏心方向上的绕组 S_1,其气隙长度不变,但转子相对于该齿逆时针转过了角度 $\Delta\varphi(\Delta\varphi \approx l/R, R$ 为转子半径)。此时,绕组 S_1 的输出电动势不再是 $K\cos\theta$,而是 $K\cos(\theta+\Delta\varphi)$。对于绕组 S_2,其气隙长度同样不变,但转子相对于该齿逆时针转过了角度 $-\Delta\varphi$。此时,绕组 S_2 的输出电动势是 $K\cos(\theta-\Delta\varphi)$。正弦相绕组的输出电动势为

$$e_{\sin} = K\cos(\theta+\Delta\varphi) + K\cos(\theta-\Delta\varphi) = 2K\cos\Delta\varphi \cdot \cos\theta = K_1\cos\theta$$

$$(7.36)$$

可以看出,正弦相绕组的输出电动势还是标准余弦函数,只是幅值比不偏心时小。

根据式(7.35)和式(7.36)可以求出由于定子偏心而产生的电气误差为

$$\Delta\theta = \frac{1}{2}(\Delta\varepsilon_c - \Delta\varepsilon_s)\sin 2\theta = \frac{1}{2}\left(\frac{g^2}{g^2-l^2} - \cos\frac{l}{R}\right)\sin 2\theta \qquad (7.37)$$

下面采用有限元法对定子偏心导致的误差进行研究。在有限元软件中建立 1 对极正弦转子轴向磁路旋转变压器模型,使定子向余弦绕组轴向方向偏心,相对偏心量为 33%。

经过计算得到正弦相输出,如图 7.32 所示。其中,图 7.32(a)为绕组 S_1 和 S_2 的输出电动势,可以看出 S_1 和 S_2 的输出电动势幅值相等,但它们的零位不再是 π 而是 $\pi\pm\Delta\theta$。正弦相所有绕组输出电动势如图 7.32(b)所示,可以看出正弦相输出电动势并没有零位误差。

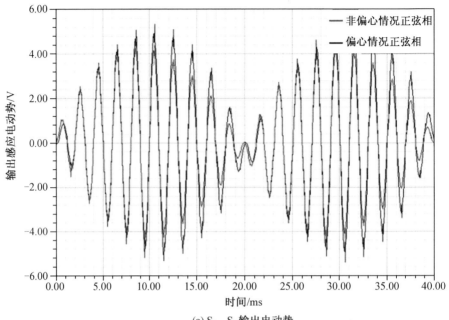

(a) S_1、S_2 输出电动势

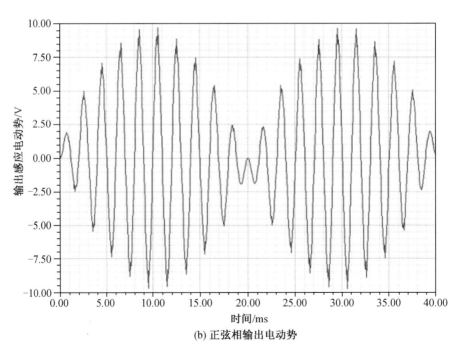

(b) 正弦相输出电动势

图 7.32　正弦相输出电动势波形

余弦相输出电动势如图 7.33 所示,其中图 7.33(a) 为绕组 C_1、C_2 的输出电动势,

可以看出 C_1 输出电动势幅值为 5.5 V，C_2 输出电动势幅值为 4.3 V。余弦相绕组输出
电动势如图 7.33(b) 所示，可以看出余弦相输出电动势也不存在零位误差。

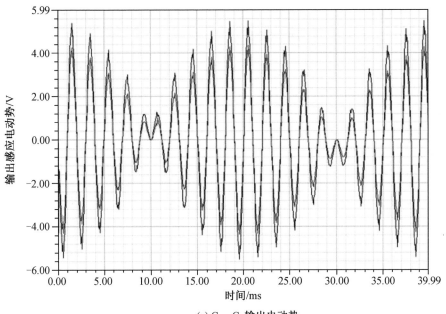

(a) C_1、C_2 输出电动势

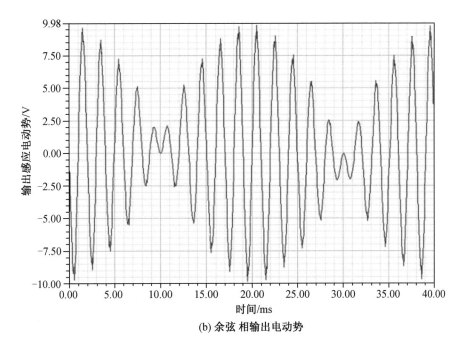

(b) 余弦 相输出电动势

图 7.33　余弦相输出电动势波形

由有限元分析可知,定子偏心不会使正弦转子轴向磁路旋转变压器的输出电动势中产生零位误差,但会使两相输出电动势幅值不等。当相对偏心量为33%时,两相幅值误差为4.5%,此时由定子偏心引起的电气误差为1.29°。

7.5.2　转子径向偏心影响

旋转变压器转子偏心是指旋转变压器定子与旋转轴同心、转子中心偏离旋转轴的情况。记转子偏心量为l,其与正弦相绕组轴线间夹角为β_0,大小为l,如图7.34所示。当转子转动时,l也随之同步旋转,其与余弦相绕组轴线间夹角为$\theta+\beta_0$。此时,每个齿下的气隙长度不再为恒定值,而是随着转角θ的变化而变化。可以看出,转子偏心可以等效为偏心量l的方向随转子转角变化的定子偏心。

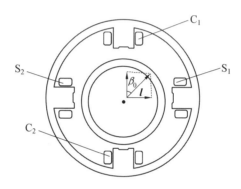

图 7.34　转子偏心示意图

将$\beta=\theta+\beta_0$代入式(7.35),得到转子偏心时正弦相输出电动势为

$$e_{\sin}=\left[\frac{2g^2}{g^2-[l\sin(\theta+\beta_0)]^2}+\cos\frac{l\cos(\theta+\beta_0)}{R}\right]\cdot K\sin\theta \quad (7.38)$$

可以看出,正弦相输出电动势不再是标准的正弦曲线。取$g=1$,$R=20$,$\beta_0=45°$,l分别取0、0.1、0.2、0.3、0.4,在Matlab软件中计算,得到不同偏心量时正弦相的输出电动势,如图7.35所示。

可以看出,随着偏心量增大,输出电动势的幅值和谐波畸变率也逐渐增大,但输出电动势的过零点并没有变化。

在有限元软件中建立1对极正弦转子轴向磁路旋转变压器的模型,取定子齿数$N=1$,转子形状函数为标准正弦曲线。令转子偏心量与气隙长度的比值分别为10%、20%、30%,计算不同偏心量相对值的输出电动势并做傅里叶分析,用偏心后输出电动势中各次谐波畸变率减去偏心前各次谐波畸变率得到偏心引起的函数误差,将计算结果列于表7.11。

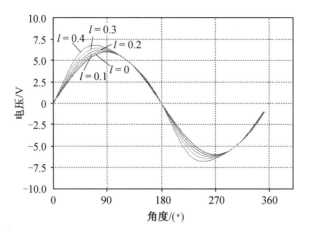

图 7.35　　转子不同偏心量时的输出电动势

表 7.11　　转子偏心引起的输出电动势谐波畸变率

偏心量	输出电动势谐波畸变率							电气误差
	基波	2 次	3 次	4 次	5 次	6 次	7 次	
10%	1	0.007 2	0.012	0.001 8	0.004 4	0.000 9	0.001 1	1.57°
20%	1	0.014 4	0.017	0.001 6	0.005 8	0.000 9	0.002 3	2.41°
30%	1	0.018 0	0.024	0.001 6	0.006 6	0.001 3	0.002 1	3.06°

从表 7.11 中可以看出,转子偏心时,由于磁路不对称,所以输出电动势中不仅含有奇次谐波,还会含有偶次谐波。高次谐波中 2 次、3 次、5 次谐波畸变率最大。

当转子相对偏心量达到 30% 时,由偏心引起的电气误差为 3.06°,因此转子偏心对该种结构旋转变压器的精度影响较小。

7.5.3　轴向偏移影响

旋转变压器轴向偏移是指定子中心(或转子中心)相对于旋转变压器中心点发生轴向上窜动的情况,如图 7.36 所示。发生轴向偏移后,各齿下气隙长度不变,只是定子齿和转子间的耦合面积发生变化。

假设转子相对于定子轴向偏心长度为 l,定子上齿和转子间耦合面积关系如图 7.37 所示。

按照第 2 章推导的正弦转子轴向磁路旋转变压器耦合面积的方法,可以得出轴

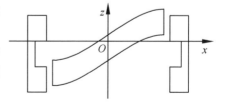

图 7.36　　轴向偏心示意图

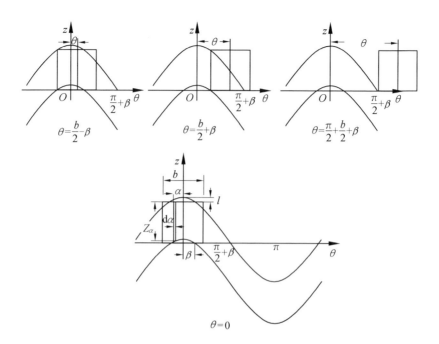

图 7.37　轴向偏移时定、转子间耦合面积示意图

向偏心情况下定子上齿与转子耦合面积为

$$
S_{\text{up}} = \int Z_\alpha \cdot \mathrm{d}\alpha = \begin{cases}
R\Big\{\displaystyle\int_{-\frac{b}{2}}^{-(\theta+\beta)} [R \cdot \tan\varphi \cdot \cos(\theta+\alpha) + l]\mathrm{d}\alpha + \\[2mm]
\displaystyle\int_{-(\theta+\beta)}^{\beta-\theta} [2R \cdot \tan\varphi - R \cdot \tan\varphi \cdot \cos(\theta+\alpha) - l]\mathrm{d}\alpha + \\[2mm]
\displaystyle\int_{\beta-\theta}^{\frac{b}{2}} [R \cdot \tan\varphi \cdot \cos(\theta+\alpha) + l]\mathrm{d}\alpha\Big\}, \quad 0 \leqslant \theta \leqslant \frac{\pi}{2} - \frac{b}{2} + \beta \\[4mm]
R\Big\{\displaystyle\int_{-\frac{b}{2}}^{-(\theta+\beta)} [R \cdot \tan\varphi \cdot \cos(\theta+\alpha) + l]\mathrm{d}\alpha + \\[2mm]
\displaystyle\int_{-(\theta+\beta)}^{\beta-\theta} [2R \cdot \tan\varphi - R \cdot \tan\varphi \cdot \cos(\theta+\alpha) - l]\mathrm{d}\alpha + \\[2mm]
\displaystyle\int_{\beta-\theta}^{\frac{\pi}{2}-\frac{b}{2}} [R \cdot \tan\varphi \cdot \cos(\theta+\alpha) + l]\mathrm{d}\alpha\Big\}, \\[4mm]
\qquad \dfrac{\pi}{2} - \dfrac{b}{2} + \beta \leqslant \theta \leqslant \dfrac{\pi}{2} + \dfrac{b}{2} + \beta \\[4mm]
0, \quad \dfrac{\pi}{2} + \dfrac{b}{2} + \beta \leqslant \theta \leqslant \pi + \beta
\end{cases}
$$

$$(7.39)$$

化简得

$$S_{up} = \begin{cases} 2R^2 \cdot \tan\varphi \cdot \sin\dfrac{b}{2} \cdot \cos\theta + 4R^2 \cdot \tan\varphi \cdot (\beta - \sin\beta) + lR(b - 4\beta), \\[2mm] \qquad 0 \leqslant \theta \leqslant \dfrac{\pi}{2} + \beta - \dfrac{b}{2} \\[3mm] R^2 \cdot \tan\varphi \cdot \left[1 - \sin\left(\theta - \dfrac{b}{2}\right) \right] + 4R^2 \cdot \tan\varphi \cdot (\beta - \sin\beta) + \\[2mm] \qquad lR\left(\dfrac{\pi}{2} - 4\beta\right), \qquad \dfrac{\pi}{2} + \beta - \dfrac{b}{2} \leqslant \theta \leqslant \dfrac{\pi}{2} + \beta + \dfrac{b}{2} \\[3mm] 0, \qquad \dfrac{\pi}{2} + \beta + \dfrac{b}{2} \leqslant \theta \leqslant \pi \end{cases} \tag{7.40}$$

同理可得,定子下齿与转子的耦合面积为

$$S_{down} = \begin{cases} 0, \quad 0 \leqslant \theta \leqslant \dfrac{\pi}{2} + \beta - \dfrac{b}{2} \\[3mm] -R^2 \cdot \tan\varphi \cdot \left[1 - \sin\left(\theta - \dfrac{b}{2}\right) \right] + 4R^2 \cdot \\[2mm] \quad \tan\varphi \cdot (\beta - \sin\beta) + lR\left(\dfrac{\pi}{2} - 4\beta\right), \\[2mm] \qquad \dfrac{\pi}{2} + \beta - \dfrac{b}{2} \leqslant \theta \leqslant \dfrac{\pi}{2} + \beta + \dfrac{b}{2} \\[3mm] 2R^2 \cdot \tan\varphi \cdot \sin\dfrac{b}{2} \cdot \cos\theta + 4R^2 \cdot \\[2mm] \quad \tan\varphi \cdot (\beta - \sin\beta) + lR(b - 4\beta), \\[2mm] \qquad \dfrac{\pi}{2} + \beta + \dfrac{b}{2} \leqslant \theta \leqslant \pi \end{cases} \tag{7.41}$$

定子一个齿与转子的耦合面积为

$$S = 2R^2 \cdot \tan\varphi \cdot \sin\dfrac{b}{2} \cdot \cos\theta + 4R^2 \cdot \tan\varphi \cdot (\beta - \sin\beta) + lR(b - 4\beta)$$

$$= 2R^2 \cdot \tan\varphi \cdot \sin\dfrac{b}{2} \cdot \cos\theta + K, \quad 0 \leqslant \theta \leqslant \pi \tag{7.42}$$

其中　　$K = 4R^2 \cdot \tan\varphi \cdot (\beta - \sin\beta) + lR(b - 4\beta)$。

可以看出,轴向偏心时耦合面积多了恒定分量 K,K 的大小和偏心量 l 有关。耦合面积中的恒定分量会反映到气隙磁导中,使气隙磁导的恒定分量增大。输出电动势可以消除气隙磁导中的恒定分量,因此可以认为轴向偏心对输出电动势没有影响。

建立有限元模型,使转子轴向偏心,偏心量为 0.2 mm。经过计算,得到两相输出电动势波形如图 7.38 所示。

从图中可以看出,轴向偏心时两相输出电动势的幅值都为 6.4 V,即没有两

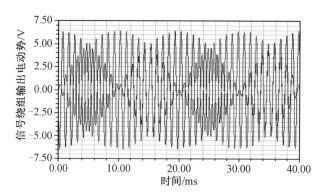

图 7.38 轴向偏移时两相输出电动势

相幅值误差。正弦相输出电动势的零位为 π 和 2π,余弦相输出电动势为 $\pi/2$ 和 $3\pi/2$,可见两相输出电动势都没有零位误差。

取输出电动势波形的包络线并进行傅里叶分析,得到两相输出电动势的谐波畸变率,如表 7.12 所示。

表 7.12 轴向偏心时输出电动势各次谐波畸变率

两相	电动势各次谐波畸变率							
	基波	2 次谐波	3 次谐波	4 次谐波	5 次谐波	6 次谐波	7 次谐波	THD
正弦相	1.000	0.001 3	0.032 3	0.000 7	0.006 5	0.000 6	0.001 2	3.61%
余弦相	1.000	0.001 2	0.032 9	0.000 6	0.006 6	0.000 2	0.001 5	3.65%

正弦转子轴向磁路旋转变压器发生轴向偏移时,其输出电动势中各次谐波畸变率不变,所以轴向偏移不会引起函数误差。

综上分析可知,轴向偏移对正弦转子轴向磁路旋转变压器的输出电动势没有任何影响。

7.5.4 偏心影响的试验研究

基本零位误差是指旋转变压器定、转子不偏心时由于绕组安放不对称等因素产生的零位误差。在偏心情况下,基本零位误差大小保持不变,因此用偏心时的零位误差减去基本零位误差就可以得到由于偏心产生的零位误差的大小。

将 1 对极轴向磁路旋转变压器的样机安装在试验平台上,小心调试定、转子位置使定子、转子、转台三者同心且定、转子在同一水平面上。安装完成后,旋转变压器励磁绕组通入幅值为 6 V、频率为 10 kHz 的正弦交流电,两相信号绕组分别接在示波器上,对其零位误差进行测试,测试结果如表 7.13 所示。

表 7.13　　试验测得两相基本零位误差

两相	理论零位	实际零位	零位误差	剩余电动势 / mV
正弦相	0°	0°	0°	25
	180°	185°05′	5°05′	80
余弦相	90°	93°34′	3°34′	28
	270°	270°34′	0°34′	40

从表 7.13 中可以看出,由于绕组安放不对称,励磁绕组和信号绕组间的分布电容变大,使输出电动势中存在不随转子转角变化的非有效电动势,即剩余电动势。剩余电动势的存在使两相输出电动势产生基本零位误差。

1. 定子偏心测试

保持转子与旋转轴同心,水平移动定子位置,使定子发生偏心。相对偏心量为 50%,偏心方向任意。对定子偏心情况下的零位误差进行测试,结果如表 7.14 所示(其中,偏心零位误差是指由偏心引起的零位误差,即零位误差减去基本零位误差)。

表 7.14　　定子偏心的零位误差

两相	实际零位	零位误差	剩余电动势 / mV
正弦相	0°	0°	30
	185°05′	5°05′	84
余弦相	93°34′	3°34′	25
	270°34′	0°34′	32

由表 7.14 可以看出,定子偏心时,输出电动势中的剩余电动势也发生了改变。这是因为定子偏心使气隙长度发生改变,所以分布电容产生的电动势也因此随之变化。排除剩余电动势变化对零位误差的影响,则可以认为定子偏心产生的零位误差为 0,符合理论分析结果。

2. 转子偏心测试

先调试定子位置使定子与转台同心,水平移动转子位置使转子发生偏心。相对偏心量为 50%,偏心方向任意。对转子偏心情况下的零位误差进行测试,结果如表 7.15 所示。

表 7.15　　转子偏心的零位误差

两相	实际零位	零位误差	剩余电动势 / mV
正弦相	0°	0°	19
	185°05′	5°05′	82

续表

两相	实际零位	零位误差	剩余电动势/mV
余弦相	93°34′	3°34′	33
	270°34′	0°34′	37

3. 轴向偏心测试

保持定子与转台同心,先使转子水平位置高出定子,即使旋转变压器发生轴向偏心,然后水平移动转子使转子与转台同心。对轴向偏心情况下的零位误差进行测试,结果如表 7.16 所示。

表 7.16　轴向偏心的零位误差

两相	实际零位	零位误差	剩余电动势/mV
正弦相	0°	0°	19
	185°05′	5°05′	82
余弦相	93°34′	3°34′	33
	270°34′	0°34′	37

粗精耦合轴向磁路磁阻式旋转变压器的电磁原理与特性研究

作为高精度伺服系统的机器人关节模组，需要的位置传感器也一定是高精度位置传感器。机器人关节模组中，电动机端的位置以及速度传感器采用与伺服电动机极对数匹配的旋转变压器。关节末端通常需要绝对式位置传感器以准确定位。如果两套传感器为分离的，则占有较大空间。本章提出一种新型粗精耦合轴向磁路磁阻式旋转变压器的结构，确定励磁绕组与信号绕组的绕组形式、定子铁芯形式、转子导磁波带结构，采用解析法推导定、转子之间耦合面积随转子转角变化的规律，并建立理想状态下粗精耦合的电压方程，验证粗精耦合设计理念的可行性。最后，研制一台粗通道为 1 对极、精通道为 15 对极的粗精耦合 ARR 样机（由于本章节题目过长，取 ARR 为轴向磁路磁阻式旋转变压器的英文缩写）。

同时采用绕组函数法分别对等匝绕组形式与正弦绕组形式下粗精耦合轴向磁路磁阻式旋转变压器的电感进行理论推导，对比分析两种不同绕组形式下自感与互感的变化规律，得出各绕组电感与粗精耦合旋转变压器误差之间的关系，为提高此种旋转变压器的测量精度提供理论基础。采用试验方法对这种粗精耦合结构旋转变压器的电感计算方法进行验证。

8.1 粗精耦合 ARR 的结构与电磁原理

8.1.1 粗精耦合 ARR 的结构设计

粗精耦合 ARR 是一种高精度多极磁阻式旋转变压器,适用于伺服系统的速度以及位置传感器,图 8.1 所示为一台采用正弦绕组形式的粗精耦合 ARR 的模型图。

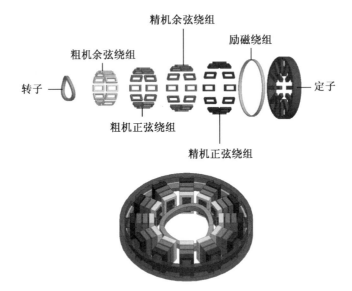

图 8.1　正弦绕组形式下 2 对极粗精耦合 ARR 的三维模型图

粗精耦合 ARR 由定子与转子两部分组成,两者之间具有相等的气隙。定子内侧有 $4NP$ 个相同的齿槽,且沿圆周方向开有一个通槽,从而使定子的外表面形成 $4NP$ 对上齿与下齿,上齿、下齿及通槽的轴向长度相等。其中,N 为自然数。励磁绕组为环形集中绕组,嵌放于定子通槽中,与定子同心设置。下面以采用正弦绕组形式的信号绕组为例进行说明。对于粗机正弦绕组而言,任意选取一个过定子轴线且不与定子齿相交的平面,沿顺时针方向将 $2NP$ 对定子齿分为两组,第一组相邻的 NP 对定子齿沿逆时针方向绕线,第二组相邻的 NP 对定子齿沿顺时针方向绕线。粗机正、余弦绕组的设置方式相同,相位上相差 $90°$ 电角度。对于精机正弦绕组而言,从轴线开始沿顺时针方向将 $2NP$ 对定子齿分为 P 部分,且 P 部分的设置方式相同。任意选取一个过定子轴线且不与定子齿相交的平面,沿顺时针方向将第一部分 $2N$ 对定子齿分为两组,第一组相邻的 N 对定子齿沿逆时针方向绕线,第二组相邻的 N 对定子齿沿顺时针方向绕线。精机正、余弦绕组的设置方式相同,相位上相差 90° 电角度。

转子呈圆筒形,由导磁部分与非导磁部分构成。非导磁部分位于导磁部分的两侧。转子导磁部分的铁芯为采用磁场优化函数设计的多极带状波纹型导磁铁芯,所形成的带状波纹型导磁结构由两种不同频率的正弦函数合成而来,分布于转子中部,转子结构如图 8.2 所示。

图 8.2　2 对极粗精耦合 ARR 的转子组合图

从结构上来看,两种不同绕组形式下的粗精耦合 ARR 的不同之处在于信号绕组的分布。采用等匝绕组形式的信号绕组的缠绕方法与前面所介绍的单通道信号绕组的缠绕方法相同,只是精机信号绕组对应的极对数为 P,粗机信号绕组对应的极对数为 1,精机信号绕组与粗机信号绕组分两层设置于定子齿上。

本书设计了一台采用正弦绕组形式的 15 对极粗精耦合 ARR,并对其特性进行了试验验证,验证结果详见第 3 章的电感试验以及第 5 章的误差测量。采用正弦绕组形式的 15 对极粗精耦合 ARR 的三维模型,如图 8.3 所示。通常情况下,粗精耦合 ARR 精机信号绕组输出电动势会受到 3 次、5 次谐波或者 3 与 5 的倍数次谐波影响,而且所占比重较大。又因为 15 对极粗精耦合 ARR 的结构比较特殊,因此精机信号绕组输出电动势更加容易受到 3 次、5 次谐波或者 3 与 5 的倍数次谐波影响。因此,本书对 15 对极粗精耦合 ARR 进行了样机制作,并对其进行试验测试,所得出的误差测量结果可以为后续的研究工作找出相应的解决方案提供一定的参考依据。在工程实际应用中,建议选取极对数为 2、4、8、16 等结构的粗精耦合磁阻式旋转变压器进行设计,以保证较高的测量精度。

8.1.2　粗精耦合 ARR 的转子合成波形

P 对极粗精耦合 ARR 的转子函数与单通道 ARR 的转子函数不同,前者是由一个 P 倍角正弦函数与一个 1 倍角正弦函数合成来的,下面以 2 对极粗精耦合 ARR 为例进行说明。

图 8.4 所示为一个 1 倍角正弦波与一个 2 倍角正弦波的合成波形示意图。定子上齿、中槽、下齿的轴向长度分别为 L_1、L_2、L_3,且 $L_1=L_2=L_3=L_R$,定、转子位置关系如图 8.5 所示。

其中,转子上部波形与下部波形可以分别用 $Y_1(\theta)$ 与 $Y_2(\theta)$ 表示为

$$\begin{cases} Y_1(\theta) = F_2 \sin 2\theta + F_1 \sin \theta + F_0 \\ Y_2(\theta) = F_2 \sin 2\theta + F_1 \sin \theta - F_0 \end{cases} \tag{8.1}$$

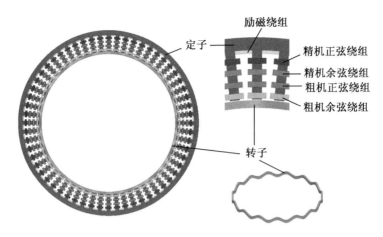

图 8.3　正弦绕组形式下 15 对极粗精耦合 ARR 的三维模型图

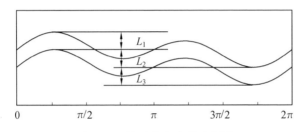

图 8.4　转子合成波形示意图

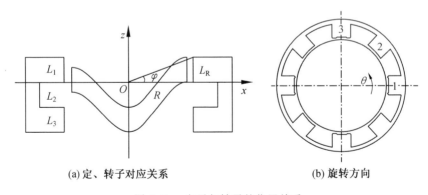

(a) 定、转子对应关系　　　　　　　(b) 旋转方向

图 8.5　定子与转子的位置关系

式中　　F_1——1 倍角正弦波的幅值,m;

　　　　F_2——2 倍角正弦波的幅值,m;

　　　　θ——转子旋转角度,rad;

　　　　F_0——合成波形的轴向偏移量,m。

8.1.3   粗精耦合 ARR 的耦合面积变化原理

磁阻式旋转变压器是根据磁阻效应原理,使信号绕组输出电压与转子转角呈正、余弦函数关系。粗精耦合 ARR 的气隙磁导变化规律由转子与定子齿的耦合面积 S 决定。耦合面积 S 随着转子的旋转呈周期性变化,当转子转过一个机械周期时,耦合面积 S 变化 P 个周期。为了方便得出定、转子之间耦合面积与转子转角的关系,下面以 2 对极粗精耦合 ARR 为例对定子齿与转子的耦合面积进行推导。

耦合面积的推导方法与单通道 ARR 相同,依然是通过在定子齿中引入随着转角变化的微元 $\mathrm{d}\alpha$ 来实现。图 8.6 所示为定子齿 1 与转子之间耦合长度示意图,定子齿 1 的上齿与转子导磁部分的耦合长度为 $Z_a = R \cdot \tan \varphi \cdot (\sin P\alpha + \sin \alpha)$,定子齿 1 的上齿与转子导磁部分的耦合面积为 $\mathrm{d}S = R^2 \cdot \tan \varphi \cdot (\sin P\alpha + \sin \alpha)\mathrm{d}\alpha$。图 8.7 为沿定子内径圆周方向所展开的各定子齿与转子导磁部分的对应关系图。并记定子齿 1 的上齿中心线与转子开始出现耦合长度的时刻为转子的初始时刻(即图 8.7 所示的 z 轴与定子齿 1 的中心线重合的时刻),此时 $\theta = 0$。

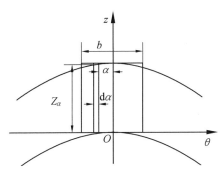

图 8.6   定、转子耦合长度与 α 的关系图

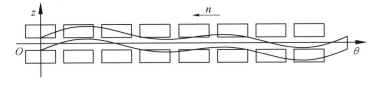

图 8.7   所有定子齿与转子的对应关系

根据图 8.8 所示的定子齿 1 与转子的位置关系随转角变化情况,可以得到定子齿 1 的上齿与转子导磁部分的耦合面积 S_{up} 为

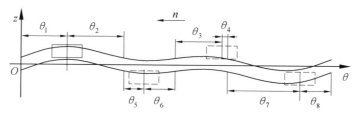

图 8.8　一个机械周期内定子齿 1 与转子的耦合关系

$$
S_{\text{up}} = \begin{cases}
\displaystyle\int_{-\theta}^{\frac{b}{2}} \{R^2 \tan \varphi [A_1 \sin (\theta + \alpha) + A_2 \sin 2(\theta + \alpha)]\} \,\mathrm{d}\alpha, & -\dfrac{b}{2} \leqslant \theta \leqslant \dfrac{b}{2} \\[2ex]
\displaystyle\int_{-\frac{b}{2}}^{\frac{b}{2}} \{R^2 \tan \varphi [A_1 \sin (\theta + \alpha) + A_2 \sin 2(\theta + \alpha)]\} \,\mathrm{d}\alpha, \\[1ex]
\quad \dfrac{b}{2} \leqslant \theta \leqslant \theta_1 + \theta_2 - \dfrac{b}{2} \\[2ex]
\displaystyle\int_{-\frac{b}{2}}^{\theta_1 + \theta_2 - \theta} \{R^2 \tan \varphi [A_1 \sin (\theta + \alpha) + A_2 \sin 2(\theta + \alpha)]\} \,\mathrm{d}\alpha, \\[1ex]
\quad \theta_1 + \theta_2 - \dfrac{b}{2} \leqslant \theta \leqslant \theta_1 + \theta_2 + \dfrac{b}{2} \\[2ex]
0, \quad \theta_1 + \theta_2 + \dfrac{b}{2} \leqslant \theta \leqslant \pi - \dfrac{b}{2} \\[2ex]
\displaystyle\int_{\pi - \theta}^{\frac{b}{2}} \{R^2 \tan \varphi [A_1 \sin (\theta + \alpha) + A_2 \sin 2(\theta + \alpha)]\} \,\mathrm{d}\alpha, \\[1ex]
\quad \pi - \dfrac{b}{2} \leqslant \theta \leqslant \pi + \dfrac{b}{2} \\[2ex]
\displaystyle\int_{-\frac{b}{2}}^{\frac{b}{2}} \{R^2 \tan \varphi [A_1 \sin (\theta + \alpha) + A_2 \sin 2(\theta + \alpha)]\} \,\mathrm{d}\alpha, \\[1ex]
\quad \pi + \dfrac{b}{2} \leqslant \theta \leqslant \pi + \theta_3 + \theta_4 - \dfrac{b}{2} \\[2ex]
\displaystyle\int_{-\frac{b}{2}}^{\pi + \theta_3 + \theta_4 - \theta} \{R^2 \tan \varphi [A_1 \sin (\theta + \alpha) + A_2 \sin 2(\theta + \alpha)]\} \,\mathrm{d}\alpha, \\[1ex]
\quad \pi + \theta_3 + \theta_4 - \dfrac{b}{2} \leqslant \theta \leqslant \pi + \theta_3 + \theta_4 + \dfrac{b}{2} \\[2ex]
0, \quad \pi + \theta_3 + \theta_4 + \dfrac{b}{2} \leqslant \theta \leqslant 2\pi - \dfrac{b}{2}
\end{cases}
$$

$$(8.2)$$

定子齿 1 的下齿与转子导磁部分的耦合面积 S_{down} 为

$$
S_{\text{down}} = \begin{cases}
\displaystyle\int_{-\frac{b}{2}}^{-\theta} \left\{ R^2 \tan\varphi \left[-A_1 \sin(\theta+\alpha) - A_2 \sin 2(\theta+\alpha) \right] \right\} \mathrm{d}\alpha, \\[2mm]
\qquad -\dfrac{b}{2} \leqslant \theta \leqslant \dfrac{b}{2} \\[4mm]
0, \quad -\dfrac{b}{2} \leqslant \theta \leqslant \theta_1 + \theta_2 - \dfrac{b}{2} \\[4mm]
\displaystyle\int_{\theta_1+\theta_2-\theta}^{\frac{b}{2}} \left\{ R^2 \tan\varphi \left[-A_1 \sin(\theta+\alpha) - A_2 \sin 2(\theta+\alpha) \right] \right\} \mathrm{d}\alpha, \\[2mm]
\qquad \theta_1 + \theta_2 - \dfrac{b}{2} \leqslant \theta \leqslant \theta_1 + \theta_2 + \dfrac{b}{2} \\[4mm]
\displaystyle\int_{-\frac{b}{2}}^{\frac{b}{2}} \left\{ R^2 \tan\varphi \left[-A_1 \sin(\theta+\alpha) - A_2 \sin 2(\theta+\alpha) \right] \right\} \mathrm{d}\alpha, \\[2mm]
\qquad \theta_1 + \theta_2 + \dfrac{b}{2} \leqslant \theta \leqslant \pi - \dfrac{b}{2} \\[4mm]
\displaystyle\int_{-\frac{b}{2}}^{\pi-\theta} \left\{ R^2 \tan\varphi \left[-A_1 \sin(\theta+\alpha) - A_2 \sin 2(\theta+\alpha) \right] \right\} \mathrm{d}\alpha, \\[2mm]
\qquad \pi - \dfrac{b}{2} \leqslant \theta \leqslant \pi + \dfrac{b}{2} \\[4mm]
0, \quad \pi + \dfrac{b}{2} \leqslant \theta \leqslant \pi + \theta_3 + \theta_4 - \dfrac{b}{2} \\[4mm]
\displaystyle\int_{\pi+\theta_3+\theta_4-\theta}^{\frac{b}{2}} \left\{ R^2 \tan\varphi \left[-A_1 \sin(\theta+\alpha) - A_2 \sin 2(\theta+\alpha) \right] \right\} \mathrm{d}\alpha, \\[2mm]
\qquad \pi + \theta_3 + \theta_4 - \dfrac{b}{2} \leqslant \theta \leqslant \pi + \theta_3 + \theta_4 + \dfrac{b}{2} \\[4mm]
\displaystyle\int_{-\frac{b}{2}}^{\frac{b}{2}} \left\{ R^2 \tan\varphi \left[-A_1 \sin(\theta+\alpha) - A_2 \sin 2(\theta+\alpha) \right] \right\} \mathrm{d}\alpha, \\[2mm]
\qquad \pi + \theta_3 + \theta_4 + \dfrac{b}{2} \leqslant \theta \leqslant 2\pi - \dfrac{b}{2}
\end{cases}
\tag{8.3}
$$

式中　　A_1——转子粗机函数幅值与转子轴向厚度（即 l_r）的比值；

　　　　A_2——2 对极转子精机函数幅值与转子轴向厚度的比值。

由于实际模型中定子上、下齿的磁感应强度方向相反，所以当极对数 P 为 2 时，同一对上、下齿的耦合面积可表示为

$$
S_1 = S_{\text{up}} - S_{\text{down}} = H_1 \cdot \sin\theta + H_2 \cdot \sin 2\theta, \quad 0 \leqslant \theta \leqslant 2\pi \tag{8.4}
$$

其中，$H_1 = 2R^2 \cdot \tan\varphi \cdot A_1 \cdot \sin\dfrac{b}{2}$，$H_2 = R^2 \cdot \tan\varphi \cdot A_2 \cdot \sin b$ 为常数，即定、转子之间的耦合面积是随转子转角变化的正弦函数。从式（8.4）可以看出，耦合面积与 φ、定子齿宽、转子半径、粗机与精机函数的幅值等因素有关。于是当极对数为

251

P 时,定子齿 1 与转子耦合面积可以写成

$$S_1 = S_{up} - S_{down} = H_1 \cdot \sin\theta + H_P \cdot \sin P\theta, \quad 0 \leqslant \theta \leqslant 2\pi \tag{8.5}$$

式中　　$H_P = \dfrac{2}{P}R^2 \cdot \tan\varphi \cdot A_P \cdot \sin\dfrac{Pb}{2}$;

A_P——P 对极转子精机函数幅值与转子轴向厚度的比值。

8.2　粗精耦合 ARR 的电压方程

8.2.1　采用等匝绕组形式的电压方程

采用等匝绕组形式时,粗精耦合 ARR 的信号绕组分两层设置于定子齿上,粗机正、余弦绕组分布于一层,精机正、余弦绕组分布于另一层。又因为转子具有沿轴向分布的正弦带状导磁材料,因此整个旋转变压器具有沿轴向分布的磁路。为了能够更加清楚地了解粗精耦合 ARR 的磁场分布,需要对各个定子齿的磁场变化规律进行推导。于是第 i 个定子齿下的气隙磁导可以表示为

$$\Lambda_i = \Lambda_{10} + \Lambda_{P0} + \Lambda_{1i} + \Lambda_{Pi} = \Lambda_{10} + \Lambda_{P0} + \frac{\mu_0 \cdot S_{1i}}{g} + \frac{\mu_0 \cdot S_{Pi}}{g} \tag{8.6}$$

式中　　Λ_{10}——第 i 个定子齿所对应的气隙磁导的粗机恒定分量,H;

Λ_{P0}——第 i 个定子齿所对应的气隙磁导的精机恒定分量,H;

Λ_{1i}——第 i 个定子齿所对应的气隙磁导的粗机基波分量,H;

Λ_{Pi}——第 i 个定子齿所对应的气隙磁导的精机基波分量,H;

S_{1i}——第 i 个定子齿与转子粗机部分的耦合面积,m²;

S_{Pi}——第 i 个定子齿与转子精机部分的耦合面积,m²。

对于等匝绕组形式而言,以 2 对极与 3 对极粗精耦合 ARR 为例,具体位置关系如图 8.9 所示,"A" 代表粗机正弦绕组,"B" 代表粗机余弦绕组,"C" 代表精机正弦绕组,"D" 代表精机余弦绕组,"+" 代表正向绕线,"−" 代表负向绕线。

在理想情况下,第 i 个齿下的气隙磁通可以表示为

$$\begin{aligned}\Phi_i &= \Phi_{1i} + \Phi_{Pi}\\ &= N_1 I\Lambda_0 + N_1 I\Lambda_{1i} + N_1 I\Lambda_{Pi}\\ &= N_1 I\Lambda_0 + N_1 I\Lambda'_{11} \cdot \sin\left[\theta + \left(i - \frac{1}{2}\right) \cdot \frac{2\pi}{Z_s}\right] + \\ &\quad N_1 I\Lambda'_{P1} \cdot \sin P\left[\theta + \left(i - \frac{1}{2}\right)\frac{2\pi}{Z_s}\right]\end{aligned} \tag{8.7}$$

式中　　Φ_{1i}——第 i 个定子齿下气隙磁通的粗机基波分量,Wb;

Φ_{Pi}——第 i 个定子齿下气隙磁通的精机基波分量,Wb;

Λ'_{11}——第 i 个定子齿下气隙磁导的粗机基波分量幅值，H；

Λ'_{P1}——第 i 个定子齿下气隙磁导的精机基波分量幅值，H。

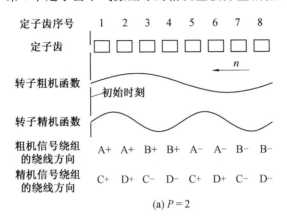

(a) $P = 2$

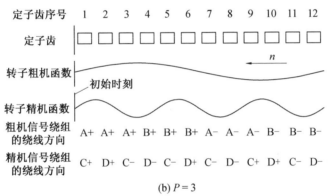

(b) $P = 3$

图 8.9　等匝绕组形式下定、转子初始位置分布图

设精机极对数为 P，以齿数与精机极对数为 4：1 的关系进行说明，由于粗机信号绕组隔 P 个齿反向串接，所以粗机正、余弦绕组的磁链可以表示为

$$
\begin{cases}
\psi_{Jcs} = \displaystyle\sum_{i=1}^{\frac{Z_S}{4}} N_1 \Phi_i - \sum_{i=\frac{Z_S}{2}+1}^{\frac{3Z_S}{4}} N_1 \Phi_i \\[4mm]
\psi_{Jcc} = \displaystyle\sum_{i=\frac{Z_S}{4}+1}^{\frac{Z_S}{2}} N_1 \Phi_i - \sum_{i=\frac{3Z_S}{4}+1}^{Z_S} N_1 \Phi_i
\end{cases}
\tag{8.8}
$$

精机信号绕组隔 1 个齿反向串接，所以精机正、余弦绕组的磁链可以表示为

$$\begin{cases} \psi_{\text{Jjs}} = \displaystyle\sum_{i=1,3,5,\cdots}^{Z_{\text{S}}} N_2 (-1)^{\frac{i-1}{2}} \Phi_i \\[4mm] \psi_{\text{Jjc}} = \displaystyle\sum_{i=2,4,6\cdots}^{Z_{\text{S}}} N_2 (-1)^{\frac{i-2}{2}} \Phi_i \end{cases} \tag{8.9}$$

式中　　N_1——等匝绕组形式下的粗机信号绕组缠绕于一个定子齿上的匝数，匝；

　　　　N_2——等匝绕组形式下的精机信号绕组缠绕于一个定子齿上的匝数，匝。

理想情况下，气隙磁导只由恒定分量与基波分量构成。但是由于旋转变压器结构的特殊性，计算出的数学模型中只有基波分量，那是因为恒定分量相互抵消掉了。

将粗精耦合 ARR 的转子函数分解成 1 倍角正弦函数与 P 倍角正弦函数。为了便于分析，分别考虑 1 倍角正弦函数与 P 倍角正弦函数对粗机信号绕组与精机信号绕组磁链的影响。当 P 为偶数时，式(8.8)与式(8.9)可以表示为

$$\begin{cases} \psi_{\text{Jcs}} = 2PN_1 \Phi_1' \sin\left(\theta - \dfrac{2\pi}{Z_{\text{S}}} \cdot \dfrac{1}{2}\right) \\[4mm] \psi_{\text{Jcc}} = 2PN_1 \Phi_1' \cos\left(\theta - \dfrac{2\pi}{Z_{\text{S}}} \cdot \dfrac{1}{2}\right) \end{cases} \tag{8.10}$$

$$\begin{cases} \psi_{\text{Jjs}} = 2PN_2 \Phi_P' \sin\left(P\theta - \dfrac{2P\pi}{Z_{\text{S}}} \cdot \dfrac{1}{2}\right) \\[4mm] \psi_{\text{Jjc}} = 2PN_2 \Phi_P' \cos\left(P\theta - \dfrac{2P\pi}{Z_{\text{S}}} \cdot \dfrac{1}{2}\right) \end{cases} \tag{8.11}$$

当 P 为奇数时，式(8.8)与式(8.9)可以表示为

$$\begin{cases} \psi_{\text{Jcs}} = 2PN_1 \Phi_1' \sin\left(\theta - \dfrac{\pi}{Z_{\text{S}}}\right) + \\[3mm] \left\{ \displaystyle\sum_{i=1}^{\frac{Z_{\text{S}}}{4}} N_1 \sin P\left[\theta + \left(i - \dfrac{1}{2}\right) \cdot \dfrac{2\pi}{Z_{\text{S}}}\right] - \displaystyle\sum_{i=\frac{Z_{\text{S}}}{2}+1}^{\frac{3Z_{\text{S}}}{4}} N_1 \sin P\left[\theta + \left(i - \dfrac{1}{2}\right) \cdot \dfrac{2\pi}{Z_{\text{S}}}\right] \right\} \Phi_P' \\[6mm] \psi_{\text{Jcc}} = 2PN_1 \Phi_1' \cos\left(\theta - \dfrac{\pi}{Z_{\text{S}}}\right) + \\[3mm] \left\{ \displaystyle\sum_{i=\frac{Z_{\text{S}}}{4}+1}^{\frac{Z_{\text{S}}}{2}} N_1 \sin P\left[\theta + \left(i - \dfrac{1}{2}\right) \cdot \dfrac{2\pi}{Z_{\text{S}}}\right] - \displaystyle\sum_{i=\frac{3Z_{\text{S}}}{4}+1}^{Z_{\text{S}}} N_1 \sin P\left[\theta + \left(i - \dfrac{1}{2}\right) \cdot \dfrac{2\pi}{Z_{\text{S}}}\right] \right\} \Phi_P' \end{cases}$$

$$\tag{8.12}$$

$$\begin{cases} \psi_{\text{Jjs}} = 2PN_2\Phi'_P\sin\left(P\theta - \dfrac{P\pi}{Z_{\text{S}}}\right) + \\[2mm] \qquad \Phi'_1\displaystyle\sum_{i=1,3,5,\cdots}^{Z_{\text{S}}} N_2(-1)^{\frac{i-1}{2}}\sin\left[\theta + \left(i-\dfrac{1}{2}\right)\cdot\dfrac{2\pi}{Z_{\text{S}}}\right] \\[4mm] \psi_{\text{Jjc}} = 2PN_2\Phi'_P\cos\left(P\theta - \dfrac{P\pi}{Z_{\text{S}}}\right) + \\[2mm] \qquad \Phi'_1\displaystyle\sum_{i=2,4,6,\cdots}^{Z_{\text{S}}} N_2(-1)^{\frac{i-2}{2}}\sin\left[\theta + \left(i-\dfrac{1}{2}\right)\cdot\dfrac{2\pi}{Z_{\text{S}}}\right] \end{cases} \tag{8.13}$$

式中　　Φ'_1—— 采用等匝绕组形式时转子粗机函数与一个定子齿构成磁路所产
　　　　　　生的磁通的幅值，Wb；

　　　　Φ'_P—— 采用等匝绕组形式时转子精机函数与一个定子齿构成磁路所产
　　　　　　生的磁通的幅值，Wb。

　　从上式可以看出，当 P 为偶数时，这种对称结构使粗机信号绕组的磁链只与
具有 1 倍角正弦函数的转子部分有关，精机信号绕组的磁链只与具有 P 倍角正弦
函数的转子部分有关；当 P 为奇数时，粗机信号绕组的磁链表达式(8.12) 的第一
项与式(8.10) 相同，第二项由粗机信号绕组与 P 倍角正弦函数的转子部分相互
匝链所产生；精机信号绕组的磁链表达式(8.13) 的第一项与式(8.11) 相同，第二
项由精机信号绕组与 1 倍角正弦函数的转子部分相互匝链所产生。

　　当 P 为偶数时，粗机信号绕组与精机信号绕组的输出电动势可以表示为

$$\begin{cases} e_{\text{Jcs}} = -\dfrac{\mathrm{d}\psi_{\text{Jcs}}}{\mathrm{d}t} = -2PN_1\sin\left(\theta - \dfrac{\pi}{Z_{\text{S}}}\right)\dfrac{\mathrm{d}\Phi'_1}{\mathrm{d}t} = -e_{\text{Jcm}}\sin\left(\theta - \dfrac{\pi}{Z_{\text{S}}}\right) \\[3mm] e_{\text{Jcc}} = -\dfrac{\mathrm{d}\psi_{\text{Jcc}}}{\mathrm{d}t} = -2PN_1\cos\left(\theta - \dfrac{\pi}{Z_{\text{S}}}\right)\dfrac{\mathrm{d}\Phi'_1}{\mathrm{d}t} = -e_{\text{Jcm}}\cos\left(\theta - \dfrac{\pi}{Z_{\text{S}}}\right) \end{cases} \tag{8.14}$$

$$\begin{cases} e_{\text{Jjs}} = -\dfrac{\mathrm{d}\psi_{\text{Jjs}}}{\mathrm{d}t} = -2PN_2\sin\left(P\theta - \dfrac{P\pi}{Z_{\text{S}}}\right)\dfrac{\mathrm{d}\Phi'_P}{\mathrm{d}t} = -e_{\text{Jjm}}\sin\left(P\theta - \dfrac{P\pi}{Z_{\text{S}}}\right) \\[3mm] e_{\text{Jjc}} = -\dfrac{\mathrm{d}\psi_{\text{Jjc}}}{\mathrm{d}t} = -2PN_2\cos\left(P\theta - \dfrac{P\pi}{Z_{\text{S}}}\right)\dfrac{\mathrm{d}\Phi'_P}{\mathrm{d}t} = -e_{\text{Jjm}}\cos\left(P\theta - \dfrac{P\pi}{Z_{\text{S}}}\right) \end{cases} \tag{8.15}$$

　　当 P 为奇数时，粗机信号绕组与精机信号绕组的输出电动势可以表示为

$$\begin{cases} e_{\text{Jcs}} = -\dfrac{\mathrm{d}\psi_{\text{Jcs}}}{\mathrm{d}t} = -e_{\text{Jcm}}\sin\left(\theta - \dfrac{\pi}{Z_{\text{S}}}\right) - e'_{\text{Jcm}}\sin P\left[\theta + \dfrac{\pi}{2} + (-1)^{\frac{P+1}{2}}\cdot\dfrac{\pi}{4}\right] \\[3mm] e_{\text{Jcc}} = -\dfrac{\mathrm{d}\psi_{\text{Jcc}}}{\mathrm{d}t} = -e_{\text{Jcm}}\cos\left(\theta - \dfrac{\pi}{Z_{\text{S}}}\right) - e'_{\text{Jcm}}\sin P\left[\theta + \dfrac{\pi}{2} + (-1)^{\frac{P-1}{2}}\cdot\dfrac{\pi}{4}\right] \end{cases} \tag{8.16}$$

$$\begin{cases} e_{\text{Jjs}} = -\dfrac{\mathrm{d}\psi_{\text{Jjs}}}{\mathrm{d}t} = -e_{\text{Jjm}}\sin\left(P\theta - \dfrac{P\pi}{Z_{\text{S}}}\right) - \\[3mm] e'_{\text{Jjm}}\sum_{x=1}^{P}(-1)^{x-1}\sin\left\{\theta + \left[\dfrac{\pi}{Z_{\text{S}}} + (x-1)\cdot\dfrac{4\pi}{Z_{\text{S}}}\right]\right\} \\[3mm] e_{\text{Jjc}} = -\dfrac{\mathrm{d}\psi_{\text{Jjc}}}{\mathrm{d}t} = -e_{\text{Jjm}}\cos\left(P\theta - \dfrac{P\pi}{Z_{\text{S}}}\right) - \\[3mm] e'_{\text{Jjm}}\sum_{x=1}^{P}(-1)^{x-1}\sin\left\{\theta + \left[\dfrac{(2P+1)\pi}{Z_{\text{S}}} + (x-1)\cdot\dfrac{4\pi}{Z_{\text{S}}}\right]\right\} \end{cases} \tag{8.17}$$

式中　e_{Jcm}——P 为偶数时采用等匝绕组形式的粗机信号绕组与转子粗机部分相互匝链所产生的输出电动势的幅值，V；

e'_{Jcm}——P 为奇数时采用等匝绕组形式的粗机信号绕组与转子精机部分相互匝链所产生的输出电动势的幅值，V；

e_{Jjm}——P 为偶数时采用等匝绕组形式的精机信号绕组与转子精机部分相互匝链所产生的输出电动势的幅值，V；

e'_{Jjm}——P 为奇数时采用等匝绕组形式的精机信号绕组与转子粗机部分相互匝链所产生的输出电动势的幅值，V。

8.2.2　采用正弦绕组形式的电压方程

为了比较不同绕组形式对粗精耦合 ARR 信号输出的影响，以下将对第 1 章所介绍的正弦绕组形式进行理论分析。采用正弦绕组形式时，精机正、余弦绕组与粗机正、余弦绕组按四层分布于粗精耦合 ARR 的定子内侧。为了便于推导，此处取 $Z_{\text{S}}=4NP$（本书在正弦绕组形式下所选取的齿数 Z_{S} 均为 $4P$ 的倍数）。粗机信号绕组与精机信号绕组位于第 i 个定子齿上的匝数由下式表示：

$$\begin{cases} N_{\text{Zcsi}} = N_{\text{Zcm}}\sin\left[(i-1)\dfrac{2\pi}{Z_{\text{S}}} + \dfrac{2\pi}{Z_{\text{S}}}\cdot\dfrac{1}{2}\right] \\[3mm] N_{\text{Zcci}} = N_{\text{Zcm}}\cos\left[(i-1)\dfrac{2\pi}{Z_{\text{S}}} + \dfrac{2\pi}{Z_{\text{S}}}\cdot\dfrac{1}{2}\right] \end{cases} \tag{8.18}$$

$$\begin{cases} N_{\text{Zjsi}} = N_{\text{Zjm}}\sin\left[(i-1)\dfrac{2P\pi}{Z_{\text{S}}} + \dfrac{2P\pi}{Z_{\text{S}}}\cdot\dfrac{1}{2}\right] \\[3mm] N_{\text{Zjci}} = N_{\text{Zjm}}\cos\left[(i-1)\dfrac{2P\pi}{Z_{\text{S}}} + \dfrac{2P\pi}{Z_{\text{S}}}\cdot\dfrac{1}{2}\right] \end{cases} \tag{8.19}$$

式中　N_{Zcm}——采用正弦绕组形式的粗机信号绕组函数的幅值，匝；

N_{Zjm}——采用正弦绕组形式的精机信号绕组函数的幅值，匝。

由于式（8.18）、式（8.19）所构成的粗机正弦绕组磁链初始值为最大值，为了能够更加清晰地推导出各绕组磁链的变化规律，将粗机正弦绕组的磁链值等于 0 时作为初始相位进行相应的推导。可以将式（8.18）与式（8.19）的初始相位平移

$90°$ 电角度。于是,粗机信号绕组与精机信号绕组位于第 i 个定子齿上的匝数由下式表示:

$$\begin{cases} N_{Zcsi} = N_{Zcm} \cos \left[(i-1) \dfrac{2\pi}{Z_S} + \dfrac{2\pi}{Z_S} \cdot \dfrac{1}{2} \right] \\[2mm] N_{Zcci} = N_{Zcm} \sin \left[(i-1) \dfrac{2\pi}{Z_S} + \dfrac{2\pi}{Z_S} \cdot \dfrac{1}{2} \right] \end{cases} \tag{8.20}$$

$$\begin{cases} N_{Zjsi} = N_{Zjm} \cos \left[(i-1) \dfrac{2P\pi}{Z_S} + \dfrac{2P\pi}{Z_S} \cdot \dfrac{1}{2} \right] \\[2mm] N_{Zjci} = N_{Zjm} \sin \left[(i-1) \dfrac{2P\pi}{Z_S} + \dfrac{2P\pi}{Z_S} \cdot \dfrac{1}{2} \right] \end{cases} \tag{8.21}$$

各信号绕组按照正弦绕组形式缠绕,设精机极对数为 P,由于粗机信号绕组隔 $2NP$ 个齿反向串接,所以粗机正、余弦绕组的磁链可以表示为

$$\begin{cases} \psi_{Zcs} = \displaystyle\sum_{i=1}^{z_S} N_{Zcsi} \Phi_i \\[2mm] \psi_{Zcc} = \displaystyle\sum_{i=1}^{z_S} N_{Zcci} \Phi_i \end{cases} \tag{8.22}$$

精机信号绕组隔 $\dfrac{Z_S}{2P}$ 反向串接,所以精机正、余弦绕组的磁链可以表示为

$$\begin{cases} \psi_{Zjs} = \displaystyle\sum_{i=1}^{z_S} N_{Zjsi} \Phi_i \\[2mm] \psi_{Zjc} = \displaystyle\sum_{i=1}^{z_S} N_{Zjci} \Phi_i \end{cases} \tag{8.23}$$

对于正弦绕组形式而言,以 2 对极粗精耦合 ARR 为例进行说明,具体对应关系如图 8.10 所示。

将粗机信号绕组与精机信号绕组函数代入式(8.22)与式(8.23),匝链的磁链可以表示为

$$\begin{cases} \psi_{Zcs} = \displaystyle\sum_{i=1}^{z_S} N_{Zcm} \cos \left[\left(i - \dfrac{1}{2} \right) \dfrac{2\pi}{Z_S} \right] \left\{ \Phi_1'' \sin \left[\theta + \left(i - \dfrac{1}{2} \right) \cdot \dfrac{2\pi}{Z_S} \right] + \right. \\[2mm] \qquad \left. \Phi_P'' \sin P \left[\theta + \left(i - \dfrac{1}{2} \right) \dfrac{2\pi}{Z_S} \right] \right\} \\[4mm] \psi_{Zcc} = \displaystyle\sum_{i=1}^{z_S} N_{Zcm} \sin \left[\left(i - \dfrac{1}{2} \right) \dfrac{2\pi}{Z_S} \right] \left\{ \Phi_1'' \sin \left[\theta + \left(i - \dfrac{1}{2} \right) \cdot \dfrac{2\pi}{Z_S} \right] + \right. \\[2mm] \qquad \left. \Phi_P'' \sin P \left[\theta + \left(i - \dfrac{1}{2} \right) \dfrac{2\pi}{Z_S} \right] \right\} \end{cases} \tag{8.24}$$

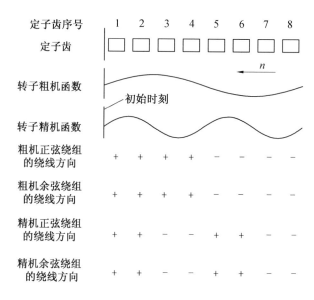

图 8.10   正弦绕组形式下定、转子初始位置分布图

$$
\begin{cases}
\psi_{Zjs} = \sum_{i=1}^{Z_S} N_{Zjm} \cos\left[\left(i-\frac{1}{2}\right)\frac{2\pi P}{Z_S}\right]\left\{\Phi_1'' \sin\left[\theta+\left(i-\frac{1}{2}\right)\cdot\frac{2\pi}{Z_S}\right]+\right.\\
\qquad\left.\Phi_P'' \sin P\left[\theta+\left(i-\frac{1}{2}\right)\frac{2\pi}{Z_S}\right]\right\}\\
\psi_{Zjc} = \sum_{i=1}^{Z_S} N_{Zjm} \sin\left[\left(i-\frac{1}{2}\right)\frac{2\pi P}{Z_S}\right]\left\{\Phi_1'' \sin\left[\theta+\left(i-\frac{1}{2}\right)\cdot\frac{2\pi}{Z_S}\right]+\right.\\
\qquad\left.\Phi_P'' \sin P\left[\theta+\left(i-\frac{1}{2}\right)\frac{2\pi}{Z_S}\right]\right\}
\end{cases} \tag{8.25}
$$

式中 Φ_1''——采用正弦绕组形式时转子粗机函数与一个定子齿构成磁路所产
    生的磁通的幅值，Wb;

Φ_P''——采用正弦绕组形式时转子精机函数与一个定子齿构成磁路所产
    生的磁通的幅值，Wb。

式(8.24)中的粗机正弦磁链 ψ_{Zcs} 可以进一步化简为

$$
\psi_{Zcs} = \sum_{i=1}^{Z_S} N_{Zcm}\Phi_1''\left\{\frac{1}{2}\sin\left[\theta+2\cdot\left(i-\frac{1}{2}\right)\frac{2\pi}{Z_S}\right]+\frac{1}{2}\sin\theta\right\}+
$$

$$
\sum_{i=1}^{Z_S} N_{Zcm}\Phi_P''\left\{\frac{1}{2}\sin P\theta\cos\left[(P+1)\cdot\left(i-\frac{1}{2}\right)\frac{2\pi}{Z_S}\right]+\right.
$$

$$
\frac{1}{2}\cos P\theta\sin\left[(P+1)\cdot\left(i-\frac{1}{2}\right)\frac{2\pi}{Z_S}\right]+
$$

$$\frac{1}{2}\sin P\theta \cos\left[(P-1)\cdot\left(i-\frac{1}{2}\right)\frac{2\pi}{Z_S}\right]+$$

$$\frac{1}{2}\cos P\theta \sin\left[(P-1)\cdot\left(i-\frac{1}{2}\right)\frac{2\pi}{Z_S}\right]\Big\} \qquad (8.26)$$

由于本书所研究的粗精耦合 ARR 依然属于磁阻式旋转变压器的领域,可以引用强曼君于文献[40]中对气隙磁导的推导。

由文献[40]中得到

$$\sum_{i=1}^{Z_S}\cos\nu\left[\theta+\left(i-\frac{1}{2}\right)\cdot\frac{2\pi}{Z_S}\right]$$

$$=\sum_{i=1}^{Z_S}\left\{\cos\nu\left(\theta+\frac{\pi}{Z_S}\right)\cdot\cos\nu(i-1)\cdot\frac{2\pi}{Z_S}-\sin\nu\left(\theta+\frac{\pi}{Z_S}\right)\cdot\sin\nu(i-1)\cdot\frac{2\pi}{Z_S}\right\}$$

$$(8.27)$$

式中　　ν—— 谐波次数。

由于

$$\sum_{i=1}^{Z_S}\sin\left[(i-1)\cdot\frac{2\pi}{Z_S}\right]=\frac{Z_S\sin\left[(Z_S-1)\cdot\frac{\pi}{Z_S}\right]\sin\pi}{\sin\frac{\pi}{Z_S}}=0 \qquad (8.28)$$

所以

$$\sum_{i=1}^{Z_S}\sin\nu\left[(i-1)\cdot\frac{2\pi}{Z_S}\right]=0 \qquad (8.29)$$

式(8.27)第一项中的余弦函数可以化简为

$$\sum_{i=1}^{Z_S}\cos\nu\left[(i-1)\cdot\frac{2\pi}{Z_S}\right]=\frac{Z_S\cos\nu\left[(Z_S-1)\cdot\frac{\pi}{Z_S}\right]\sin\nu\pi}{\sin\nu\frac{\pi}{Z_S}} \qquad (8.30)$$

因此,当 $\sin\nu\dfrac{\pi}{Z_S}\neq 0$ 时,式(8.30)的值为 0;当 $\sin\nu\dfrac{\pi}{Z_S}=0$ 时,出现不定式,式(8.30)的值则不为 0。又因为 ν 为大于或等于 0 的整数,可以得到此时的 $\nu=kZ_S(k=1,2,3,\cdots)$。因此只有 ν 为 kZ_S 时,式(8.30)的值才能不等于 0。

根据以上对文献[40]中相关公式的引入,由于 $P\pm1\neq kZ_S$,所以将式(8.29)与式(8.30)代入式(8.26)中第二项可得

$$\psi_{Z_{cs}}=\sum_{i=1}^{Z_S}N_{Zcm}\Phi_1''\left\{\frac{1}{2}\sin\left[\theta+2\cdot\left(i-\frac{1}{2}\right)\frac{2\pi}{Z_S}\right]+\frac{1}{2}\sin\theta\right\} \qquad (8.31)$$

又因为 $kZ_S\neq 2$,根据式(8.29)与式(8.30)可以得出

$$\sum_{i=1}^{Z_S}\frac{1}{2}\sin\left[\theta+2\cdot\left(i-\frac{1}{2}\right)\cdot\frac{2\pi}{Z_S}\right]$$

$$= \frac{1}{2} \sum_{i=1}^{Z_S} \left\{ \sin\left[2 \cdot (i-1) \cdot \frac{2\pi}{Z_S}\right] \cdot \cos\left(\theta + \frac{\pi}{Z_S}\right) + \cos\left[2 \cdot (i-1) \cdot \frac{2\pi}{Z_S}\right] \cdot \sin\left(\theta + \frac{\pi}{Z_S}\right) \right\}$$

$$= 0 \tag{8.32}$$

可以得到

$$\psi_{Zcs} = \sum_{i=1}^{Z_S} N_{Zcm} \Phi''_1 \cdot \frac{1}{2} \sin\theta = \frac{1}{2} \cdot Z_S N_{Zcm} \Phi''_1 \cdot \sin\theta \tag{8.33}$$

最后可以化简为

$$\psi_{Zcc} = \frac{1}{2} \cdot Z_S N_{Zcm} \Phi''_1 \cdot \cos\theta \tag{8.34}$$

精机正弦磁链 ψ_{Zjs} 可以化简为

$$\psi_{Zjs} = \frac{1}{2} Z_S N_{Zjm} \Phi''_P \cdot \sin P\theta \tag{8.35}$$

精机余弦磁链 ψ_{Zjc} 可以化简为

$$\psi_{Zjc} = \frac{1}{2} \cdot Z_S N_{Zjm} \Phi''_P \cdot \cos P\theta \tag{8.36}$$

因此，正弦绕组形式下粗机信号绕组与精机信号绕组的输出电动势可以表示为

$$\begin{cases} e_{Zcs} = -\dfrac{\mathrm{d}\psi_{Zcs}}{\mathrm{d}t} = -\dfrac{1}{2} \cdot Z_S N_{Zcm} \cdot \sin\theta \dfrac{\mathrm{d}\Phi''_1}{\mathrm{d}t} = -e_{Zcm} \sin\theta \\[2mm] e_{Zcc} = -\dfrac{\mathrm{d}\psi_{Zcc}}{\mathrm{d}t} = -\dfrac{1}{2} \cdot Z_S N_{Zcm} \cdot \cos\theta \dfrac{\mathrm{d}\Phi''}{\mathrm{d}t} = -e_{Zcm} \cos\theta \\[2mm] e_{Zjs} = -\dfrac{\mathrm{d}\psi_{Zjs}}{\mathrm{d}t} = -\dfrac{1}{2} Z_S N_{Zjm} \cdot \sin P\theta \dfrac{\mathrm{d}\Phi''_P}{\mathrm{d}t} = -e_{Zjm} \sin P\theta \\[2mm] e_{Zjc} = -\dfrac{\mathrm{d}\psi_{Zjc}}{\mathrm{d}t} = -\dfrac{1}{2} Z_S N_{Zjm} \cdot \cos P\theta \dfrac{\mathrm{d}\Phi''_P}{\mathrm{d}t} = -e_{Zjm} \cos P\theta \end{cases} \tag{8.37}$$

式中　e_{Zcm}——采用正弦绕组形式的粗机信号绕组与转子粗机部分相互匝链所产生的输出电动势的幅值，V；

e_{Zjm}——采用正弦绕组形式的精机信号绕组与转子精机部分相互匝链所产生的输出电动势的幅值，V。

由以上两种不同绕组形式下的输出电动势表达式可以看出，采用等匝绕组形式的粗精耦合 ARR 精机信号绕组的输出电动势除了受到转子精机函数的影响外，还会受到转子粗机函数的影响，粗机信号绕组的输出电动势也会受到转子精机函数与粗机函数的影响。采用正弦绕组形式的粗精耦合 ARR 精机信号绕组的输出电动势只包含定子齿与转子精机函数的耦合面积所对应的电动势，与转子粗机函数无关，粗机信号绕组的输出电动势只受转子粗机函数的影响。从

制作工艺上看,正弦绕组形式比较复杂,在实际应用中的工艺难度较大,而等匝绕组形式的实现方式相对简单,可以广泛应用于实际工程中。

8.2.3　粗精耦合 ARR 的等效电路

以上通过磁路法对粗精耦合 ARR 信号绕组输出电动势的产生原因进行了研究,下面将通过构建粗精耦合 ARR 等效电路的方式对各绕组的电压及其组成部分进行说明。

粗精耦合 ARR 的定子上具有不同极对数的四套绕组,转子的结构也不同于任何一种旋转变压器的转子。结构上的巨大差异决定了已有的旋转变压器等效电路不再适用于该种磁阻式旋转变压器。作为粗精耦合 ARR 内部参数分析的一种基本的和有效的工具,粗精耦合 ARR 的等效电路如图 8.11 所示。

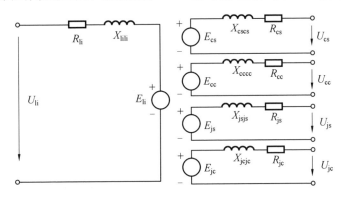

图 8.11　粗精耦合 ARR 的等效电路图

由图 8.11 可得,励磁绕组与信号绕组的电压方程式为

$$
\begin{cases}
U_{\text{li}} = I_{\text{li}}(R_{\text{li}} + jX_{\text{lili}}) - E_{\text{li}} \\
U_{\text{cs}} = I_{\text{cs}}(R_{\text{cs}} + jX_{\text{cscs}}) - E_{\text{cs}} \\
U_{\text{cc}} = I_{\text{cc}}(R_{\text{cc}} + jX_{\text{cccc}}) - E_{\text{cc}} \\
U_{\text{js}} = I_{\text{js}}(R_{\text{js}} + jX_{\text{jsjs}}) - E_{\text{js}} \\
U_{\text{jc}} = I_{\text{jc}}(R_{\text{jc}} + jX_{\text{jcjc}}) - E_{\text{jc}}
\end{cases}
\tag{8.38}
$$

其中

$$
\begin{cases}
E_{\text{li}} = -jI_{\text{cs}}X_{\text{lics}} - jI_{\text{cc}}X_{\text{licc}} - jI_{\text{js}}X_{\text{lijs}} - jI_{\text{jc}}X_{\text{lijc}} \\
E_{\text{cs}} = -jI_{\text{li}}X_{\text{lics}} - jI_{\text{cc}}X_{\text{cscc}} - jI_{\text{js}}X_{\text{csjs}} - jI_{\text{jc}}X_{\text{csjc}} \\
E_{\text{cc}} = -jI_{\text{li}}X_{\text{licc}} - jI_{\text{cs}}X_{\text{cscc}} - jI_{\text{js}}X_{\text{ccjs}} - jI_{\text{jc}}X_{\text{ccjc}} \\
E_{\text{js}} = -jI_{\text{li}}X_{\text{lijs}} - jI_{\text{cs}}X_{\text{csjs}} - jI_{\text{cc}}X_{\text{ccjs}} - jI_{\text{jc}}X_{\text{jsjc}} \\
E_{\text{jc}} = -jI_{\text{li}}X_{\text{lijc}} - jI_{\text{cs}}X_{\text{csjc}} - jI_{\text{cc}}X_{\text{ccjc}} - jI_{\text{js}}X_{\text{jsjc}}
\end{cases}
\tag{8.39}
$$

式中　R_{li}、R_{cs}、R_{cc}、R_{js} 和 R_{jc}——分别为励磁绕组、粗机正弦绕组、粗机余弦绕

组、精机正弦绕组和精机余弦绕组的电阻;

X_{lili}、X_{cscs}、X_{cccc}、X_{jsjs} 和 X_{jcjc} —— 分别为励磁绕组、粗机正弦绕组、粗机余弦绕组、精机正弦绕组和精机余弦绕组的自抗;

X_{lics}、X_{licc}、X_{lijs}、X_{lijc}、X_{cscc}、X_{jsjc}、X_{csjs}、X_{csjc}、X_{ccjs} 和 X_{ccjc} —— 分别为励磁绕组与粗机正弦绕组、励磁绕组与粗机余弦绕组、励磁绕组与精机正弦绕组、励磁绕组与精机余弦绕组、粗机正余弦绕组、精机正余弦绕组、粗机正弦绕组与精机正弦绕组、粗机正弦绕组与精机余弦绕组、粗机余弦绕组与精机正弦绕组以及粗机余弦绕组与精机余弦绕组的互抗。

8.3 粗精耦合 ARR 的电感计算与分析

8.3.1 绕组函数法的基本原理

根据绕组函数法理论,任意两个绕组之间的互感可以写为

$$L_{ij} = \mu_0 Rl \int_0^{2\pi} g_n^{-1}(\theta, \theta_r) N_i(\theta) N_j(\theta) \, \mathrm{d}\theta \qquad (8.40)$$

式中　R—— 定子内圆半径,m;

　　　　l—— 定子轴向耦合长度,m;

　　　　θ_r—— 定子内表面的位置坐标,rad;

　　　　θ—— 转子相对于定子的位置角,rad;

　　　　$g_n(\theta, \theta_r)$—— 电动机的计算气隙函数,m;

　　　　$N_i(\theta)$—— 第 i 个绕组的绕组函数,匝。

为了简化计算,在粗精耦合 ARR 的电感计算中,均做了如下假定。

(1) 粗精耦合 ARR 的定、转子铁芯具有无限大的磁导率,忽略定、转子铁芯磁阻的非线性。

(2) 忽略导磁体饱和的影响。

(3) 忽略磁滞和涡流的影响。

(4) 忽略定子齿槽效应。

8.3.2 采用等匝绕组形式的电感计算

由于粗精耦合 ARR 的精度主要取决于精机信号绕组的输出电动势,粗机信号绕组的输出电动势只起到初步测量的作用,又因为本书的篇幅所限,因此这里将不对粗机信号绕组的电感进行研究。

为了方便分析不同绕组形式下的电感,需要先将分布于空间中的绕组用数学表达式表示出来,再通过傅里叶变换得出简化的绕组函数表达式。粗精耦合 ARR 的励磁绕组设置于定子的通槽内,为一个集中绕组。信号绕组沿圆周方向设置于定子齿上,粗机信号绕组函数的范围从 0 到 2π,精机信号绕组函数的范围从 0 到 $2P\pi$。

以 2 对极粗精耦合 ARR 为例,并选取采用等匝绕组形式的粗机信号绕组函数与精机信号绕组函数的幅值均为 80 匝,定子齿数 Z_s 为 8,可以绘制出定子齿上各绕组的匝数及绕向图,如图 8.12 所示。

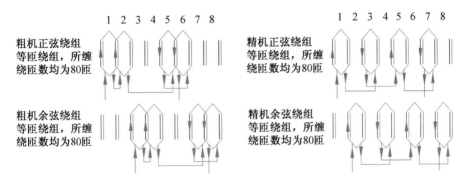

图 8.12　等匝绕组形式下各定子齿上信号绕组的匝数及绕向图

这里将根据图 8.12 中各信号绕组的分布情况总结出采用等匝绕组形式的绕组函数表达式,经过傅里叶变换的简化可以得到

$$
\begin{cases}
N_{Jcs} = \displaystyle\sum_{n=1,3,5,\cdots}^{\infty} \frac{4}{n\pi} N_{Jcm} \sin\frac{n\pi}{4} \cos n\theta \\[2mm]
N_{Jcc} = \displaystyle\sum_{n=1,3,5,\cdots}^{\infty} \frac{4}{n\pi} N_{Jcm} \cos\frac{n\pi}{4} \sin n\theta \\[2mm]
N_{Jjs} = \displaystyle\sum_{n=1,3,5,\cdots}^{\infty} \frac{4}{n\pi} N_{Jjm} \sin\frac{n\pi}{4} \cos nP\theta \\[2mm]
N_{Jjc} = \displaystyle\sum_{n=1,3,5,\cdots}^{\infty} \frac{4}{n\pi} N_{Jjm} \cos\frac{n\pi}{4} \sin nP\theta
\end{cases}
\tag{8.41}
$$

式中　　N_{Jcs}、N_{Jcc}、N_{Jjs}、N_{Jjc}——采用等匝绕组形式的粗机正弦绕组、粗机余弦绕组、精机正弦绕组、精机余弦绕组的匝数,匝;

　　　　N_{Jcm}、N_{Jjm}——等匝绕组形式下粗机信号绕组函数、精机信号绕组匝数,匝。

与径向磁阻式旋转变压器的结构不同,粗精耦合 ARR 的磁路沿轴向分布,定、转子之间的气隙长度沿圆周方向保持不变,轴向耦合长度与转子的结构紧密相关。

由于不同绕组的电感是由相应的磁链所引起的,因此磁链的方向将成为确定轴向耦合长度 l 的决定因素。对于励磁绕组与信号绕组之间的互感,励磁绕组所产生的磁链由定子上齿通过气隙流入转子,再从转子流入气隙,经过气隙流入定子下齿,最后流过定子轭部分回到定子上齿形成磁链闭环。由此可知,定子上齿与下齿的磁链流向相反。

　　转子精粗比为转子精机函数幅值与转子粗机函数幅值之比。

　　转子相对相位角为转子粗机函数零位相对于转子精机函数零位的初始相位角。

　　以 2 对极粗精耦合 ARR 为例,选取转子精粗比为 4,转子相对相位角为 0°,在忽略定子齿槽影响的情况下,转子旋转一个机械周期时转子的耦合面积变化规律如图 8.13 中阴影部分所示,此时的耦合面积所对应的随转角变化的函数值即为励磁绕组与信号绕组产生互感时定、转子之间的轴向耦合长度,如图 8.14(a)所示。因此当转子的位置变化时,轴向耦合长度表达式可以表示为

$$l_1 = R\tan\varphi\left[A_P\sin P(\alpha - \alpha_r) + A_1\sin(\alpha - \alpha_r)\right] \tag{8.42}$$

式中　　α_r——转子函数相对于定子的初始位置角,rad。

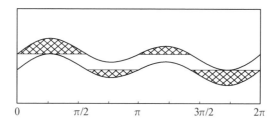

图 8.13　转子耦合面积示意图

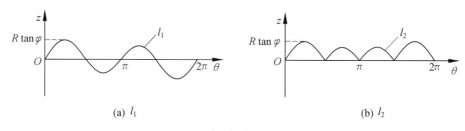

(a) l_1　　　　　　　　　　　　　　(b) l_2

图 8.14　转子耦合长度变化规律

　　对于各信号绕组的自感与各信号绕组之间的互感而言,信号绕组所产生的磁链由一个定子齿经过气隙流入转子,再经过气隙流入其他定子齿,最后流过定子轭部分回到定子上齿形成磁链闭环。由于同一个定子齿的上齿与下齿中磁链的流向相同,所以这时的轴向耦合长度始终为正,并且与极对数、转子精粗比以及转子粗机函数与精机函数之间的相对相位角等因素有关。以 2 对极粗精耦合 ARR 为例,选取转子精粗比为 4,转子相对相位角为 0°,可以得到各信号绕组的

自感与各信号绕组之间的互感所对应的轴向耦合长度如图 8.14(b) 所示。根据转子精粗比的不同,可以得出第一类限定条件如下:

$$\begin{cases} A_P \sin P\alpha_1' + A_1 \sin (\alpha_1' - \gamma) \geqslant 0 \\ A_P \sin P\alpha_u' + A_1 \sin (\alpha_u' - \gamma) \geqslant 0 \end{cases} \tag{8.43}$$

进一步简化可以得出

$$A_P \geqslant \mathrm{MAX}\left[-\frac{A_1 \sin (\alpha_1' - \gamma)}{\sin P\alpha_1'}, -\frac{A_1 \sin (\alpha_u' - \gamma)}{\sin P\alpha_u'}\right] \tag{8.44}$$

第二类限定条件如下:

$$A_P \leqslant \mathrm{MAX}\left[-\frac{A_1 \sin (\alpha_1' - \gamma)}{\sin P\alpha_1'}, -\frac{A_1 \sin (\alpha_u' - \gamma)}{\sin P\alpha_u'}\right] \tag{8.45}$$

式中　α_1'——转子函数过零点右侧第一个波谷所对应的机械角度,rad;

　　　α_u'——转子函数过零点右侧第二个波谷所对应的机械角度,rad;当 P 为偶数时,$u = \dfrac{P}{2}$;当 P 为奇数时,$u = \dfrac{P-1}{2}$;

　　　γ——转子粗机函数与转子精机函数的相对相位角,rad。

当满足式(8.44) 所限定的条件时,各信号绕组的自感与各信号绕组之间的互感所对应的轴向耦合长度可以表示如下:

$$l_2 = \begin{cases} R\tan \varphi \left[A_P \sin P(\alpha - \alpha_r) + A_1 \sin (\alpha - \alpha_r - \gamma)\right], & \beta_0 \leqslant \alpha \leqslant \beta_0 + \pi \\ -R\tan \varphi \left[A_P \sin P(\alpha - \alpha_r) + A_1 \sin (\alpha - \alpha_r - \gamma)\right], & \beta_0 + \pi \leqslant \alpha \leqslant \beta_0 + 2\pi \end{cases} \tag{8.46}$$

当极对数为偶数且满足式(8.45) 所限定的条件时,各信号绕组的自感与各信号绕组之间的互感所对应的轴向耦合长度可以表示为

$$l_2 = \begin{cases} R\tan \varphi \left[A_P \sin P(\alpha - \alpha_r) + A_1 \sin (\alpha - \alpha_r - \gamma)\right], \\ \quad \alpha \in (\beta_0, \beta_1) \bigcup (\beta_2, \beta_3) \bigcup \cdots \bigcup (\beta_{2k-2}, \beta_{2k-1}) \,\text{且}\, 1 \leqslant k \leqslant \dfrac{P}{2} \\ -R\tan \varphi \left[A_P \sin P(\alpha - \alpha_r) + A_1 \sin (\alpha - \alpha_r - \gamma)\right], \\ \quad \alpha \in (\beta_1, \beta_2) \bigcup (\beta_3, \beta_4) \bigcup \cdots \bigcup (\beta_{2k-1}, \beta_0 + 2\pi) \,\text{且}\, 1 \leqslant k \leqslant \dfrac{P}{2} \end{cases} \tag{8.47}$$

式中　β_0——转子函数初始过零点的机械角度,rad;

　　　$\beta_1, \beta_2, \beta_3, \cdots, \beta_{2k-1}$——转子函数初始过零点右侧第 1 个、第 2 个、第 3 个 …… 第 $2k-1$ 个过零点的机械角度,rad。

由于式(8.47) 中的轴向耦合长度均为分段函数,并不利于计算分析,因此这里将根据傅里叶级数法对式(8.47) 进行分解。极对数 P 的奇偶性不同时,轴向耦合长度的变化周期不同。当极对数 P 为偶数时,式(8.47) 中的轴向耦合长度可以分解为

$$l_2 = a_0 + \sum_{n=1}^{\infty} (a_n \cos n\alpha + b_n \sin n\alpha) \qquad (8.48)$$

当极对数 P 为奇数时，式(8.48)中的轴向耦合长度可以分解为

$$l_2 = a_0' + \sum_{n=1}^{\infty} (a_n' \cos 2n\alpha + b_n' \sin 2n\alpha) \qquad (8.49)$$

需要注意的是，尽管满足第二类限定条件时 a_0、a_n、b_n 的表达式与 a_0'、a_n'、b_n' 的表达式形式相同，但是第二类限定条件下 a_0、a_n、b_n 的数值与 a_0'、a_n'、b_n' 的数值并不相等。

根据前面介绍的绕组函数法，将式(8.42)与式(8.43)代入式(8.41)中，可以得到等匝绕组形式下精机正弦绕组与励磁绕组的互感表达式为

$$L_{\text{Jlijs}} = -\frac{2\sqrt{2}\, N_{\text{Jcm}} N_{\text{li}} \mu_0 R^2}{g} \tan \varphi \cdot A_P \sin P\alpha_r \qquad (8.50)$$

同理，等匝绕组形式下精机余弦绕组与励磁绕组的互感可以表示为

$$L_{\text{Jlijc}} = \frac{2\sqrt{2}\, N_{\text{Jcm}} N_{\text{li}} \mu_0 R^2}{g} \tan \varphi \cdot A_P \cos P\alpha_r \qquad (8.51)$$

根据轴向耦合长度的推导可以看出，各信号绕组的自感与各信号绕组之间的互感所对应的轴向耦合长度不同于励磁绕组与信号绕组之间的互感所对应的轴向耦合长度，并且与极对数 P 的奇偶性有关。因此，这里将分别对极对数为偶数时与极对数为奇数时精机信号绕组的自感以及精机两相信号绕组之间的互感进行分析研究，并总结出各种电感的变化规律。

当极对数 P 为奇数时，将式(8.42)与式(8.49)代入式(8.41)中，可以得到等匝绕组形式下精机正弦绕组的自感表达式为

$$L_{\text{Jjsjs}} = L_{\text{Jjsjs1}} + L_{\text{Jjsjs2}} \qquad (8.52)$$

$$L_{\text{Jjsjs1}} = \sum_{n_1=1,3,5,\cdots}^{\infty} \sum_{n_2=1,3,5,\cdots}^{\infty} \frac{8 N_{\text{Jjm}}^2 \mu_0 R}{n_1 n_2 g\pi} \cdot a_0, \quad n_1 = n_2 \qquad (8.53)$$

$$L_{\text{Jjsjs2}} = \sum_{n_1=1,3,5,\cdots}^{\infty} \sum_{n_2=1,3,5,\cdots}^{\infty} \sum_{n_3=1}^{\infty} \frac{8 N_{\text{Jjm}}^2 \mu_0 R}{n_1 n_2 g\pi} \sin \frac{n_1\pi}{4} \sin \frac{n_2\pi}{4} \cdot X, \quad \begin{cases} n_3 = Pn_1 + Pn_2 \\ n_3 = Pn_2 - Pn_1 \\ n_3 = Pn_1 - Pn_2 \end{cases}$$

$$\qquad (8.54)$$

$$X = a_{n_3} \cos n_3 \alpha_r - b_{n_3} \sin n_3 \alpha_r \qquad (8.55)$$

同理，当极对数 P 为偶数时，可以得到等匝绕组形式下精机余弦绕组的自感表达式为

$$L_{\text{Jjcjc}} = L_{\text{Jjcjc1}} + L_{\text{Jjcjc2}} \qquad (8.56)$$

$$L_{\text{Jjcjc1}} = \sum_{n_1=1,3,5,\cdots}^{\infty} \sum_{n_2=1,3,5,\cdots}^{\infty} \frac{8 N_{\text{Jjm}}^2 \mu_0 R}{n_1 n_2 g\pi} \cdot a_0, \quad n_1 = n_2 \qquad (8.57)$$

$$L_{\text{Jjcjc2}} = \sum_{n_1=1,3,5,\cdots}^{\infty} \sum_{n_2=1,3,5,\cdots}^{\infty} \sum_{n_3=1}^{\infty} \frac{8N_{\text{Jjm}}^2 \mu_0 R}{n_1 n_2 g \pi} \cos \frac{n_1 \pi}{4} \cos \frac{n_2 \pi}{4} \cdot \begin{cases} -X, & n_3 = Pn_1 + Pn_2 \\ X, & \begin{cases} n_3 = Pn_2 - Pn_1 \\ n_3 = Pn_1 - Pn_2 \end{cases} \end{cases}$$

$$\text{(8.58)}$$

当极对数 P 为奇数时，将式(8.42)与式(8.50)代入式(8.41)中，可以得到等匝绕组形式下精机正弦绕组的自感表达式为

$$L_{\text{Jjsjs}} = L_{\text{Jjsjs1}} + L_{\text{Jjsjs2}} \qquad \text{(8.59)}$$

$$L_{\text{Jjsjs1}} = \sum_{n_1=1,3,5,\cdots}^{\infty} \sum_{n_2=1,3,5,\cdots}^{\infty} \frac{8N_{\text{Jjm}}^2 \mu_0 R}{n_1 n_2 g \pi} \cdot a_0', \quad n_1 = n_2 \qquad \text{(8.60)}$$

$$L_{\text{Jjsjs2}} = \sum_{n_1=1,3,5,\cdots}^{\infty} \sum_{n_2=1,3,5,\cdots}^{\infty} \sum_{n_3=1}^{\infty} \frac{8N_{\text{Jjm}}^2 \mu_0 R}{n_1 n_2 g \pi} \sin \frac{n_1 \pi}{4} \sin \frac{n_2 \pi}{4} \cdot X', \quad \begin{cases} n_3 = \dfrac{Pn_1 + Pn_2}{2} \\ n_3 = \dfrac{Pn_2 - Pn_1}{2} \\ n_3 = \dfrac{Pn_1 - Pn_2}{2} \end{cases}$$

$$\text{(8.61)}$$

$$X' = a_{n_3}' \cos 2n_3 \alpha_r - b_{n_3}' \sin 2n_3 \alpha_r \qquad \text{(8.62)}$$

同理，当极对数 P 为奇数时，可以得到等匝绕组形式下精机余弦绕组的自感表达式为

$$L_{\text{Jjcjc}} = L_{\text{Jjcjc1}} + L_{\text{Jjcjc2}} \qquad \text{(8.63)}$$

$$L_{\text{Jjcjc1}} = \sum_{n_1=1,3,5,\cdots}^{\infty} \sum_{n_2=1,3,5,\cdots}^{\infty} \frac{8N_{\text{Jjm}}^2 \mu_0 R}{n_1 n_2 g \pi} \cdot a_0', \quad n_1 = n_2 \qquad \text{(8.64)}$$

$$L_{\text{Jjcjc2}} = \sum_{n_1=1,3,5,\cdots}^{\infty} \sum_{n_2=1,3,5,\cdots}^{\infty} \sum_{n_3=1}^{\infty} \frac{8N_{\text{Jjm}}^2 \mu_0 R}{n_1 n_2 g \pi} \cos \frac{n_1 \pi}{4} \cos \frac{n_2 \pi}{4} \cdot \begin{cases} -X', & n_3 = \dfrac{Pn_1 + Pn_2}{2} \\ X', & \begin{cases} n_3 = \dfrac{Pn_2 - Pn_1}{2} \\ n_3 = \dfrac{Pn_1 - Pn_2}{2} \end{cases} \end{cases}$$

$$\text{(8.65)}$$

与单通道 ARR 有所不同，粗精耦合 ARR 具有粗机信号绕组与精机信号绕组，因此各信号绕组之间的互感计算也要比单通道 ARR 中各信号绕组之间的互感计算复杂。

下面将采用绕组函数法对粗精耦合 ARR 的精机正弦绕组与精机余弦绕组之间的互感进行计算。当极对数 P 为偶数时，将式(8.41)与式(8.48)代入式(8.40)中，等匝绕组形式下精机正弦绕组与精机余弦绕组之间的互感可以表示为

$$L_{\text{Jjsjc}} = \sum_{n_1=1,3,5,\cdots}^{\infty} \sum_{n_2=1,3,5,\cdots}^{\infty} \sum_{n_3=1}^{\infty} \frac{8N_{\text{Jjm}}^2 \mu_0 R}{n_1 n_2 g \pi} \sin \frac{n_1 \pi}{4} \cos \frac{n_2 \pi}{4} \cdot \begin{cases} Y, & \begin{cases} n_3 = Pn_1 + Pn_2 \\ n_3 = Pn_2 - Pn_1 \end{cases} \\ -Y, & n_3 = Pn_1 - Pn_2 \end{cases}$$

$$\tag{8.66}$$

$$Y = a_{n_3} \sin n_3 \alpha_r + b_{n_3} \cos n_3 \alpha_r \tag{8.67}$$

当极对数 P 为奇数时,将式(8.41)与式(8.49)代入式(8.40)中,可以得到等匝绕组形式下精机正弦绕组与精机余弦绕组之间的互感表达式为

$$L_{\text{Jjsjc}} = \sum_{n_1=1,3,5,\cdots}^{\infty} \sum_{n_2=1,3,5,\cdots}^{\infty} \sum_{n_3=1}^{\infty} \frac{8N_{\text{Jjm}}^2 \mu_0 R}{n_1 n_2 g \pi} \sin \frac{n_1 \pi}{4} \cos \frac{n_2 \pi}{4} \cdot \begin{cases} Y', & \begin{cases} n_3 = \dfrac{Pn_1 + Pn_2}{2} \\[2mm] n_3 = \dfrac{Pn_2 - Pn_1}{2} \end{cases} \\[6mm] -Y', & n_3 = \dfrac{Pn_1 - Pn_2}{2} \end{cases}$$

$$\tag{8.68}$$

$$Y' = a'_{n_3} \sin 2n_3 \alpha_r + b'_{n_3} \cos 2n_3 \alpha_r \tag{8.69}$$

经过理论研究发现,当极对数 P 为偶数时,等匝绕组形式下精机信号绕组输出电动势的谐波畸变率并不会受到粗机信号绕组与精机信号绕组的互感影响;当极对数 P 为奇数时,精机信号绕组输出电动势的谐波畸变率会受到粗机信号绕组与精机信号绕组的互感影响,但是影响非常小,可以忽略不计。因此,将不对粗机信号绕组与精机信号绕组之间的互感进行理论研究。

通过上面的推导可以看出,等匝绕组形式下粗精耦合 ARR 的各绕组电感可以总结出如下特点。

(1) L_{Jlijs}、L_{Jlijc} 只包含 P 次基波分量。

(2) L_{Jjsjs}、L_{Jjcjc}、L_{Jjsjc} 包含一个 $2P$ 次基波分量与 $2P$ 的倍数次谐波分量。另外,L_{Jjsjs}、L_{Jjcjc} 各具有一个恒定分量。

8.3.3 采用正弦绕组形式的电感计算

以 2 对极粗精耦合 ARR 为例,选取采用正弦绕组形式的粗机信号绕组函数与精机信号绕组函数的幅值为 80 匝,定子齿数 Z_s 为 8,可以绘制出定子齿上各绕组的匝数及绕向图,如图 8.15 所示。

根据图 8.15 所示的各信号绕组的分布情况可以总结出采用正弦绕组形式的绕组函数表达式,经过傅里叶变换后可以得到

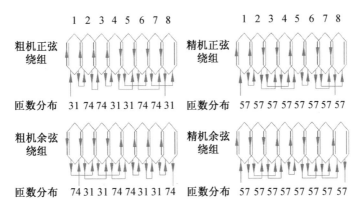

图 8.15　　正弦绕组形式下各定子齿上信号绕组的匝数及绕向图

$$
\begin{cases}
N_{Zcs} = N_{Zcm}\sin\theta + \sum_{m=1}^{\infty} N_{mZ_S+1}\sin\left(mZ_S+1\right)\theta + \sum_{m=1}^{\infty} N_{mZ_S-1}\sin\left(mZ_S-1\right)\theta \\[2mm]
N_{Zcc} = N_{Zcm}\cos\theta + \sum_{m=1}^{\infty} N_{mZ_S+1}\cos\left(mZ_S+1\right)\theta + \sum_{m=1}^{\infty} N_{mZ_S-1}\cos\left(mZ_S-1\right)\theta \\[2mm]
N_{Zjs} = N_{Zjm}\sin P\theta + \sum_{m=1}^{\infty} N'_{mZ_0+1}\sin\left(mZ_0+1\right)P\theta + \sum_{m=1}^{\infty} N'_{mZ_0-1}\sin\left(mZ_0-1\right)P\theta \\[2mm]
N_{Zjc} = N_{Zjm}\cos P\theta + \sum_{m=1}^{\infty} N'_{mZ_0+1}\cos\left(mZ_0+1\right)P\theta + \sum_{m=1}^{\infty} N'_{mZ_0-1}\cos\left(mZ_0-1\right)P\theta
\end{cases}
$$

$$(8.70)$$

式中　　N_{Zcs}、N_{Zcc}、N_{Zjs}、N_{Zjc}——采用正弦绕组形式的粗机正弦绕组、粗机余弦绕组、精机正弦绕组、精机余弦绕组的匝数,匝;

N_{mZ_S+1}——正弦绕组形式下粗机信号绕组函数的第 mZ_S+1 次谐波分量幅值,匝;

N_{mZ_S-1}——正弦绕组形式下粗机信号绕组函数的第 mZ_S-1 次谐波分量幅值,匝;

N'_{mZ_0+1}——正弦绕组形式下精机信号绕组函数的第 mZ_0+1 次谐波分量幅值,匝,$Z_0 = \dfrac{Z_S}{P}$;

N'_{mZ_0-1}——正弦绕组形式下精机信号绕组函数的第 mZ_0-1 次谐波分量幅值,匝。

由于正弦绕组形式下信号绕组函数的齿谐波很小,当 $m \geqslant 2$ 时几乎可以忽略不计,并且信号绕组函数的高次齿谐波会使计算过程变得非常复杂,所以这里仅取 $m=1$ 时信号绕组函数的齿谐波进行计算。

将式(8.42)与式(8.70)代入式(8.40)中,可以得出正弦绕组形式下励磁绕组与精机正弦绕组的互感表达式为

$$L_{Zlijs} = \frac{\pi A_P N_{Zjm} N_{li} \mu_0 R^2}{g} \tan \varphi \cos P\alpha_r \tag{8.71}$$

同理,可以得到正弦绕组形式下励磁绕组与精机余弦绕组的互感表达式为

$$L_{Zlijc} = -\frac{\pi A_P N_{Zjm} N_{li} \mu_0 R^2}{g} \tan \varphi \sin P\alpha_r \tag{8.72}$$

当极对数 P 为偶数时,将式(8.48)与式(8.70)代入式(8.40)中,可以得到正弦绕组形式下精机正弦绕组的自感表达式为

$$L_{Zjsjs} = L_{Zjsjs1} + L_{Zjsjs2} \tag{8.73}$$

其中

$$L_{Zjsjs1} = \frac{\pi \mu_0 R}{g} a_0 (N_{Zjm}^2 + N'^2_{Z_0+1} + N'^2_{Z_0-1}) \tag{8.74}$$

$$L_{Zjsjs2} = \frac{\mu_0 R}{g} \cdot \begin{cases} -\dfrac{\pi N_{Zjm}^2}{2} X + \pi N'_{Z_0+1} N'_{Z_0-1} X, & n_3 = 2P \\[2mm] -\dfrac{\pi}{2} N'^2_{Z_0+1} X, & n_3 = 2Z_s + 2P \\[2mm] -\dfrac{\pi}{2} N'^2_{Z_0-1} X, & n_3 = 2Z_s - 2P \\[2mm] -\pi N_{Zjm} N'_{Z_0+1} X, & n_3 = Z_s + 2P \\[2mm] \pi N_{Zjm} N'_{Z_0-1} X, & n_3 = Z_s - 2P \\[2mm] \pi N_{Zjm} N'_{Z_0+1} X - \pi N_{Zjm} N'_{Z_0-1} X, & n_3 = Z_s \\[2mm] -\pi N'_{Z_0+1} N'_{Z_0-1} X, & n_3 = 2Z_s \end{cases} \tag{8.75}$$

同理,当极对数 P 为偶数时,正弦绕组形式下精机余弦绕组的自感可以表示为

$$L_{Zjcjc} = L_{Zjcjc1} + L_{Zjcjc2} \tag{8.76}$$

其中

$$L_{Zjcjc1} = \frac{\pi \mu_0 R}{g} a_0 (N_{Zjm}^2 + N'^2_{Z_0+1} + N'^2_{Z_0-1}) \tag{8.77}$$

$$L_{\mathrm{Zjcjc2}} = \frac{\mu_0 R}{g} \cdot \begin{cases} \dfrac{\pi N_{\mathrm{Zjm}}^2}{2} X + \pi N'_{z_0+1} N'_{z_0-1} X, & n_3 = 2P \\[2mm] \dfrac{\pi}{2} N'^2_{z_0+1} X, & n_3 = 2Z_\mathrm{S} + 2P \\[2mm] \dfrac{\pi}{2} N'^2_{z_0-1} X, & n_3 = 2Z_\mathrm{S} - 2P \\[2mm] \pi N_{\mathrm{Zjm}} N'_{z_0+1} X, & n_3 = Z_\mathrm{S} + 2P \\[2mm] \pi N_{\mathrm{Zjm}} N'_{z_0-1} X, & n_3 = Z_\mathrm{S} - 2P \\[2mm] \pi N_{\mathrm{Zjm}} N'_{z_0+1} X + \pi N_{\mathrm{Zjm}} N'_{z_0-1} X, & n_3 = Z_\mathrm{S} \\[2mm] \pi N'_{z_0+1} N'_{z_0-1} X, & n_3 = 2Z_\mathrm{S} \end{cases} \tag{8.78}$$

当极对数 P 为奇数时,将式(8.49)与式(8.70)代入式(8.40)中,可以得到正弦绕组形式下精机正弦绕组的自感表达式为

$$L_{\mathrm{Zjsjs}} = L_{\mathrm{Zjsjs1}} + L_{\mathrm{Zjsjs2}} \tag{8.79}$$

其中

$$L_{\mathrm{Zjsjs1}} = \frac{\pi \mu_0 R}{g} a'_0 (N_{\mathrm{Zjm}}^2 + N'^2_{z_0+1} + N'^2_{z_0-1}) \tag{8.80}$$

$$L_{\mathrm{Zjsjs2}} = \frac{\mu_0 R}{g} \cdot \begin{cases} -\dfrac{\pi N_{\mathrm{Zjm}}^2}{2} X' + \pi N'_{z_0+1} N'_{z_0-1} X', & n_3 = P \\[2mm] -\dfrac{\pi}{2} N'^2_{z_0+1} X', & n_3 = Z_\mathrm{S} + P \\[2mm] -\dfrac{\pi}{2} N'^2_{z_0-1} X', & n_3 = Z_\mathrm{S} - P \\[2mm] -\pi N_{\mathrm{Zjm}} N'_{z_0+1} X', & n_3 = \dfrac{Z_\mathrm{S} + 2P}{2} \\[2mm] \pi N_{\mathrm{Zjm}} N'_{z_0-1} X', & n_3 = \dfrac{Z_\mathrm{S} - 2P}{2} \\[2mm] \pi N_{\mathrm{Zjm}} N'_{z_0+1} X' - \pi N_{\mathrm{Zjm}} N'_{z_0-1} X', & n_3 = \dfrac{Z_\mathrm{S}}{2} \\[2mm] -\pi N'_{z_0+1} N'_{z_0-1} X', & n_3 = Z_\mathrm{S} \end{cases} \tag{8.81}$$

同理,当极对数 P 为奇数时,正弦绕组形式下精机余弦绕组的自感可以表示为

$$L_{\mathrm{Zjcjc}} = L_{\mathrm{Zjcjc1}} + L_{\mathrm{Zjcjc2}} \tag{8.82}$$

其中

$$L_{\mathrm{Zjcjc1}} = \frac{\pi \mu_0 R}{g} a'_0 (N_{\mathrm{Zjm}}^2 + N'^2_{z_0+1} + N'^2_{z_0-1}) \tag{8.83}$$

271

$$L_{\mathrm{Zjcjc2}} = \frac{\mu_0 R}{g} \cdot \begin{cases} \dfrac{\pi N_{\mathrm{Zjm}}^2}{2} X' + \pi N'_{Z_0+1} N'_{Z_0-1} X', & n_3 = P \\[2mm] \dfrac{\pi}{2} N'^2_{Z_0+1} X', & n_3 = Z_{\mathrm{S}} + P \\[2mm] \dfrac{\pi}{2} N'^2_{Z_0-1} X', & n_3 = Z_{\mathrm{S}} - P \\[2mm] \pi N_{\mathrm{Zjm}} N'_{Z_0+1} X', & n_3 = \dfrac{Z_{\mathrm{S}} + 2P}{2} \\[3mm] \pi N_{\mathrm{Zjm}} N'_{Z_0-1} X', & n_3 = \dfrac{Z_{\mathrm{S}} - 2P}{2} \\[3mm] \pi N_{\mathrm{Zjm}} N'_{Z_0+1} X' + \pi N_{\mathrm{Zjm}} N'_{Z_0-1} X', & n_3 = \dfrac{Z_{\mathrm{S}}}{2} \\[3mm] \pi N'_{Z_0+1} N'_{Z_0-1} X', & n_3 = Z_{\mathrm{S}} \end{cases} \tag{8.84}$$

与正弦绕组形式下精机信号绕组的自感相同,两相精机信号绕组之间的互感也与极对数的奇偶性有关。

当极对数 P 为偶数时,将式(8.48)与式(8.70)代入式(8.40)中,正弦绕组形式下精机正弦绕组与精机余弦绕组之间的互感表达式可以写成

$$L_{\mathrm{Zjsjc}} = \frac{\mu_0 R}{g} \cdot \begin{cases} \dfrac{\pi N_{\mathrm{Zjm}}^2}{2} Y, & n_3 = 2P \\[2mm] \dfrac{\pi N'^2_{Z_0+1}}{2} Y, & n_3 = 2Z_{\mathrm{S}} + 2P \\[2mm] \dfrac{\pi N'^2_{Z_0-1}}{2} Y, & n_3 = 2Z_{\mathrm{S}} - 2P \\[2mm] \pi N_{\mathrm{Zjm}} N'_{Z_0+1} Y, & n_3 = Z_{\mathrm{S}} + 2P \\[2mm] \pi N_{\mathrm{Zjm}} N'_{Z_0-1} Y, & n_3 = Z_{\mathrm{S}} \\[2mm] \pi N'_{Z_0+1} N'_{Z_0-1} Y, & n_3 = 2Z_{\mathrm{S}} \end{cases} \tag{8.85}$$

当极对数 P 为奇数时,将式(8.49)与式(8.70)代入式(8.40)中,正弦绕组形式下精机正弦绕组与精机余弦绕组的互感表达式可以写成

$$L_{\mathrm{Zjsjc}}=\dfrac{\mu_0 R}{g}\cdot\begin{cases} \dfrac{\pi N_{\mathrm{Zjm}}^2}{2}Y', & n_3 = P \\[2mm] \dfrac{\pi N_{Z_0+1}'^2}{2}Y', & n_3 = Z_{\mathrm{S}}+P \\[2mm] \dfrac{\pi N_{Z_0-1}'^2}{2}Y', & n_3 = Z_{\mathrm{S}}-P \\[2mm] \pi N_{\mathrm{Zjm}}N_{Z_0+1}'Y', & n_3 = \dfrac{Z_{\mathrm{S}}+2P}{2} \\[2mm] \pi N_{\mathrm{Zjm}}N_{Z_0-1}'Y', & n_3 = \dfrac{Z_{\mathrm{S}}}{2} \\[2mm] \pi N_{Z_0+1}'N_{Z_0-1}'Y', & n_3 = Z_{\mathrm{S}} \end{cases} \tag{8.86}$$

经过理论研究可以发现,正弦绕组形式下粗机信号绕组与精机信号绕组的互感并不会对精机信号绕组输出电动势的谐波畸变率造成影响。

通过以上的推导可以看出,正弦绕组形式下粗精耦合 ARR 的各绕组电感可以总结出如下特点。

(1)L_{Zlijs}、L_{Zlijc} 只包含 P 次基波分量。

(2) 在只考虑精机信号绕组函数的基波分量与一阶齿谐波分量的情况下,L_{Zjsjs}、L_{Zjcjc}、L_{Zjsjc} 包含 $2P$ 次基波分量、Z_{S} 次谐波分量、$Z_{\mathrm{S}}\pm 2P$ 次谐波分量、$2Z_{\mathrm{S}}$ 次谐波分量、$2Z_{\mathrm{S}}\pm 2P$ 次谐波分量。另外,L_{Zjsjs}、L_{Zjcjc} 还具有恒定分量。

综上所述,比较等匝绕组形式与正弦绕组形式下的粗精耦合 ARR 的精机电感变化规律,可以看出采用正弦绕组形式的粗精耦合 ARR 具有更高的测量精度。

8.4　电感仿真值与电感解析值的对比分析

8.4.1　等匝绕组形式下电感的对比分析

本节分别对等匝绕组形式下 2 对极粗精耦合 ARR 与 3 对极粗精耦合 ARR 的电感进行有限元分析,2 对极粗精耦合 ARR 的齿数为 8,3 对极粗精耦合 ARR 的齿数为 12。由于精机正弦绕组与精机余弦绕组的设置方式相同,只是相位相差 90° 电角度,所以这里只对与精机正弦绕组有关的电感进行对比分析即可。采用电感仿真结果与修正后的电感解析结果相互对比的方式,分别对励磁绕组与精机正弦绕组之间的互感、精机正弦绕组的自感以及精机正弦绕组与精机余弦绕组之间的互感进行对比分析,对比结果如图 8.16 ～ 8.21 所示。

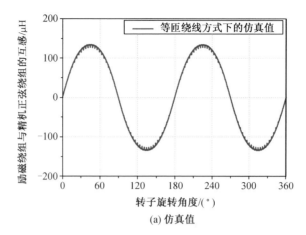

(a) 仿真值

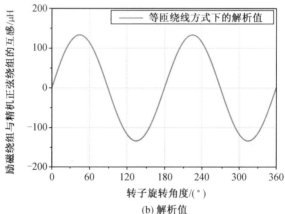

(b) 解析值

图 8.16　2 对极励磁绕组与精机正弦绕组的互感

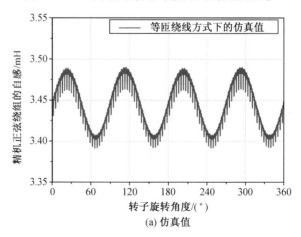

(a) 仿真值

图 8.17　2 对极精机正弦绕组的自感

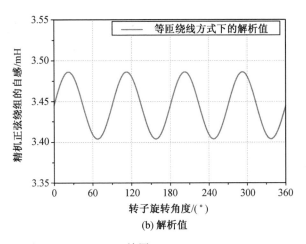

(b) 解析值

续图 8.17

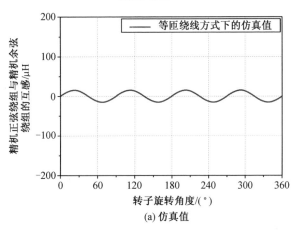

(a) 仿真值

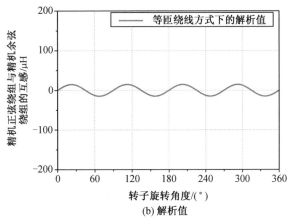

(b) 解析值

图 8.18　2 对极精机正弦绕组与余弦绕组的互感

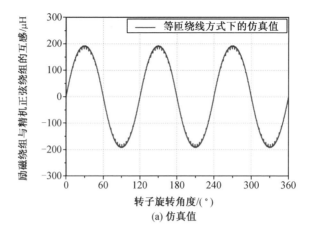

(a) 仿真值

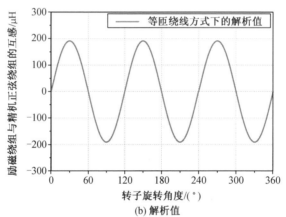

(b) 解析值

图 8.19　3 对极励磁绕组与精机正弦绕组的互感

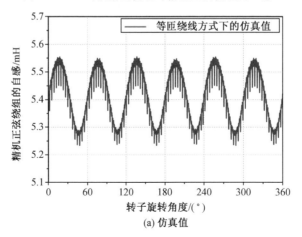

(a) 仿真值

图 8.20　3 对极精机正弦绕组的自感

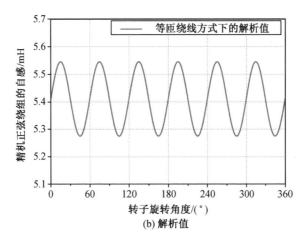

(b) 解析值

续图 8.20

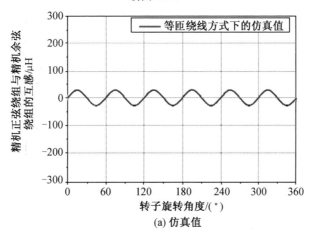

(a) 仿真值

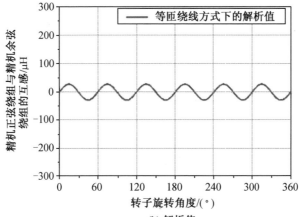

(b) 解析值

图 8.21　3 对极精机正弦绕组与余弦绕组的互感

通过上面的对比结果可以看出,在等匝绕组形式下采用绕组函数法所计算的电感值经过修正后与有限元仿真得出的电感值基本吻合,证明了这种粗精耦合 ARR 电感计算方法的正确性。

8.4.2 正弦绕组形式下电感的对比分析

分别对采用正弦绕组形式的 2 对极粗精耦合 ARR 与 3 对极粗精耦合 ARR 的电感进行有限元分析,两者的主要参数如表 8.1 所示。同样,采用电感仿真结果与电感解析结果相互对比的方式,分别对励磁绕组与精机正弦绕组之间的互感、精机正弦绕组的自感以及精机正弦绕组与精机余弦绕组之间的互感进行对比分析,对比结果如图 8.22 ～ 8.27 所示。

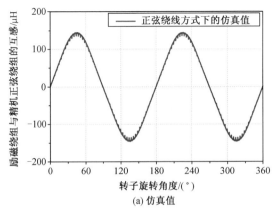

(a) 仿真值

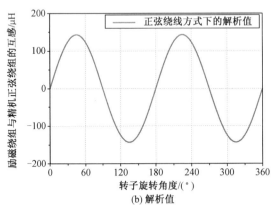

(b) 解析值

图 8.22　2 对极励磁绕组与精机正弦绕组的互感

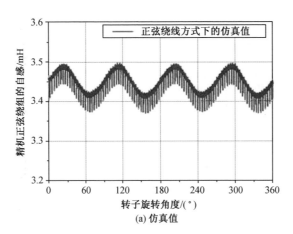

(a) 仿真值

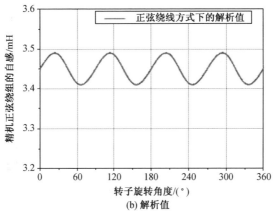

(b) 解析值

图 8.23　2 对极精机正弦绕组的自感

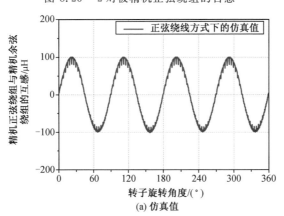

(a) 仿真值

图 8.24　2 对极精机正弦绕组与余弦绕组的互感

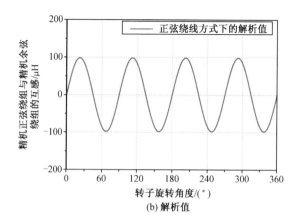

(b) 解析值

续图 8.24

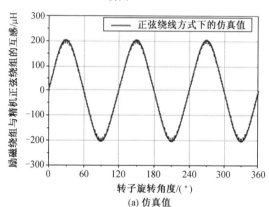

(a) 仿真值

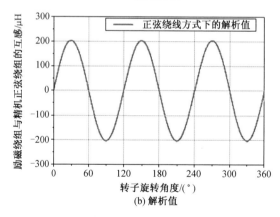

(b) 解析值

图 8.25　3 对极励磁绕组与精机正弦绕组的互感

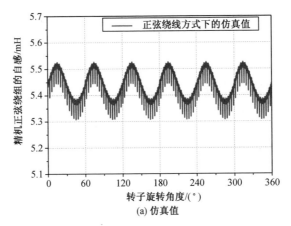

(a) 仿真值

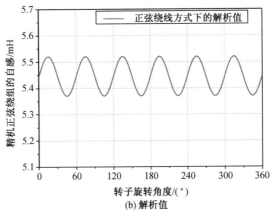

(b) 解析值

图 8.26　3 对极精机正弦绕组的自感

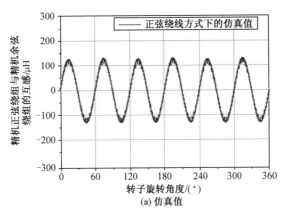

(a) 仿真值

图 8.27　3 对极精机正弦绕组与余弦绕组的互感

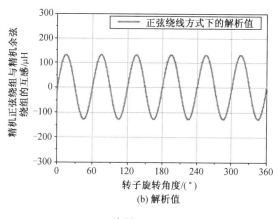

(b) 解析值

续图 8.27

8.5　15 对极粗精耦合 ARR 的电感测试试验

由于实际工作中电感的大小还会受到其他因素的影响,所以电感的仿真结果往往与实际电感存在着偏差。对一台采用正弦绕组形式的 15 对极粗精耦合 ARR 的样机进行电感试验研究,选取转子精粗比为 4,其样机结构如图 8.28 所示,结构参数如表 8.1 所示。

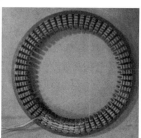

| (a) 整体结构 | (b) 定子结构 | (c) 转子结构 |

图 8.28　15 对极粗精耦合 ARR 的样机结构图

表 8.1　粗精耦合 ARR 的主要尺寸

参数	尺寸/mm	参数	尺寸/mm
定子外径	130	转子厚度	3.3
定子内径	96	定子通槽高度	5
轭高	7	定子铁芯总长度	15
定子齿宽度	3.8	转子铁芯总长度	15
气隙	1		

采用绕组函数法所计算的电感经过修正后与有限元仿真得出的电感结果基

本吻合,且利用绕组函数法来完成 15 对极粗精耦合 ARR 的电感计算非常困难,因此这里将不对电感解析值进行验证,只用有限元仿真的电感结果与测量结果进行对比即可。设给定励磁输入电压为 4 V,频率为 1 kHz,对 15 对极粗精耦合 ARR 的电感进行测量,并与仿真结果进行对比,对比结果如图 8.29 ～ 8.34 所示。

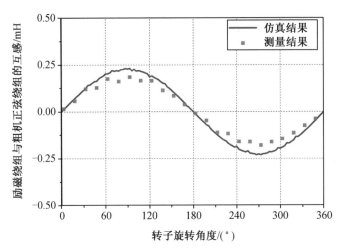

图 8.29　　励磁绕组与粗机正弦绕组的互感对比

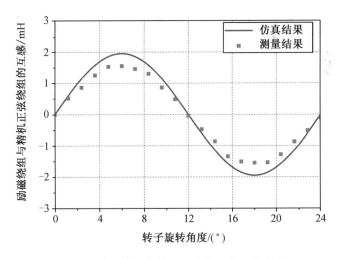

图 8.30　　励磁绕组与精机正弦绕组的互感对比

通过对比结果可以看出,仿真结果与试验结果吻合较好,证明了电感仿真计算的可行性。结合电感解析结果与电感仿真结果的对比分析,进一步说明了采用绕组函数法对粗精耦合 ARR 进行电感计算的有效性与准确性。

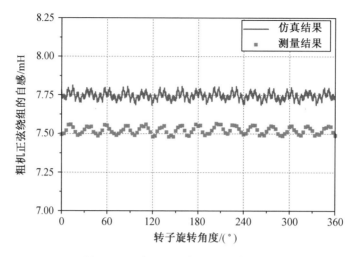

图 8.31　粗机正弦绕组的自感对比

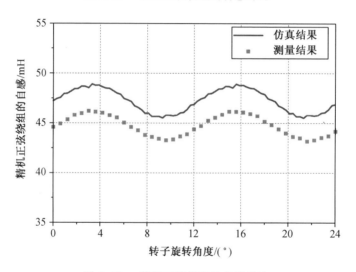

图 8.32　精机正弦绕组的自感对比

8.6　粗精耦合 ARR 的电磁场与精机输出电动势谐波的分析

　　粗精耦合 ARR 作为一种高精度位置传感器,是联系关节电动机和控制器的纽带,如果出现不必要的电气误差,轻则导致电动机三相电流不平衡,转矩脉动变大,数据扭矩低于期望值,重则可能造成电动机烧毁或停转。而电气误差中的函数误差是影响轴向磁阻式旋转变压器测量精度的重要因素,函数误差的大小

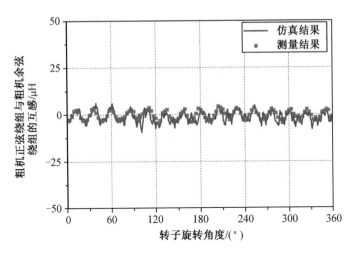

图 8.33　粗机正弦绕组与粗机余弦绕组互感对比

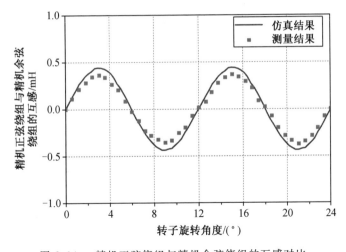

图 8.34　精机正弦绕组与精机余弦绕组的互感对比

主要体现于信号绕组输出电动势中的谐波,这些谐波的出现与定、转子的结构参数、绕组形式、极槽配合等都有着复杂的联系。本节采用三维有限元法分析不同影响因素对精机信号绕组输出电动势谐波畸变率的影响,以便于选取结构参数的最优值,从而提高测量精度。

8.6.1　有限元模型的搭建

本书采用 Ansoft 软件对粗精耦合 ARR 的瞬态磁场进行仿真分析。三维模型的建立可以通过 Ansoft 软件自带的绘制功能,也可以应用其他绘图软件搭建模型后再导入 Ansoft 软件中。粗精耦合 ARR 的定子形状与传统电动机的定子形状类似，可以采用 Ansoft 软件直接建模。呈环状的转子结构复杂，通过 Solidworks 软件绘制后再导入 Ansoft 软件中。采用等匝绕组形式的 2 对极粗精耦合 ARR 的三维模型如图 8.35 所示。

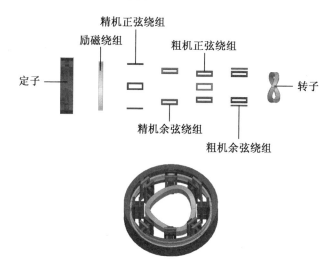

图 8.35   等匝绕组形式下 2 对极粗精耦合 ARR 的三维模型图

8.6.2   定子齿部磁感应强度的分析

粗精耦合 ARR 的结构具有其特殊性,致使整个旋转变压器内部出现较大的漏磁通,这些漏磁通包括端部漏磁通、槽间漏磁通、定子上齿与下齿间漏磁通以及定、转子气隙间漏磁通等部分。因此,粗精耦合 ARR 的定子齿中磁感应强度分布不均匀,又因为粗机信号绕组与精机信号绕组沿圆周方向缠绕于定子齿上,从而使同一套信号绕组在定子齿的不同位置所感应的电动势不相等。定子齿上磁感应强度分布不均匀的情况是出现剩余电动势的主要原因。理论上,对于无转子粗精耦合 ARR 而言,在励磁绕组与信号绕组不发生位置偏移的情况下,信号绕组输出电动势应该等于零。但实际工作中信号绕组输出电动势并不为零,此时的信号绕组输出电动势被称为剩余电动势,它会降低测量系统的灵敏度。

下面以 2 对极粗精耦合 ARR 为例,分别对无转子与有转子时的磁路走势进行说明。如图 8.36(a) 所示,无转子时定子齿内磁路由定子上齿经过定子中部的通槽到定子下齿,再经过定子轭部完成闭合。磁感应强度在靠近定子端部处达到最小值,沿着定子齿逐渐增加,到轭部附近达到最大值。由于粗精耦合 ARR 具有独特的定子通槽结构以及励磁绕组设置方式,因此磁路的走势受定子通槽的影响较大,粗精耦合 ARR 内部存在着比较严重的漏磁通,且磁感应强度分布也不均匀。如图 8.36(b) 所示,有转子时粗精耦合 ARR 内部磁路主要由定子上齿经过定、转子间的气隙到达转子内部导磁部分的波峰位置,再从转子导磁材料的波谷位置经由定子下齿,通过定子轭部完成闭合。定子齿中的磁感应强度自轭部到端部逐渐减小,这种现象主要是由定子齿部漏磁场所造成的。

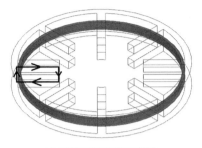

(a) 无转子时磁路示意图   (b) 有转子时磁路示意图

图 8.36　　2 对极粗精耦合 ARR 的磁路示意图

　　为了能够更清楚地研究出剩余电动势的产生原因,分别对有转子与无转子时 2 对极粗精耦合 ARR 进行仿真,分析两种不同情况下定子齿部与轭部的磁感应强度分布,如图 8.37 所示。然后,对 3 对极粗精耦合 ARR 与 4 对极粗精耦合 ARR 的磁感应强度分布规律进行分析,分析结果如图 8.38 与图 8.39 所示。

　　对比图 8.37(b)、图 8.38 以及图 8.39 的分析结果可以发现,当定子齿数逐渐增加时,定子轭部磁感应强度与定子端部磁感应强度的差值逐渐变小,且粗精耦合 ARR 内部磁场变得更加均匀。图 8.37(a) 所示的定子齿中磁感应强度的分布情况说明了剩余电动势的产生原因,但是剩磁电动势只能反映无转子时信号绕组输出电动势的指标,不足以说明正常运行情况下信号绕组输出电动势受漏磁通影响的程度,因此需要对定子齿上不同位置的磁感应强度分布情况进行分析。

　　于是本书以一个 2 对极粗精耦合 ARR 为研究对象,分析了同一定子齿内不同位置的磁感应强度分布情况。定子齿上各观察点的分布情况如图 8.40 所示。

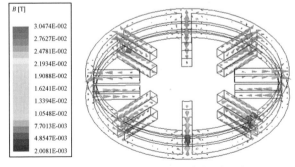

(a) 无转子时磁感应强度分布

图 8.37　　2 对极粗精耦合 ARR 的磁感应强度分布图

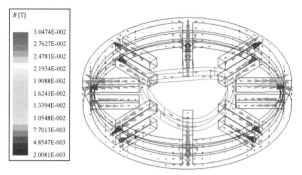

(b) 有转子时磁感应强度分布

续图 8.37

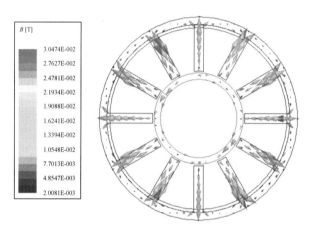

图 8.38　3 对极磁感应强度分布

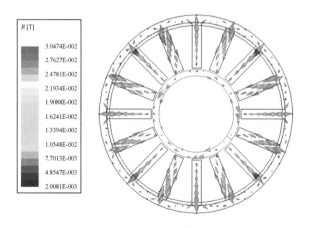

图 8.39　4 对极磁感应强度分布

图 8.41 所示的仿真结果表明,定子齿内不同位置的磁感应强度会随着转子

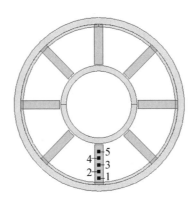

图 8.40　　定子齿上各观察点的分布图

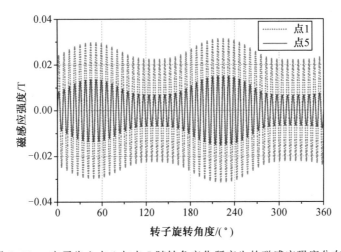

图 8.41　　定子齿上点 1 与点 5 随转角变化所产生的磁感应强度分布图

的旋转呈周期性变化,且每个位置的磁感应强度波形的包络线按正弦规律变化。越靠近定子轭部的位置点,磁感应强度的幅值越大;越远离定子轭部的位置点,磁感应强度的幅值越小,且磁感应强度波形的包络线将不完全按照正弦规律变化,受谐波的影响越严重。因此,为了保证粗精耦合 ARR 的测量精度,需要尽量地削弱定子齿部漏磁场的影响。

定子齿内不同位置处磁感应强度波形的包络线可以表示为

$$B = B_{a0} + B_{a1} \sin P\theta + B_{a2} \sin 2P\theta + \cdots + B_{b1} \sin \theta + B_{b2} \sin 2\theta + \cdots$$

$$(8.87)$$

式中　　B_{a0}——磁感应强度的恒定分量,不随转角 θ 变化,即 $\dfrac{\partial B_a}{\partial \theta} = 0$。

由于粗精耦合 ARR 具有对称结构,恒定分量并不感应输出电动势。$B_{a1} \sin P\theta$ 为精机部分磁感应强度的基波分量,随转角 θ 变化,构成精机信号绕组输出电动势的主磁通。同理,$B_{b1}\sin\theta$ 为粗机部分磁感应强度的基波分量,随转角 θ 变化,构成粗机信号绕组输出电动势的主磁通。$B_{a2}\sin 2P\theta$、$B_{a3}\sin 3P\theta$、⋯ 为精机部分磁感应强度的高次谐波分量,随转角 θ 变化,构成精机信号绕组输出电动势的漏磁通。同理,$B_{b2}\sin 2\theta$、$B_{b3}\sin 3\theta$、⋯ 为粗机部分磁感应强度的高次谐波分量,随转角 θ 变化,构成粗机信号绕组输出电动势的漏磁通。

8.6.3　输出电动势谐波畸变率的分析

通过定子齿部优化以及定子与转子轴向结构的优化,在原有模型的基础上进行了一些改进,改进后的三维模型如图 8.42 所示,主要尺寸如表 8.2 所示。所得的定子齿部各位置点的磁感应强度分布情况如图 8.43、图 8.44 所示。

表 8.2　粗精耦合 ARR 的主要尺寸

参数	尺寸/mm	参数	尺寸/mm
定子外径	84	转子厚度	3.3
定子内径	48	定子通槽高度	15
轭高	4	定子铁芯总长度	25
定子齿宽度	5	转子铁芯总长度	25
定子齿靴高度	1.5	槽口宽度	4

经过仿真可以得出,采用等匝绕组形式的粗机信号绕组与精机信号绕组的输出电动势如图 8.45 所示。仿真结果表明,四相信号绕组的输出电动势随着转子转角的变化呈正、余弦规律变化,且当转子转过一个机械周期时,粗机信号绕组的输出电动势变化一个周期,精机信号绕组的输出电动势变化两个周期。因此可以确定图 8.45 所示的仿真结果满足旋转变压器输出电动势的基本要求。

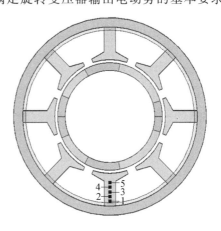

图 8.42　改进后的三维模型图　　图 8.43　改进后定子齿上点

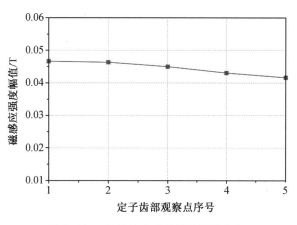

图 8.44　定子齿上点磁感应强度分布

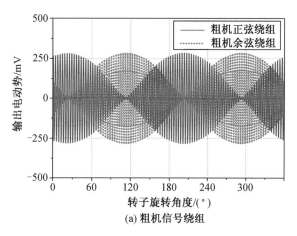

(a) 粗机信号绕组

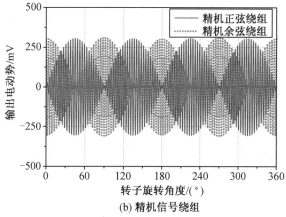

(b) 精机信号绕组

图 8.45　输出电动势波形图

在电动机的测角系统中,旋转变压器需要通过输出电动势的包络线进行信号输出,所以输出电动势包络线的过零点位置、谐波畸变率、幅值等因素会对测量精度造成影响。为了便于分析粗机正、余弦绕组与精机正、余弦绕组的输出电动势,本书通过 Matlab 软件对输出电动势的包络线进行提取,如图8.46所示。

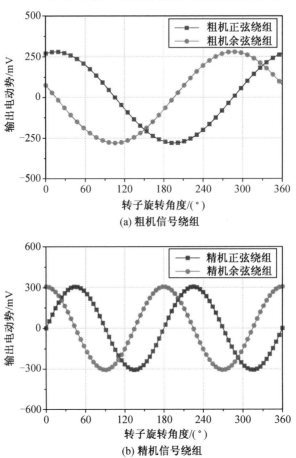

图 8.46 输出电动势包络线

在理想条件下,旋转变压器的输出电压波形应该为标准的正弦波形,但旋转变压器在实际运行中会产生谐波电压,从而导致实际的输出电压波形偏离标准的正弦波形,这种现象称为电压正弦波形畸变。输出电压波形的畸变程度用电压正弦波畸变率来衡量,也称为电压谐波畸变率。电压波形的谐波畸变率为

$$\mathrm{THD}_U = \frac{\sqrt{\sum_{n=2}^{\infty} U_n^2}}{U_1} \times 100\% \tag{8.88}$$

从定义可以看出,谐波畸变率对电压波形的衡量标准与函数误差的衡量标

准是一致的。本章以输出电压谐波畸变率的大小来反映函数误差的大小,更加容易实现函数误差的优化分析。应用 Matlab 软件对输出电动势的包络线进行傅里叶分析,得到的粗机正、余弦绕组与精机正、余弦绕组输出电动势的谐波畸变率如表 8.3 与表 8.4 所示。

表 8.3　粗机信号绕组输出电动势的各次谐波畸变率

两相	电动势的各次谐波畸变率							THD
	基波	2 次	3 次	4 次	5 次	6 次	7 次	
正弦相	1.000	0.004 5	0.024 2	0.004 3	0.018 6	0.001 9	0.010 6	6.41%
余弦相	1.000	0.003 8	0.025 8	0.003 8	0.017 5	0.002 3	0.010 4	6.36%

根据表 8.3 的分析结果可以看出,两相粗机信号绕组输出电动势的总谐波畸变率和各次谐波畸变率基本相同。其中,高次谐波的主要成分是 3 次谐波,其畸变率分别为 2.42% 与 2.58%,5 次谐波也较高,分别为 1.86% 与 1.75%。

表 8.4　精机信号绕组输出电动势的各次谐波畸变率

两相	电动势的各次谐波畸变率							THD
	基波	2 次	3 次	4 次	5 次	6 次	7 次	
正弦相	1.000	0.001 5	0.014 8	0.000 2	0.010 6	0.001	0.008 3	3.64%
余弦相	1.000	0.001 1	0.014 1	0.000 7	0.011 3	0.001 2	0.008 6	3.70%

两相精机信号输出电动势的高次谐波主要成分为 3 次谐波,分别为 1.48% 与 1.41%。由此可以看出,电压波形会因为输出电动势中高次谐波的存在而出现畸变现象,因此为了提高旋转变压器的测量精度,有必要对输出电动势的高次谐波进行抑制。

8.7　偏心对粗精耦合 ARR 精度的影响

机械安装偏心带来的误差是磁阻式旋转变压器的主要误差之一。轴向磁路磁阻式旋转变压器与径向磁路磁阻式旋转变压器相比具有较高的抗偏心能力。本节将对 15 对极粗精耦合 ARR 在定子径向偏心、转子径向偏心和转子轴向偏移等几种安装时可能出现的问题进行研究。

8.7.1　定子径向偏心的影响

粗精耦合 ARR 的结构特殊性决定了其更容易受到偏心影响,因此需要对不同的偏心情况进行分析。当定子与转子相对静止时,假设定子沿着某一定子齿轴线方向偏心,且偏心的距离为 h,偏心前定、转子间的气隙长度为 g,所得的示意图如图 8.47 所示。当定子产生偏心时,定、转子间的气隙长度不随转角变化,只是各定子齿对应的偏心气隙长度不再相等。

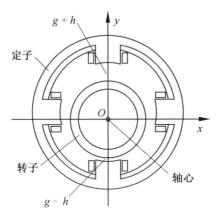

图 8.47　定子径向偏心

于是,定子径向偏心所引起的气隙长度最大值为 $g+h$,出现于第一定子齿轴线的位置,最小值为 $g-h$,出现于与第一齿呈 $180°$ 机械角度的定子齿轴线处。其他齿按照位置不同所分布的气隙长度可以表示为 $g+h\cos\left[(i-1)\cdot\dfrac{2\pi}{Z_s}\right]$。气隙的改变会使各定子齿所对应的气隙磁导产生变化,进而影响信号绕组的输出电动势。当发生定子径向偏心时各定子齿下的气隙磁导可以表示为

$$
\begin{aligned}
\Lambda_i &= \Lambda_0 + \Lambda_{i1} + \Lambda_{iP} \\
&= \Lambda_0 + \mu_0 \cdot \frac{S_{i1}}{g + h\cos\left[(i-1)\cdot\dfrac{2\pi}{Z_s}\right]} + \\
&\quad \mu_0 \cdot \frac{S_{iP}}{g + h\cos\left[(i-1)\cdot\dfrac{2\pi}{Z_s}\right]}
\end{aligned}
\tag{8.89}
$$

由式(8.89)可以看出,气隙长度的变化会直接影响到各定子齿下气隙磁导的大小,因此四相信号绕组的输出电动势变化规律也与定子径向偏心前有所不同。

为了便于分析定子径向偏心对粗精耦合 ARR 测量精度的影响,试验中使用电磁场有限元法对定子沿不同方向偏心时信号绕组输出电动势的变化规律进行仿真分析。在有限元软件中分别建立采用等匝绕组形式与采用正弦绕组形式的 15 对极粗精耦合 ARR 的模型。

各定子齿上的绕组匝数是经过绕组函数计算得到的,且绕组匝数是影响输

出电动势的关键因素。因此,为了更加清楚地分析出定子径向偏心对输出电动势的影响,使定子沿着精机正弦绕组函数的峰值位置偏心,选取偏心量为 0.6 mm。采用不同的绕组形式时,精机正弦绕组函数的峰值位置有所不同。对于等匝绕组形式而言,峰值位置位于精机正弦绕组所在的任意定子齿的中心线位置;对于正弦绕组形式而言,峰值位置由精机正弦绕组函数的分布情况而定。于是,得到不同绕组形式下 15 对极粗精耦合 ARR 的精机信号绕组输出电动势,如图 8.48 所示。

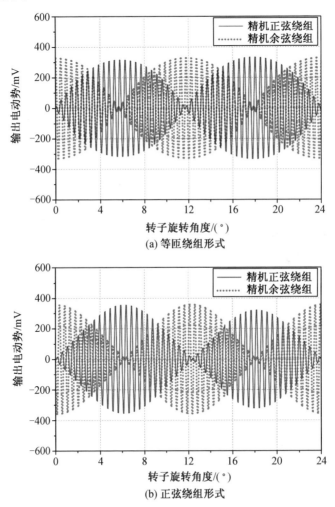

图 8.48　定子径向偏心时精机信号绕组输出电动势的变化规律

由图 8.49 可以看出,精机正弦绕组的输出电动势没有出现明显的幅值误差,可见定子径向偏心基本没有对精机信号绕组输出电动势的幅值误差造成额外的影响。分析结果表明,定子径向偏心会使精机信号绕组输出电动势的零位产生变化,引起额外的零位误差。这是因为定子径向偏心使定、转子之间的气隙不再相等,从而改变了各定子齿所对应的气隙磁导分布情况,气隙磁导的变化导致正、余弦绕组输出电动势的前半个周期(电气角度 0 到 π)与后半个周期(电气角度 π 到 2π)的最大值不再相等。发生定子径向偏心时正弦绕组形式下信号绕组输出电动势的变化规律与等匝绕组形式相同,这里将不再赘述。

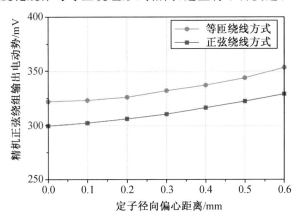

图 8.49   定子径向偏心方向为 0° 精机绕组电动势

在实际安装过程中,粗精耦合 ARR 会出现不同方向的定子径向偏心。根据两种绕组形式的分布情况,记精机正弦绕组函数的峰值位置为 0° 定子偏心方向,分别对采用不同绕组形式且定子径向偏心方向为 0°、3°、6° 时精机正弦绕组输出电动势的幅值与谐波畸变率进行分析,分析结果如图 8.50 与图 8.51 所示。

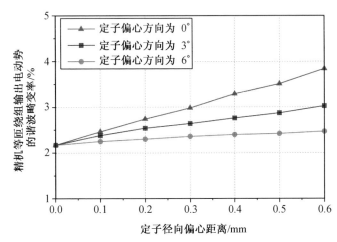

图 8.50   定子径向不同偏心角时等匝精机绕组电动势

当定子发生径向偏心时,精机正弦绕组输出电动势的幅值会随着偏心距离的增加而增加,并伴随着额外的函数误差(即谐波畸变率)出现,且偏心方向不同

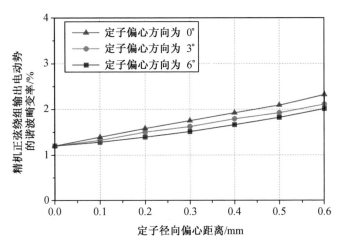

图 8.51　定子径向不同偏心角时正弦精机绕组电动势

时函数误差的大小也不相同；同时，随着偏心距离的增加，精机信号绕组输出电动势的函数误差呈现上升趋势。比较图 8.50 与图 8.51 所示的分析结果，发现两种绕组形式都会受到定子径向偏心的影响，但是不同的定子径向偏心方向对等匝绕组形式下精机信号绕组输出电动势的函数误差影响较大，对正弦绕组形式下精机信号绕组输出电动势的函数误差基本没有影响。

　　由于粗精耦合 ARR 的结构比现有的单通道 ARR 更加复杂，又因为极对数为奇数与偶数时转子函数的分布规律不同，因此更加容易受到定子径向偏心的影响，在实际应用中要尽量避免定子径向偏心的情况。

8.7.2　转子径向偏心的影响

　　与定子径向偏心有所不同，转子径向偏心时定、转子之间的气隙会随着转子的旋转而产生变化。假设转子径向偏心方向与 z 轴的夹角为 β_0，偏心量为 h，其大小为 h，如图 8.52 所示。随着转角的变化，h 也会随转子同步旋转，其与 z 轴的夹角为 $\theta+\beta_0$。因此，各定子齿所对应的气隙长度随着转角 θ 的变化而变化。然而，转子各个位置所对应的气隙长度与转角无关。

　　以 z 轴为基准，转子径向偏心时定、转子之间的气隙可以表示为

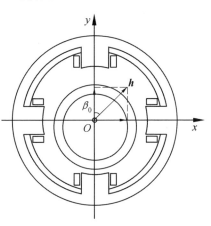

图 8.52　转子径向偏心

$$g' = g - \frac{h}{2} - \frac{h}{2} \cdot [\cos P(\theta - \beta_0) + \cos(\theta - \beta_0)] \qquad (8.90)$$

式中 g'——转子径向偏心时定、转子之间的气隙长度,m。

为了能够更加清楚地得出转子径向偏心对粗精耦合 ARR 的影响,以 15 对极粗精耦合 ARR 作为分析对象,选取以转子最大波峰的中心线为 0° 转子径向偏心方向,且给定偏心量为 0.6 mm,于是得到精机信号绕组输出电动势的波形如图 8.53 所示。并对转子沿 0°、3°、6° 等方向的径向偏心情况进行有限元分析,分析结果如图 8.54 ~ 8.56 所示。

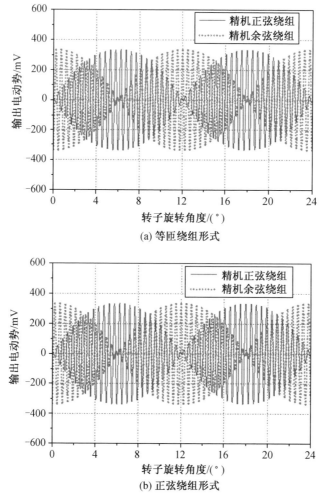

图 8.53 转子径向偏心方向为 0° 时精机信号绕组输出电动势的变化规律

当转子径向偏心的方向不同时,精机信号绕组输出电动势的幅值有微弱变化。在不同绕组形式下精机信号绕组输出电动势的过零点并没有变化,即没有

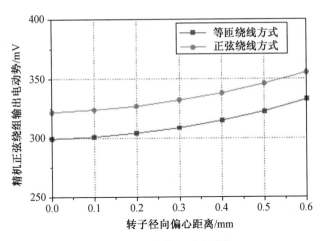

图 8.54　0°偏心时电动势

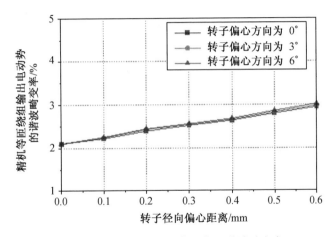

图 8.55　不同偏心角时等匝绕组谐波畸变率

产生额外的零位误差，并且两相精机信号绕组输出电动势的幅值相同，即没有产生额外的幅值误差。随着转子径向偏心距离的增加，两种绕组形式下精机正弦绕组输出电动势的幅值与谐波畸变率都呈现上升趋势；对于不同的转子径向偏心方向而言，精机正弦绕组输出电动势谐波畸变率的变化趋势基本相同。

综合上面对转子径向偏心的分析，可以看出转子径向偏心会使精机信号绕组输出电动势产生额外的函数误差，不会产生额外的零位误差与幅值误差。

8.7.3　转子轴向偏移的影响

由图 8.57 可以看出，当粗精耦合 ARR 出现转子轴向偏移时，定、转子之间的气隙长度依然保持相等，但是定子齿与转子导磁部分的耦合面积发生了变化，转

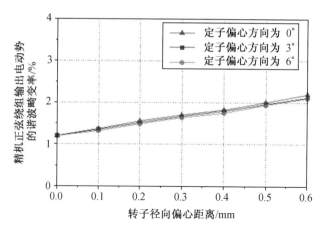

图 8.56　不同偏心角时正弦绕组谐波畸变率

子轴向偏移时定、转子的位置关系如图 8.58 所示,可见转子轴向偏移会使单个定子齿与转子的耦合面积发生改变。因此,有必要进一步分析转子轴向偏移对输出电动势的影响。

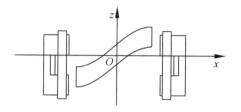

图 8.57　转子轴向偏移时定、转子的位置关系图

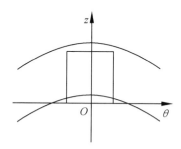

图 8.58　转子轴向偏移

在转子轴向偏移的情况下,分别对等匝绕组形式与正弦绕组形式下的 15 对极粗精耦合 ARR 进行有限元分析。当定子齿高为 5 mm 时选取转子轴向偏心量为 2.4 mm(较大轴向偏移,极限情况下发生),所得的精机信号绕组输出电动势的波形如图 8.59 所示。精机信号绕组输出电动势的幅值及其谐波畸变率变化

情况如图 8.60 与图 8.61 所示。

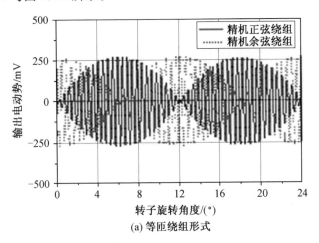

(a) 等匝绕组形式

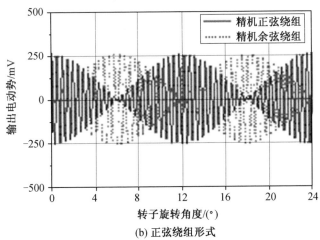

(b) 正弦绕组形式

图 8.59　轴向偏移时精机电动势的变化

　　由图 8.59 的分析结果可以看出,两种绕组形式下精机信号绕组的输出电动势并没有出现明显的幅值误差,考虑到软件的计算误差,可以认为当转子轴向偏移量在定子齿高的 50% 以内时,转子轴向偏移并不会使精机信号绕组输出电动势产生额外的幅值误差。精机正弦绕组输出电动势的零位为 π 和 2π,精机余弦绕组输出电动势的零位为 $\frac{\pi}{2}$ 和 $\frac{3\pi}{2}$,可见两种绕组形式下精机信号绕组的输出电动势都没有出现零位误差。

　　通过图 8.60 的分析结果可以看出,精机信号绕组输出电动势的幅值会随着转子轴向偏移量的增加而呈现下降趋势;当采用两种绕组形式的精机信号绕组函数的幅值相等时,正弦绕组形式下精机信号绕组输出电动势的幅值始终大于等匝绕组形式下精机信号绕组输出电动势的幅值。

通过图 8.61 的分析结果可以看出,当转子轴向偏移量在定子齿高的 50% 以内时,精机信号绕组输出电动势的谐波畸变率基本不变。因此,可以认为当偏移量不大于定子齿高的 50% 时,转子轴向偏移不会引起额外的函数误差。

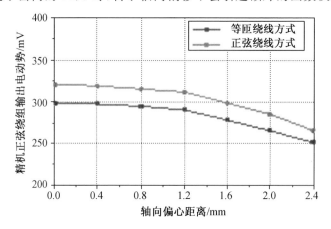

图 8.60　精机电动势变化

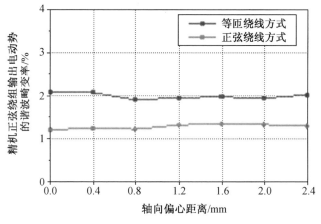

图 8.61　精机电动势谐波变化

8.8　粗精耦合 ARR 的测量精度试验

由于粗精耦合 ARR 是一种位置传感器,具有较严格的测量精度要求,经过理论推导与有限元分析后,需要对样机在实际工作中的特性进行测量,与有限元仿真结果相比对。

图 8.62 为进行精度测量的试验平台,由示波器、函数信号发生器、光栅分度头以及机械旋转平台组成。试验具体实施方式如下:首先,将样机的转子与定子放于机械旋转平台上,采用千分表测量定子外圆与转子外圆的位置,并对定子与转子的位置进行修正,保证定、转子与机械转台三者同心设置,定子与转子水平设置且在同一水平面上,固定转子与定子的位置。其中,千分表的测量精度一般为 0.001 mm,满足试验测量要求。然后,将函数信号发生器的电压输出端接于励磁绕组的两端,将所要测量的某一相信号绕组的两端接于示波器。最后,移动机械旋转平台,利用光栅分度头对样机的旋转角度进行读取,用示波器对所测得的信号绕组输出电动势进行测量,实现电压波形与数值的采样。其中,光栅分度头的测量精度可以达到 $\pm 1''$,满足本书所进行的样机试验要求。

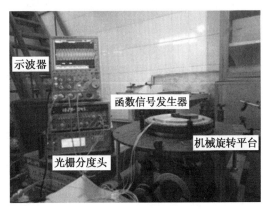

图 8.62　　试验平台

8.8.1　基本误差试验

　　基本误差是指粗精耦合 ARR 在定、转子都不存在偏心的情况下所出现的误差。由于基本误差不会受到偏心的影响,因此可以用偏心状态下的误差减去基本误差,就可以得出由偏心引起的误差了。

　　首先,把粗精耦合 ARR 的定子与转子固定于转台,用分度仪对转子的位置进行调整,保证转子与转台同心。然后,对定子位置进行调节,保证定、转子与转台三者同心。最后,对定子与转子进行调试,使两者保持水平且在同一水平面上。安装完成后,对粗精耦合 ARR 的励磁绕组通入频率为 1 kHz、幅值为 6 V 的正弦交流电,利用示波器对四相信号绕组的输出电动势进行采样,所得两相精机信号绕组的输出电动势如图 8.63 所示。

　　对于 15 对极粗精耦合 ARR 而言,精机信号绕组输出电动势的一个变化周期为 24° 机械角度,粗机信号绕组输出电动势的一个变化周期为 360° 机械角度。对四相信号绕组输出电动势的零位误差进行测量,测量结果如表 8.5 ~ 8.7 所示。

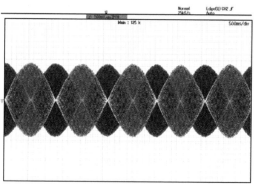

P-P(C1)　1 840 m

图 8.63　精机信号绕组输出电动势的波形图

由于精机两相信号绕组的分布规律相同,相位相差 90° 电角度;粗机两相信号绕组的分布规律相同,相位相差 90° 电角度。因此,只对精机正弦绕组输出电动势与粗机正弦绕组输出电动势的函数误差进行测量即可,所得到的这两相信号绕组输出电动势的函数误差如图 8.64 所示。

表 8.5　粗机信号绕组基本零位误差的测量结果

两相	电角度	零位误差
正弦相	0°	0′
	180°	−41′
余弦相	90°	37′
	270°	16′

表 8.6　精机正弦绕组基本零位误差的测量结果

电角度	零位误差	电角度	零位误差	电角度	零位误差	电角度	零位误差
0°	0′	96°	1′	192°	1′	288°	1′
12°	−1′	108°	−1′	204°	−1′	300°	−1′
24°	1′	120°	1′	216°	1′	312°	0′
36°	−1′	132°	−1′	228°	−1′	324°	−1′
48°	1′	144°	1′	240°	1′	336°	0′
60°	−1′	156°	0′	252°	−1′	348°	−1′
72°	1′	168°	1′	264°	1′	360°	0′
84°	−1′	180°	−1′	276°	−2′		

表 8.7　精机余弦绕组基本零位误差的测量结果

电角度	零位误差	电角度	零位误差	电角度	零位误差	电角度	零位误差
6°	0′	102°	0′	198°	0′	294°	0′
18°	−3′	114°	−3′	210°	−3′	306°	−3′
30°	1′	126°	0′	222°	0′	318°	0′
42°	−3′	138°	−2′	234°	−3′	330°	−3′
54°	0′	150°	0′	246°	0′	342°	0′
66°	−2′	162°	−2′	258°	−3′	354°	−3′
78°	0′	174°	0′	270°	0′		
90°	−2′	186°	−2′	282°	−3′		

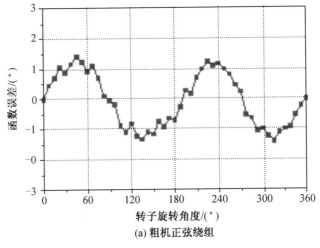

(a) 粗机正弦绕组

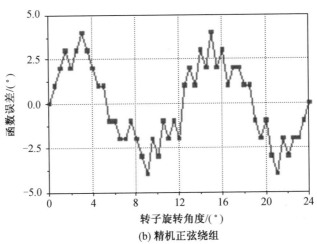

(b) 精机正弦绕组

图 8.64　基本函数误差的测量结果

由上面的测量结果可以看出,粗机正弦绕组输出电动势的函数误差为

$\pm1°16'$,精机正弦绕组输出电动势的函数误差为 $\pm4'$。粗机信号绕组输出电动势的零位误差为 $\pm39'$,精机信号绕组输出电动势的零位误差为 $\pm2'$。另外,函数误差最大值一般出现在电气角度 $45°$、$135°$、$225°$、$315°$ 等位置。

第4章中采用了理论研究与有限元仿真相结合的方法,分析了不同因素对粗精耦合 ARR 误差的影响。这里将对不同的极对数、不同的定子齿数以及不同的绕组形式时信号绕组输出电动势的基本函数误差与基本零位误差进行相应的对比试验,以验证第4章中理论研究与有限元分析结果的正确性。但是,由于加工条件有限,且制作样机耗时较长,因此这里只能以已有的1对极单通道 ARR 的样机、2对极单通道 ARR 的样机以及本书所采用的15对极粗精耦合 ARR 的样机作为试验对象进行测量。其中,1对极单通道 ARR 的样机与2对极单通道 ARR 的样机均采用等匝绕组形式,样机模型如图 8.65 与图 8.66 所示。

(a) 定子结构　　　　　　(b) 转子结构

图 8.65　1对极单通道 ARR 的样机结构图

图 8.66　2对极单通道 ARR 的样机结构图

分别对1对极单通道 ARR 的样机、2对极单通道 ARR 的样机进行基本零位误差试验与基本函数误差试验,测量结果如表 8.8、表 8.9、图 8.67 以及图 8.68 所示。

表 8.8　1对极单通道 ARR 基本零位误差的测量结果

两相	电角度	零位误差
正弦相	$0°$	$0'$
	$180°$	$-21'$

续表

两相	电角度	零位误差
余弦相	90°	23′
	270°	28′

表 8.9　2 对极单通道 ARR 基本零位误差的测量结果

两相	电角度	零位误差	两相	电角度	零位误差
正弦相	0°	0′	正弦相	180°	0′
	90°	−23′		270°	−19′
余弦相	45°	20′	余弦相	225°	21′
	135°	10′		315°	11′

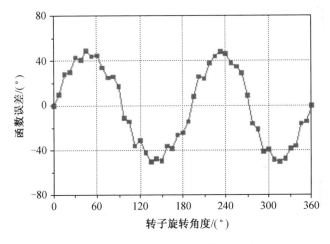

图 8.67　1 对极单通道 ARR 函数误差试验值

　　将 1 对极单通道 ARR、2 对极单通道 ARR 的基本零位误差与基本函数误差的测量结果与 15 对极粗精耦合 ARR 的基本零位误差与基本函数误差的测量结果进行对比。对比结果表明,轴向磁阻式旋转变压器的基本函数误差与基本零位误差会随着极对数的增加而下降。由图 8.67 与图 8.68 可以看出,1 对极单通道 ARR 的定子齿数为 12,2 对极单通道 ARR 的定子齿数为 16,而 15 对极粗精耦合 ARR 的定子齿数为 60。因此,分析结果可以说明,定子齿数的增加有利于削弱轴向磁阻式旋转变压器的基本函数误差与基本零位误差。另外,15 对极粗精耦合 ARR 的样机采用正弦绕组形式,而 1 对极单通道 ARR 的样机与 2 对极单通道 ARR 的样机采用等匝绕组形式。对比结果也可以说明,在测量精度方面,正弦绕组形式要优于等匝绕组形式。因此,在设计要求满足的情况下,应优先选取

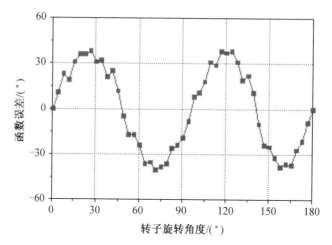

图 8.68　2 对极单通道 ARR 函数误差试验值

正弦绕组形式。

　　这里需要指出的是,由于转子正弦波导磁带加工困难,因此由加工精度造成的误差不容忽视。如何提高工艺性、降低加工误差是关乎该种结构旋转变压器能否快速普及推广的关键。

8.8.2　定子径向偏心试验

　　下面将对 15 对极粗精耦合 ARR 的样机在定子径向偏心、转子径向偏心以及转子轴向偏移等情况下的函数误差及零位误差进行测量,验证前一节中仿真结果的正确性。

　　在保证转子与转台同心的情况下,人为地使 15 对极粗精耦合 ARR 的定子出现径向偏心,以精机正弦绕组函数的峰值位置为径向偏心方向,选取相对偏心量为 50%。对定子径向偏心情况下 15 对极粗精耦合 ARR 的零位误差与函数误差进行测试,测量结果如表 8.10 ~ 8.12 以及图 8.69 所示。

表 8.10　定子径向偏心时粗机信号绕组零位误差的测量结果

两相	电角度	零位误差
正弦相	0°	0°
	180°	− 1°06′
余弦相	90°	0°39′
	270°	1°22′

表 8.11　定子径向偏心时精机正弦绕组零位误差的测量结果

电角度	零位误差	电角度	零位误差	电角度	零位误差	电角度	零位误差
0°	0′	96°	0′	192°	0′	288°	0′
12°	−2′	108°	−3′	204°	−3′	300°	−2′
24°	0′	120°	0′	216°	0′	312°	0′
36°	−2′	132°	−3′	228°	−3′	324°	−2′
48°	0′	144°	0′	240°	0′	336°	0′
60°	−2′	156°	−3′	252°	−3′	348°	−2′
72°	0′	168°	0′	264°	0′	360°	0′
84°	−3′	180°	−3′	276°	−3′		

表 8.12　定子径向偏心时精机余弦绕组零位误差的测量结果

电角度	零位误差	电角度	零位误差	电角度	零位误差	电角度	零位误差
6°	3′	102°	3′	198°	3′	294°	3′
18°	−4′	114°	−4′	210°	−4′	306°	−5′
30°	3′	126°	3′	222°	3′	318°	3′
42°	−4′	138°	−5′	234°	−5′	330°	−5′
54°	3′	150°	3′	246°	2′	342°	3′
66°	−5′	162°	−5′	258°	−5′	354°	−4′
78°	2′	174°	3′	270°	3′		
90°	−5′	186°	−5′	282°	−4′		

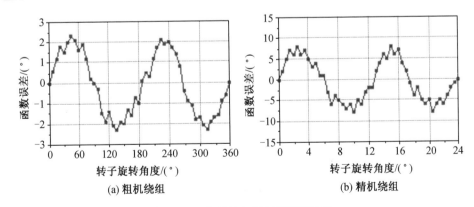

(a) 粗机绕组　　　　　　　　　　(b) 精机绕组

图 8.69　定子径向偏心时函数误差

表 8.10 ~ 8.12 所示的测量结果表明,当发生定子径向偏心时,粗机信号绕组输出电动势的零位误差为 $\pm 1°14'$,精机信号绕组输出电动势的零位误差为 $\pm 4'$。由图 8.69 可以看出,当发生定子径向偏心时,精机正弦绕组输出电动势的函数误差为 $\pm 8'$,粗机正弦绕组输出电动势的函数误差为 $\pm 2°38'$。由此可见,测量结果与仿真结果相符,定子径向偏心不仅会引起额外的函数误差,还会引起额外的零位误差。

8.8.3   转子径向偏心试验

转子径向偏心的测试需要保证定子与转台同心的情况下,人为地使 15 对极粗精耦合 ARR 的转子出现偏心。为了便于测量,以转子最大波峰的中心线为偏心方向,设置偏心量为 50%。对转子径向偏心情况下 15 对极粗精耦合 ARR 的零位误差与函数误差进行测量,测量结果如表 8.13 ~ 8.15 以及图 8.70 所示。

表 8.13   转子径向偏心时粗机信号绕组零位误差的测量结果

两相	电角度	零位误差
正弦相	0°	0'
	180°	17'
余弦相	90°	48'
	270°	−26'

表 8.14   转子径向偏心时精机正弦绕组零位误差的测量结果

电角度	零位误差	电角度	零位误差	电角度	零位误差	电角度	零位误差
0°	0'	96°	1'	192°	1'	288°	1'
12°	−3'	108°	−3'	204°	−3'	300°	−3'
24°	1'	120°	1'	216°	1'	312°	−2'
36°	−3'	132°	−3'	228°	−3'	324°	−2'
48°	0'	144°	1'	240°	1'	336°	1'
60°	−3'	156°	−3'	252°	−3'	348°	−3'
72°	1'	168°	1'	264°	0'	360°	0'
84°	−3'	180°	−3'	276°	−3'		

表 8.15   转子径向偏心时精机余弦绕组零位误差的测量结果

电角度	零位误差	电角度	零位误差	电角度	零位误差	电角度	零位误差
6°	−2'	102°	−2'	198°	−2'	294°	−2'

续表

电角度	零位误差	电角度	零位误差	电角度	零位误差	电角度	零位误差
18°	0′	114°	0′	210°	0′	306°	0′
30°	−2′	126°	−2′	222°	−2′	318°	−2′
42°	0′	138°	0′	234°	0′	330°	0′
54°	−2′	150°	−2′	246°	−2′	342°	−2′
66°	0′	162°	0′	258°	0′	354°	0′
78°	−2′	174°	−2′	270°	−2′		
90°	0′	186°	0′	282°	0′		

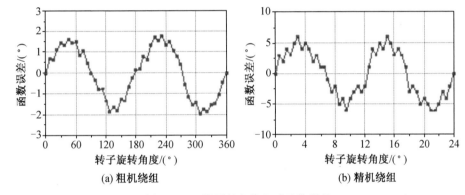

(a) 粗机绕组　　　　　　　　(b) 精机绕组

图 8.70　转子径向偏心时函数误差

由图 8.70 可以看出,在转子径向偏心情况下,粗机正弦绕组输出电动势的函数误差为 ± 1°55′,精机信号绕组输出电动势的函数误差为 ± 6′。由表 8.13 ～8.15 可以看出,转子径向偏心时粗机信号绕组输出电动势的零位误差为 ± 37′ 左右,精机信号绕组输出电动势的零位误差为 ± 2′ 左右。与无偏心情况相比,虽然转子径向偏心时粗精耦合 ARR 的零位误差没有变化,但是函数误差变大了,从而使粗精耦合 ARR 的测量精度有所下降。

8.8.4　转子轴向偏移试验

设置 15 对极粗精耦合 ARR 的转子轴向偏移量为 2 mm,对其零位误差与函数误差进行了测量,测量结果如表 8.16 ～ 8.18 与图 8.71 所示。

表 8.16　转子轴向偏移时粗机信号绕组零位误差的测量结果

两相	电角度	零位误差
正弦相	0°	0′
	180°	43′
余弦相	90°	8′
	270°	−35′

表 8.17　转子轴向偏移时精机正弦绕组零位误差的测量结果

电角度	零位误差	电角度	零位误差	电角度	零位误差	电角度	零位误差
0°	0′	96°	0′	192°	0′	288°	0′
12°	2′	108°	2′	204°	2′	300°	2′
24°	0′	120°	0′	216°	0′	312°	0′
36°	2′	132°	1′	228°	2′	324°	2′
48°	0′	144°	0′	240°	0′	336°	0′
60°	2′	156°	2′	252°	2′	348°	2′
72°	0′	168°	0′	264°	0′	360°	0′
84°	2′	180°	2′	276°	2′		

表 8.18　转子轴向偏移时精机余弦绕组零位误差的测量结果

电角度	零位误差	电角度	零位误差	电角度	零位误差	电角度	零位误差
6°	1′	102°	1′	198°	1′	294°	1′
18°	−2′	114°	−2′	210°	−2′	306°	−1′
30°	1′	126°	1′	222°	1′	318°	1′
42°	−2′	138°	−2′	234°	−1′	330°	−2′
54°	1′	150°	1′	246°	1′	342°	1′
66°	−2′	162°	−2′	258°	−2′	354°	−2′
78°	1′	174°	1′	270°	1′		
90°	−2′	186°	−2′	282°	−2′		

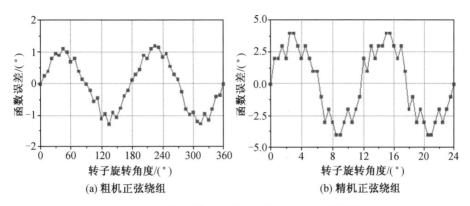

图 8.71   转子轴向偏移时函数误差的测量结果

通过测量结果可看出,当转子轴向偏移量在定子齿高的 50% 以内时,15 对极粗精耦合 ARR 的零位误差和函数误差与无偏移影响时基本相同。因此,当保证转子轴向偏移量在定子齿高的 50% 以内时,可以认为转子轴向偏移不会影响粗精耦合 ARR 的测量精度。

参考文献

［1］ GAUR P，BHARDWAJ S，JAIN N，et al. A novel method for extraction of speed from resolver output using neural network in vector control of PMSM［C］. Proceedings of 2010 India International Conference on Power Electronics，India，2011:1-7.

［2］ ARMANDO B，STEFANO B. A digital filter for speed noise reduction in drives using an electromagnetic resolver［J］. Mathematics and Computers in Simulation，2006，71(4－6):476-486.

［3］ 电子工业部第二十一研究所. 微特电机设计手册［M］.上海:上海科学技术出版社,1998:165-207.

［4］ 周奇慧,李建好,许兴斗. 双通道旋转变压器粗、精机零位偏差设计［J］.微特电机,2011(5):79-81.

［5］ 丛宁. 基于场路耦合的绕线式旋转变压器的参数设计与谐波分析［D］.哈尔滨:哈尔滨工业大学,2015.

［6］ 孙立志,陆永平. 适于一体化电机系统的新结构磁阻式旋转变压器的研［J］.电工技术学报,1999(14):35-39.

［7］ 尚静,王昊,王伟强,等. 双通道轴向磁路外转子磁阻式旋转变压器:中国，ZL201210183927. 4［P］. 2013-12-11.

［8］ 尚静,王昊,刘承军,等. 一种双通道轴向磁路磁阻式旋转变压器:中国，ZL201210183901. x［P］. 2014-02-05.

［9］ 尚静,王昊,江善林,等. 空间机械臂用外转子轴向磁路单极磁阻式旋转变压器:中国,ZL201210183934. 4［P］. 2014-03-12.

[10] 尚静,王昊,刘承军,等. 共励磁粗精耦合磁阻式旋转变压器:中国,ZL201210264870.0 [P]. 2014-09-03.

[11] 尚静,王昊,李婷婷,等. 带有冗余绕组的共励磁粗精耦合磁阻式旋转变压器:中国,ZL201310669414.9 [P]. 2015-09-09.

[12] 尚静,王昊,赵博,等. 一种具有等电阻双绕组结构的紧凑型永磁无刷电机:中国,ZL201310169814.3 [P]. 2015-11-18.

[13] 尚静,王昊. 压缩式粗精耦合轴向磁路旋转变压器及信号绕组绕线方法:中国,ZL201410474862.8 [P].2016-7-6.

[14] 尚静,王昊,丛宁,等. 消谐波式径向磁路多极旋转变压器及信号绕组绕线方法:中国,ZL201410474885.9 [P].2016-6-15.

[15] 尚静,王昊,齐明,等. 消谐波粗精耦合径向磁路旋转变压器及信号绕组绕线方法:中国,ZL201410474882.5 [P].2016-6-8.

[16] 尚静,王昊,刘承军,等. 压缩式粗精耦合径向磁路旋转变压器及信号绕组绕线方法:中国,ZL201410474872.1 [P].2016-6-8.

[17] 尚静,王昊,丛宁,等. 消谐波式轴向磁路多极旋转变压器及信号绕组绕线方法:中国,ZL201410474842.0 [P].2016-5-4.

[18] 尚静,王昊,胡建辉,等. 单层信号绕组轴向多极旋转变压器及绕组绕线方法:中国,ZL201410474858.1 [P].2016-7-27.

[19] 尚静,王昊,丛宁,等. 消谐波式轴向磁路单极旋转变压器及信号绕组绕线方法:中国,ZL201410474901.4 [P].2016-8-31.

[20] 尚静,王昊,王伟强,等. 多极轴向磁路磁阻式旋转变压器的分析与优化[J]. 哈尔滨工业大学学报,2013,45(8):73-78.

[21] 尚静,王昊,李婷婷,等. 短距绕组轴向磁阻式旋转变压器的优化分析[J]. 哈尔滨工程大学学报,2015,36(5):725-729.

[22] 李文韬,黄苏融. 车用电机系统磁阻式旋变转子设计与分析[J]. 电机与控制应用,2008(5):6-10.

[23] 邓清,莫会成,井秀华. 新型磁阻式旋转变压器电磁场有限元分析[J]. 微电机,2011(5):5-8.

[24] 沈训欢. 无刷旋转变压器的研究[D]. 广州:广东工业大学,2013.

[25] 王伟强. 正弦形转子轴向磁路旋转变压器的研究[D]. 哈尔滨:哈尔滨工业大学,2012.

[26] 邢敬娓,李勇,陆永平. 基于绕组位置对磁阻式旋变精度影响的仿真分析与实验研究[J]. 微特电机,2009,37(1):1-3.

[27] 刘世明,王为国,尹项根,等. 同步电机电感矩阵分析方法[J]. 中国电机工程学报,2002(6):89-95.

[28] 尚静. 异步启动永磁同步电动机性能参数的准确计算及结构优化[D]. 哈尔滨:哈尔滨工业大学,2004.

[29] 尚静,王昊,刘承军,等. 粗精耦合共磁路磁阻式旋转变压器的电磁原理与设计研究[J]. 电机工程学报,2016,37(13):36-42.

[30] 廖超宏. 多极旋变第三型绕组最佳分层方案选择[J]. 微特电机,1980(4):26-29.

[31] 陈利仙,刘为华. 多极旋变正弦迭式分层绕组的设计分析[J]. 微特电机,1982(3):31-36.

[32] 陆慧君,邵开文. 分数槽叠式正弦绕组的极值分层方法[J]. 微电机,1987(1):27.

[33] 陆慧君,田小丰. 分数槽正弦绕组的计算机辅助设计[J]. 微电机,1987(3):2-6.

[34] 高士荣. 高精度 $2n$ 极对数旋转变压器的绕组设计[J]. 控制微电机,1980(4):39-49.

[35] 鲁华,黄海鹰. 应用于多极旋变的第3型分数槽正弦绕组正交误差分析与计算[J]. 微特电机,1995(4):27-31.

[36] 徐谦. 1 对极等气隙磁阻式旋转变压器的研究 [D]. 哈尔滨:哈尔滨工业大学,2008.

[37] SHANG Jing, LIU Chengjun, ZOU Jibin. The analysis for new axial variable reluctance resolver with air-gap complementary structure[C]. Proceedings of the 2009 International Conference on Electrical Machines and Systems, Tokyo, 2009:1-6.

[38] WANG Hao, CONG Ning. The decoupling study on the dual－channel radial flux reluctance resolver with common magnetic circuit[C]. 2014 17th International Conference on Electrical Machines and Systems, Hangzhou, China, 2015:2008-2013.

[39] 丛宁. 基于场路耦合的绕线式旋转变压器的参数设计与谐波分析[D]. 哈尔滨:哈尔滨工业大学,2015.

[40] 强曼君. 磁阻式多极旋转变压器[J]. 微特电机,1979(2):20-44.

[41] 周奇慧,李建好,许兴斗. 双通道旋转变压器粗、精机零位偏差设计[J]. 微特电机,2011(5):79-81.

[42] 李婷婷. 磁阻式旋转变压器的谐波分析与优化设计[D]. 哈尔滨:哈尔滨工业大学,2014.

[43] 唐任远. 现代永磁电机理论与设计[M]. 北京:机械工业出版社,1997:165-207.

名词索引

E

F

G

H

J

K

L

O

Q

R

S